JN163131

目立ちたがり屋の鳥たち

面白い鳥の行動生態

江口和洋 著

東海大学出版部

Striking Beauty of Birds

Kazuhiro Eguchi
Tokai University Press, 2017
Printed in Japan
ISBN978-4-486-02140-7

まえがき

昔々、私が小学校の頃、寒い朝に学校へと通う途中、すぐ側の下水溝のなかになにかが落ちてきた。びっくりしてよく見ると、スズメが一羽、体をこわばらせて横たわっている。拾い上げても、ぴくとも動かない。そのまま学校まで持っていき、靴箱のなかに入れておいた。一時間目が終わった後に靴箱のふたを開けてみると、スズメは元気になっており、窓から飛び出してそのまま飛んでいった。「あのスズメは恩返ししてくれるかなあ」と、童話を思い出しながら思ったものである。子供のことだし、鳥に特別興味があったわけではないので、なぜスズメが落ちてきたのかなど、それ以上深く考えることはなかった。それ以来、鳥との思いがけない出会いはいろいろとあった。特に、鳥についての知識がついてからは、その行動の意味を考えることでおもしろさが増した。

大学の研究室へ通う途中、大学構内で一羽のハシボソガラスが、子供のこぶしくらいの物をくわえては一メートルほど飛び上がって落とす行動を繰り返している現場に行き当たった。落としては近づいて確かめ、また落としては確かめを繰り返し、五分ほどたってからあきらめたように飛び去った。これが有名なカラスの餌落としかと思い、興味を持って見ていたが、近寄ってみると、カラスが落としていたのは石ころだった。餌ならともかく、石ころを落とすなどわけがわからないまま、カラスの遊びだろうとかたづけたが、もっと意味深い行動だったのかも知れない。

長々と私自身の体験談を述べたが、鳥の行動はおもしろいということをいいたいのである。それも、ただ漫然と眺めるのではなく、ある程度、鳥の行動についての知識を持っていれば、おもしろさと好奇心は何倍にも増す。本書は、多くの人が鳥の行動生態に興味を持ち、なおかつ、それぞれの行動の意味を正しく理解していただきたいとの願いから、鳥のおもしろい行動生態を科学的に研究した成果を、できるだけわかりやすく解説することを目的に執筆した。取り上げたテーマは、つがい外交尾、信号伝達、信号による操作、ニワシドリのあずまや建築、協同繁殖、認知行動である。どれも、鳥類の行動生態学研究の分野で次々に新しい研究成果が発表されているホットなテーマである。特に、本書では野外研究で成果が得られているものを中心に解説した。それは、読者が野外で鳥に出会ったときの体験をもとに鳥に興味を持っていただきたく、そのために、野外で観察する可能性の高い行動を中心に紹介することを念頭に置いたからである。

鳥の行動の意味を考えるときに注意していただきたいことがある。それは、人間の世界と動物の世界は異なるということである。人間以外の生物の世界では、自然選択が生物の生活を決定している。自然選択は、他個体より多くの子孫を残せるような形質が集団に広がる、つまり、進化するという原理で働いている。平たくいえば、利己的な世界である。ここで注意していただきたいのは、生態学で用いる用語には、人間社会で用いる同じ言葉の持つ価値判断的な要素は含んでいないということである。人間社会で「利己的」といえば、道徳に反するというイメージを暗に含んでいるが、生物社会ではそのような倫理道徳的な意味は含んでいない。「適者生存」との表現は、「環境に適応した形質が存続していく可能性が高い」という意味では正しいが、これを人間社会に適用する正当な理由はない。同様に、鳥の行動そのものやその意味を人間社会に当てはめることは正しくない。動物の行動を人間の行動にたとえて説明することはわかりやすく、本書でもいくつかそのようなたとえを述べている。しかし、動物の行動とそれに似た人間の行動が同じ意味を持っていると述べているわけではない。両者はまったく次元の違うものであるから、「動物が進化してこのような行動や社会を持つようになったのだから、進化論に従えば、人間社会もこうあるべきだ。」というようには考えないでほしい。鳥の行動は、あくまで、鳥の世界か動物の世界で意味を持つとして、行動観察を楽しんでほしい。

思い起こせば、いつしか、私が鳥類研究の道に入り込んで、研究生活を楽しめたのも、昔助けたスズメの恩返しかも知れない。

口絵1　ソウシチョウの卵．地の色に個体差がある．

口絵2　アオアズマヤドリのあずまや．

口絵3　ポーカーチップの移動．左上隅があずまや．

口絵4　排除されたプラスチックの整列．

目次

第8章　デキる奴はモテる ―― 認知行動と個性　165

第9章　ライバルこそが頼り ―― 他種の利用または搾取　189

第1章
早起き鳥はセクシー
―― つがい外交尾と精子競争

マガモのオス．マガモは強制的なつがい外交尾の頻度が高い．種内だけではなく，種間交尾も頻繁に見られるために，世界各地で在来種との雑種が生じている．

「比翼の鳥」とか「鴛鴦の契り」という言葉は、鳥をたとえに夫婦仲の良さを表す言葉である。庭の植木の枝にメジロのつがいがきて、お互いに羽根つくろいをしている姿は、たしかに微笑ましい。軒先のツバメの巣を見ても二羽のツバメが一生懸命餌を運んでいる。群れていない限り、春に見る鳥は二羽を単位に見かけることが多い。しかし、ここで、人間社会のイメージをもとにして鳥を見てはいけない。動物の世界は対立が基本で、いろいろな個体の間で進化的な利益は対立している。鳥類の行動や社会を正しく理解するには、利益の対立ということを念頭に置いておかねばならない。本章で述べるつがい外交尾はその典型であり、この行動は次章以下で述べる鳥の形態や行動の意味づけにも大きくつながっていく。

配偶様式

配偶様式とは、もともとは、雌雄が交尾をして子を残す様式の違いを指すものであった。つまり、オスメスそれぞれ一個体ずつが交尾して、生まれた子を育てるのが一夫一妻、オスが複数のメスと交尾するのが一夫多妻で、この場合は、オスの養育協力は異なるメスの間で不平等になる。一夫多妻とは逆に、メスが複数のオスと交尾して、子育てはそれぞれのオスが行うのが一妻多夫、さらに、雌雄間に特定のつがい関係がなく、子育てはほとんどの場合、メス単独で行うものを乱婚と定義していた。このとき、一夫一妻はつがい相手とだけ交尾し、一夫多妻のメスや一妻多夫のオスも、交尾の相手は一個体だけ、乱婚の場合は雌雄ともに複数個体と交尾すると想定されている。

哺乳類には、母乳を与えるという、省略できない子育て行動があり、一方、オスにはメスや子に餌を運ぶかどうかの選択が可能なので、オスはメスを遺棄して他のメスとの交尾を追求できる。このため、哺乳類では一夫多妻になる傾向がある。一方、鳥類では産卵以後の卵やヒナの世話は雌雄どちらでもできる。また、多くの場合、片親よりも両

表1・1　つがい外交尾の出現頻度（Griffith *et al.*（2002）の附表のデータをもとに作成）．数値は種数．

	調査した個体群でEPPヒナが出現した巣の割合（%）					
	0	0< <10	10≤ <20	20≤ <40	40≤ <60	60以上
非鳴きん類	24	17	6	2	1	0
鳴きん類	9	13	9	21	12	7
合計	33	30	15	23	13	7

親での世話のほうが巣立ちに成功する可能性は高くなる。このために、鳥類では一夫一妻が多く、全鳥類の九割以上が一夫一妻であるといわれている。

しかし、ここで一夫一妻と認定されている例のほとんどは、巣で特定のオスメス二個体が子育てしているという観察が根拠となっていて、その場合、この二個体が当然ヒナの遺伝的な親であると考えられていた。ところが、DNAを用いた親子判定技術が野外鳥類学に導入されると衝撃的な事実が明らかになった。一夫一妻とされていた種の多くで、メスはつがい相手以外のオスと交尾して子を残している。つがいの相手以外との交尾のことを「つがい外交尾 extra pair copulation（略して、EPC）」と呼び、つがいのオス以外のオスが遺伝的な父親であることを「つがい外父性 extra pair paternity（略して、EPP）」と呼ぶ。サイモン・グリフィスらがまとめたデータでは全一二一種のうち八八種（七七パーセント）で、少なくとも一巣以上でその巣のオス以外のオスが受精させた子が見つかっている（表1・1）。つがい外交尾がまったくないという種（三三種）のほうが少数派である（表1・1）。特に、一般に小鳥と呼ばれる鳴きん類でつがい外父性の頻度が高い。なかでも、オーストラリアに棲息するルリオーストラリアムシクイではつがい外父性の頻度が高く、調べた巣の九〇パーセント以上でよそのオスが受精させたヒナがいた。

このように、一夫一妻が有名無実だということになると、配偶様式の定義を変更する必要が生じる。そこで、世話をしている個体が遺伝的な親であるかどうかに関係なく、オス一個体、メス一個体がヒナを養育している形態を一夫一妻として、より厳密には、「社会的一夫一妻」と呼ぶようになった。「社会的」とは、人間社会でいえば、養子であっても、世間一般的には親子であると認められるということと同じで、動物界では養育することを指す。これに対して、遺伝的な親子関係に基づく一夫一妻を「遺伝的一夫一妻」と呼んで区別している。通常、一夫一妻というときには社会的一夫一妻のことを指す。

しかし、オスもメスも自分のつがい相手以外の異性と交尾して子を残すとはどういうことだろうか？ ＥＰＣないしＥＰＰの適応的意義はなんだろうか？ 言い換えると、オスもメスも浮気することにどのような利益があるのだろうか？

どちらが主導するか？

まず、配偶子である精子と卵子の大きさを考えてみよう。卵子に比べて精子は無視できるくらいの大きさしかない。それでいて、精子一個と卵子一個によって受精が成立する。なんという不均衡！ 大きさだけではなく、精子、卵子それぞれが生涯に作り出される量も違う。人間の場合であるが、女性が生涯に産み出す卵子は四〇〇個ほどであるのに対して、平均的な男性は一日に一億二五〇〇万個の精子を作り出し、生涯では二兆個に達する。これだけの違いがあれば、オスが豊富な精子を使って多くのメスと交尾して子を残すという形質は広がるだろう。なので、一夫多妻はオスにとって有利な配偶様式ということになる。

つがい外交尾をその延長と考えると、オスの利益は割とわかりやすいと思う。多くのメスと交尾して子を残せば、それだけ多くの子孫を残せるので、これは進化的に大きな利益となる。自然選択という進化理論に基づけば、他個体より多くの子孫を残すことに関係した形質は、集団中に広まる、つまり、進化すると考えられる。オスのつがい外交尾行動はまさにこれに当たる。

このように考えると、つがい外交尾はオスがあちこちに出向いて、メスを見つけては交尾に誘い、強制交尾（いわゆる、レイプ）によってでも目的を達するという図式が浮かび上がる。しかし、はたして、そうだろうか？　鳥類は陰茎を持たず、鳥類の交尾は総排泄孔をほんの一瞬だけ接触することで達成される。しかし、交尾のときには、メスは総排泄孔の内壁部分を外側にめくるように突き出して、オスは精子をメスの総排泄孔内壁の粘膜に付着させる。このような交尾様式なので、メスの協力がない限りは、精子は受け渡しされない。交尾の瞬間だけでなく、それ以前でも、オスがメスの上に乗って交尾姿勢に入れるように、メスは足を曲げて姿勢を低くする。また、邪魔な尾羽を横に傾けて総排泄孔が露わになるようにする。なので、鳥類では、交尾はメス主導で行われる。

余談であるが、カモ類は強制交尾が多いことで知られている。そして、カモ類のオスは反時計回りにねじれた陰茎様の器官（偽陰茎、intromittent organ）を持っており、この偽陰茎は交尾の際には長さが二〇センチメートル近くまで瞬時に膨張して、精液は偽陰茎の外側に沿う溝を通ってメスの膣内に放出される。カモ類の偽陰茎は強制交尾の頻度が高い種ほど大きく、強制交尾を促進すると考えられている。しかし、強制交尾の多いカモ類であっても、メスの膣はオスの偽陰茎のねじれと逆方向の時計回りにねじれている種も見られ、このような膣内では偽陰茎の挿入が遅くなるので、強制交尾に対するメスの対抗ではないかと考えられている。

このように、メスは決して受動的な性ではなく、むしろ、交尾をコントロールしていると考えられている。とすると、EPP頻度の高い種では、メスが積極的に複数のオスと交尾していると考えられる。このことを示す観察がヨーロッパに棲息するアオガラで得られている。アオガラのつがいのなわばりを観察すると、周囲からメスがよく侵入してくるなわばりと侵入の少ないなわばりがあることがわかる。また、つがいメスがなわばりから外へ出てしばらく戻ってこないことが観察されるが、その頻度にもなわばり間で大きなバラツキがある。それぞれのなわばりへのメスの侵入頻度とそのなわばりのメスの放浪頻度との関係を見ると、メスの侵入の多いなわばりでは、そのなわばりのつがいメスはあまり放浪に出ず、逆に、つがいメスがよく放浪に出るなわばりにはよそからのメスの侵入は少ないという傾向が見える。

これは以下のように解釈される。メスのなわばり間移動は、ＥＰＣを追求するメスの行動であると考えられる。つがいメスが頻繁に外に出るなわばりのオスは周辺のオスに比べて魅力的ではなく（「魅力的」とは、遺伝的な質が高いことを意味する）、このようなオスとつがいになったメスは、積極的にＥＰＣによって質の高いオスと交尾することで子の質を高めており、一方、魅力的なオスとつがいになったメスは、ＥＰＣを追求しないので放浪に出ることはないということである。また、質の高いオスのなわばりの周辺にいるメスが、ＥＰＣを求めてそのなわばりに侵入してくる。実際に、自身の巣にＥＰＰヒナが多かった、つまり、自分のメスがよく浮気するオスのなわばりにはメスの侵入は少ないことがわかった。また、メスの侵入の多いなわばりのオスでは、侵入の少ないなわばりのオスより、ヒナの巣立ちと生存、オス自身の生存率が高く、また、ふしょのサイズ（「ふしょ」とは鳥の足の下半分のように見える部分。人間でいえば、かかとから指の付け根までの部分に当たる。体の大きさを表す指標となる）も大きいという結果が得られている。

ＥＰＣを行うためには自身のなわばりから出て相手を探す必要がある。オスが探すかメスが探すかは種ごとに決まっている。アオガラ、ミドリツバメ、ルリオーストラリアムシクイなどはメスがなわばりを出てＥＰＣ相手のオスのなわばりに侵入する。メスが相手を探すときは、多くの場合、隣のなわばりのオスが対象になる。アメリカコガラのメスは、なわばりの境界付近に巣を造るが、これは、隣のなわばりのオスの質を評価して、ＥＰＣを試みるためであると解釈されている。ＥＰＣは境界付近で起きる。なんと用意がいいこと。メスがオスの質を評価する手がかりとして、朝のさえずりを利用するようである。ルリオーストラリアムシクイのメスも夜明けになわばりをさまよい出てＥＰＣをする。このさまよいの間に複数のオスとＥＰＣすることもある。隣のオスがＥＰＣの相手である種も多く、つがいオスにとって、隣人はいちばんに警戒すべき対象である。

一方、オスがＥＰＣのためにさまよい出る種もある（ハゴロモガラス、オウサマタイランチョウなど）。この場合、オスは自分のなわばりからなわばり三つ以上離れた遠くでＥＰＣする傾向がある。ミドリメジロハエトリのオスは、隣り合うなわばりが少ないと一キロメートル近く離れたところまでＥＰＣに出かける。オスにとっては、多くのメスとＥＰＣするほど多くの子を残せるから、遠くまでさまよい出るのだろう。

このように、雌雄どちらがＥＰＣを働きかけるかは種によって多少の違いはあるが、ＥＰＣの成功に関してはメスが鍵をにぎっているといえるだろう。

メスにとっての利益

メスも積極的にＥＰＣを求めるとすると、メスにとっての利益はなんだろうか？　オスに比べると、メスのほうのＥＰＣの利益はなかなか理解が困難で、ＥＰＣの適応的意義の研究の多くはメスにとっての利益が何かを解明しようとするものである。

鳥類が一回の繁殖で産む卵の数は種ごとに決まっている。ほとんどの鳥類はなんらかの形のヒナの養育を行うので、一回の繁殖での産卵数は、自然選択の結果、親が養育によって繁殖年齢に達する子の数を最大にするような産卵数になっている。ほとんどが一〇個以下である。一妻多夫種の場合は、メスは新たなオスと交尾するごとに、そのオスの巣に卵を置いていけるので、交尾するオスの数が増えれば産卵数も増える。しかし、一妻多夫の場合を除く多くの場合では、メスが複数のオスと交尾したからといって産卵数が増えるわけではない。メスはオスと異なり、自分が産む卵を大事に育てて、一羽でも多く繁殖年齢に達するまで育て上げるか（直接的利益）、遺伝的に優れたオスを選んで

表1・2　メスにとってのつがい外交尾の利益に関する仮説.

仮説	説明
良い遺伝子仮説	子の遺伝的質を高めるため，配偶者より遺伝的質の高いつがい外オスと交尾する
遺伝的多様性仮説	子の遺伝的多様性を高めるため，つがい外オスと交尾する
遺伝的適合性仮説	配偶者との遺伝的類似性が高い場合，近親交配を避けるためにつがい外オスと交尾する
不妊保険仮説	配偶者の不妊のリスクを避けるための保険としてつがい外オスと交尾する
良い父親仮説	求愛贈与の質が高いか，ヒナの養育への貢献の高いオスを選ぶ

交尾することで遺伝的に優れた子を得て、その子を通じて多くの孫に恵まれることである（間接的利益）。

このことから、理論的には、以下のようなメスにとってのつがい外交尾のもたらす利益が考えられている（表1・2）。直接的利益としては、つがい外交尾した相手から求愛贈与の形で餌を受け取るか、または、生まれたヒナの養育を引き出すこと、さらに、つがいとなったオスが不幸なことに性的な欠陥を持っていたために卵が受精されないという事態を避けるための保険としてつがい相手以外のオスと交尾するというものである。これに対して、間接的利益としては、メスが受け取る遺伝的な利益が考えられている。アオガラの例では、つがい外交尾の頻度が高く、他の巣にEPPヒナを多く持つオスは、遺伝的な質が高く、メスに選ばれることを示唆している。つまり、メスは養育を行うつがいオスを確保した後に、つがいオスよりも質の高いオスとのEPCにより、遺伝的に質の高い子を得ることで利益を得ると考えられている（「良い遺伝子仮説」）。良い遺伝子仮説から予測されるのは、優れたオスが選ばれるというもので、どのメスの場合でももっとも優れたオスは特定の一個体だけである。

これに対して、メスは自分と遺伝的な違いが大きいオスを選ぶという考え方がある。たとえば、血縁度の高い個体同士の交配では、遺伝性の疾患を持つ子が生まれたり、病気などへの抵抗性が低下する可能性が高くなる。このため、自分と血縁度の高いオスとつがいになったメスは、羽衣の色や模様など形態的な手がかりによってオスの血縁を認知して、血縁度の低いオスとEPCするというものである。この場合、選ばれるオスはメスごとに異なる。EPCによって得られた子は、つがいオスとの間にできた子よりも、遺伝的には多様性が高くなる。そこで似たような二つの仮説が提出されている（「遺伝的適合性仮説」と「遺伝的多様性仮説」）。前者は自身とEPC対象オスとの間の遺伝的違いを高めるようなオスを選び、メスはオスと自分との遺伝的類似性を評価できるが、後者のほうでは類似性の評価ができず、とりあえず複数のオスと交尾することで遺伝的多様性のより高い子を得るという考え方である。

つがい外交尾のコスト

理論的には、先に述べたようなつがい外交尾の利益が考えられているが、実際は、理論が予測するほど単純ではなく複雑である。一つはコストの問題がある。どのような行動にも、その行動がもたらす利益の一方で、コストがかかる。その行動が進化するには、まず、利益がコストを上回らねばならない。

つがい外交尾にもコストが考えられる。鳥類の場合、両性が協同して養育することで、最大数のヒナを巣立たせることができる。言い換えれば、つがいの片方が養育を放棄することには、巣立ちヒナ数の減少という大きなコストがかかる。オスの場合でいえば、他のメスを探してEPCに時間を費やし、現在のつがい相手のメスとの間に生まれたヒナの世話がおろそかになると、ヒナの巣立ち確率が低下して、オス自身の繁殖成功も低下する。また、オスがEPCのために、つがいメスから離れるということは、周辺のオスがこのメスに対してEPCを行う可能性が高まることになる。メスが産む卵のなかに自身が受精させた卵以外のものが含まれることでもオスの繁殖成功は低下する。これらの低下分をEPCによって他のメスが産んで育てるヒナの数で取り戻せて、それ以上のヒナを残すことができるならばEPCは有利な戦略ということになる。

メスの場合のコストは、メスのEPCに気づいたオスが養育を放棄して、他のメスをつがい相手に選ぶという報復の可能性があることである。実際に、メスのEPCに気づいたオスが、抱卵やヒナへの給餌を低下させたという例が報告されている（ノドグロルリアメリカムシクイ、シロツノミツスイなど）。メスの場合は、配偶者の養育放棄による繁殖成功の低下分を、オスのように数多くの相手とEPCすることによって取り返すということができない。このように、養育放棄はオスの場合より深刻な影響を与えることから、メスはEPCをより慎重に実行しなければならない。

オスの戦略

オスがEPCを求めてなわばりを出ると、つがいメスの防衛が困難になり、よくEPCに出るオスほど、EPCを被る確率が高くなると考えられる。ウタスズメでは、壮年のオスはEPPによるヒナの獲得をよくする傾向があるが、EPPを被ることも多く、逆に、若いオスはEPPによるヒナ獲得は少ないが、EPPを被ることが少ない傾向がある。若いオスは、EPCにあまり出ずに、つがいメスをしっかりと防衛しているのだろう。ルリオーストラリアムシクイは一夫一妻つがいにオスのヘルパーが一～数個体付属した協同繁殖種であるが、優位個体であるつがいオスはほとんどをEPCで子を残し、一方、自分のつがい相手のメスとの間にはほとんど子を残さない。ほとんど家に居つかずに、あちこちで浮気をしている夫のようなものである。また、つがいメスの子の養育はヘルパーオスが手伝うので、ヘルパーオスの養育貢献が高ければ、それだけ優位オスがEPCに出かける頻度は高くなる。これらの優位オスは浮気一辺倒で、自分のつがいメスを防衛することに時間を割いてはいない。

一方、アオガラやアメリカコガラやハゴロモガラス、アカマシコでは、優位なオスや魅力的なオスはＥＰＰで子を残す一方、ＥＰＰを被ることが少ないという観察がある。これは優れたオスはつがいメスの防衛もよくやるか、メスは質の高いオスとつがいになっているので、よそのオスとＥＰＣする利益がなく、ＥＰＣを拒否しているかのどちらかである。

ＥＰＰがオスの繁殖成功の個体差を拡大する役割を果たしているかどうか、言い換えれば、ＥＰＰが性選択を促進するかどうかを検証した研究では、個体差の拡大はＥＰＰによってどれだけ多く子を残すかで生じているという結果と、ＥＰＰで残せる子はそれほど多くなく、つがい相手との間にどれほど多くの子を育て上げるかにかかっているという結果（サバンナシトド、カオグロアメリカムシクイ）に分かれる。つまり、理論的には、オスはＥＰＰで多くの子を残せるということになっているが、現実には収支が相殺するという種も多いのだろう。アカマシコは渡り鳥であるが、ＥＰＰ頻度の高低がオスの繁殖成功の個体差を生みだしていることが確認されている。しかし、この傾向は渡る距離が長いほど顕著になる。

あぶれ個体（または放浪個体）というのはなわばりも配偶者も持てない個体（多くはオス）のことを指すので、繁殖にはほとんど参加してはいないと考えられていた。ところが、ミドリツバメではあぶれオスがＥＰＣの相手であることが稀ではなく（一三パーセントほど）、さらに、あぶれオスのほうがつがいオスより体重が重いので、体調が良いと考えられている。それで、体調の良いオスはあぶれ個体となり、養育にはいっさいかかわらずに、ＥＰＣで子を残す戦略をとっているのではないかとも考えられている。これは、なかなか賢い戦略ではないだろうか。

メスの戦略

メスの場合はどうだろうか？　メスの利益としてもっともわかりやすく、注目を浴びているのは、良い遺伝子仮説で、メスは自分のつがい相手よりも遺伝的に優れたオスを求めてＥＰＣすると考える。優れたとは、生存力、メス獲得能力などが考えられており、生存力の短期的な指標としては免疫能力や体調や体重が、メス獲得能力の指標としては、年齢、体サイズ、羽衣の色、飾り羽根の大きさ、さえずりなどが考えられている。このような直接的、間接的な指標がＥＰＰ頻度と関係するかどうかについて多くの研究がなされている。

ヨーロッパのツバメでは尾羽の長いオスは、短いオスに比べてメスに選ばれる傾向があり、交尾成功が高い。オスの尾羽の長さはメスの選り好み（メイトチョイス、配偶者選択ともいう）の手がかりとなっている（第２章を参照）。また、実験的に尾羽を長くしたオスではＥＰＣ頻度が高く、配偶者がＥＰＣを試みることがなかったことから、メスにとってはオスの尾羽の長さはＥＰＣの相手を選ぶ手がかりでもあると考えられる。さらに、自然状態で尾羽の長いオスは、翌年までの生存率が高い。これらのことから、ツバメのメスは、尾羽の長さをオスの遺伝的質（生命力）の指標として用い、遺伝的質の高いオスとＥＰＣを行うと考えられる。

ルリオーストラリアムシクイでは、さえずりに長いトリルの繰り返しを持つオスがＥＰＣの相手として選ばれる。アオガラでは、朝早くさえずりを始めるオスほどメスとのＥＰＣの確率が高く、交尾したメスの数が多くなる。まさに、早起きは三文の得、英語のことわざでは、早起き鳥は、虫ならぬ、メスを捕まえる。一方、ＥＰＰ頻度とこれらのどの指標との間にも一定の傾向は見られないという種も多くある。ミドリツバメでは、ＥＰＰヒナはつがい内交尾のヒナより尾羽が大きい傾向は見られたが、父親間に形態の違いは見られなかった。

アオアシカツオドリは名前の通りにあざやかな青色の足を持つが、ＥＰＣは複雑な様相を示す。本種は雌雄の両方が求愛行動を示す。メス主導のＥＰＣ求愛が見られると同時に、オスのほうもメスを選り好みする。選り好みに影響するのは青い足の色のあざやかさである。若いオスとつがいになったメスはＥＰＣを試みるが、交尾まではなかなか至らない。ＥＰＣの成功は、つがいオスの魅力とＥＰＣ相手オスの魅力の違いによって決まるが、平均すると両者に年齢や形態上の違いはない。

この結果は、メスのつがいオスの魅力（足の色のあざやかさ）が平均レベルより高いか低いかによって、ＥＰＣオスがメスの求愛を受け入れるかどうかを決定していることから生じる。つまり、平均より魅力レベルが高いオスとつがいになったメスでは、ＥＰＣはつがいオスより魅力的なオスとの間で生じ、魅力の違いが大きいほど確率は急激に上昇するが、平均レベル以下のオスとつがいになったメスでは、つがいオスより魅力的でないオスとのＥＰＣは成功するが、より魅力的なオスとのＥＰＣは失敗することが多くなる。魅力的でないオスとつがいになったメスは、自身が魅力的でないために、魅力的なオスからはＥＰＣを拒まれるためであると解釈されている。実際に、平均以下のオスとつがいになったメスが、他のオスに対してＥＰＣ求愛した場合、彼女の足の色よりずっとあざやかな足を持つオスほど拒否することが多くなる。

この研究の結果は、平たくいえば、イケメン好きのメスは、イケメンの夫に満足せず、さらに魅力的なオスと浮気をするということと、浮気相手のほうも相手を選ぶということだろう。良い遺伝子仮説では、ＥＰＣは魅力的なオスとつがいになれなかったメスの次善の策と想定されているが、アオアシカツオドリでは次善の策ではなく、メスの上昇志向（？）が強いことを示すようである。少し異なるが、つがい形成のための交尾志向の強いメスほどＥＰＣを試みるという結果が飼育下のキンカチョウの実験で得られている。なにがなんでも、良い子を残したいという気持ちだろうか。

ＥＰＣにより魅力的なオスと交尾したメスの産む息子は、父親の形質を受け継いで魅力的なオスになる可能性が高いと考えられる。適応的性比調節の考え方からすると、このようなメスは、息子を多く産むことで、その魅力的な息子が多くのメスと交尾することで孫の数を増やせるので、間接的な利益を得ると考えられる。イエミソサザイでは、EPPヒナはつがいオスのヒナよりも子の性比がオスに偏っていた。しかし、アオガラやミドリツバメでは性比との関連は見られない。鳥類の性染色体はメスの場合がヘテロなので、母親は雌雄どちらの性染色体を持つ卵子を排卵するかといった調節が理論的には可能である。しかし、EPCが起きない一夫一妻や一夫多妻の場合は、メスの体内には同一オスの精子しかないが、EPCの場合は複数オスの精子が混じり合っているから、卵子の選別と同時に、精子の選別も必要である。現在のところ、鳥類でメスが同種オスの特定の精子を選別する能力があるという証拠は得られていないので、EPCにともなう性比調節は可能性が低いと考えられる。

良い遺伝子仮説の直接的証拠は、EPPヒナとつがいオスのヒナとの間で生存率などを比較することで得られる。アオガラでは、EPPオスとつがいオスで、体サイズ、生存率などに違いはなかったが、EPPヒナのほうがつがい内交尾のヒナより生存率が高いという結果が得られている。また、EPPヒナのほうがつがい内交尾ヒナよりも免疫能力が高いことも知られている。ヒナでは差があるのに、その父親同士で差が見られないというのは、証拠として少し苦しい。しかし、ヒナの生存率等を比較した結果では、良い遺伝子仮説の予測に反する結果のほうがむしろ多いようである。ニュージーランドのイエスズメでは、孵化率や巣内ヒナの生存率に差はなく、EPPヒナは翌年までの生存率、生涯繁殖成功ともにつがいオスのヒナより低いという、予測とは逆の結果が得られている。ヨーロッパのイエスズメでも孵化率に差はない。ヒガラではEPPヒナとつがい内交尾のヒナの間に、寿命、繁殖開始齢、繁殖に入る確率と繁殖成績などの差はない。ミドリツバメやセーシェルヨシキリでも、EPPヒナのほうとつがい内交尾のヒナ間には、巣立ちまでの生存に違いは見られていない。

どうも、良い遺伝子仮説でもすっきりしない。そこで、優れもののオスではなく、メスと遺伝的に相補的か、類似度の低いオスをＥＰＣの相手に選ぶという考え方が提唱されている（「遺伝的適合性仮説」と「遺伝的多様性仮説」）。一夫一妻種では、両性で養育すれば、ヒナの巣立ち成功を最大にできるから、とりあえず、養育する相手を確保する必要がある。この場合、選んだ相手がたまたま自分と血縁が近いこともある。血縁が近い個体同士の交配では、近交弱勢のためにヒナの生存力が低下する可能性が高くなる。そこで、メスはつがいオスを確保した後に、他のオスと交尾することで、子の遺伝的多様性を高めると考えられる。遺伝的多様性は異型接合性（ヘテロ接合性）で表現される。異型接合性とは、集団中で同一遺伝子座が異なる対立遺伝子の組み合わせで占められる個体の比率と定義される。これを個体の遺伝的多様度の指標として用いる場合は、いくつかの方法があるが、複数の遺伝子座内の異型接合する対立遺伝子の比率を表す。異型接合性の高い個体は遺伝的な多様性が高く、病気や環境の変化などへの抵抗性が高いことから遺伝的質が高いと想定されている。

セアカオーストラリアムシクイ、ルリオーストラリアムシクイ、ムラサキオーストラリアムシクイ、メキシコカケスでは、自身との間で遺伝的な類似性が高いオスとつがったメスはＥＰＣする傾向がある。その結果、ＥＰＰヒナは異型接合性が高くなる。これらは、いずれも協同繁殖種であるが、協同繁殖する種は非分散の子が親のなわばりにとどまるために、群れ内の血縁度が高くなる。これらは、遺伝的適合性仮説を支持している。

一方、セーシェルヨシキリでは、メスは自身と遺伝的類似性の低いオスをＥＰＣ相手に選ぶのではなく、ＭＨＣ多様性（ＭＨＣとは、主要組織適合性複合体遺伝子（Major Histocompatibility Complex）のことで、免疫機能に関係している）の低いオスとつがったメスがＥＰＣする傾向があり、ＥＰＣオスはＥＰＣされたつがいオスより多様性が高い傾向があった。これは、遺伝的多様性仮説を支持する証拠である。どちらの仮説に整合するか判断できないが、ミドリツバメでも、ＥＰＰヒナはつがい内交尾のヒナより異型接合性が高い傾向があった。

しかし、これらの仮説からの予測に合わない結果も多く見られる。スイスのオオジュリンは、ＥＰＰヒナのほうがつがい内交尾のヒナより異型接合性が高く、体重が重く、生存率が高い傾向があった。しかし、同種であっても、ノルウェーのオオジュリンでは、ＥＰＰヒナはつがい内交尾のヒナより異型接合性が高いという傾向は見られていない。ウタスズメでは、ＥＰＰは異型接合性ともメスとの血縁とも関係が見られていない。逆に、カナダのツバメでは、メスは血縁の高いオスとＥＰＣをしていた。そのため、遺伝的両親と子の間の血縁度は、ＥＰＰのヒナのほうがつがい内父性のヒナより高い傾向が見られた。

直接的利益に関する仮説では、メスはＥＰＣすることによってＥＰＣ相手のオスのヒナへの給餌行動などを引き出すと予測している。ヨーロッパカヤクグリの一妻二夫グループでは、劣位オスはメスとの交尾の頻度に応じてヒナへの給餌回数を増やすことが知られている。つまり、巣に自身が受精させたヒナがいる確率が高いほど、給餌貢献が高まると解釈されている。中村雅彦さんが調べたイワヒバリはヨーロッパカヤクグリの近縁種で、複数の雌雄が群れを形成するが、オス間に順位があり、優位オスが産卵間近のメスに追従して交尾をほぼ独占する。しかし、本種は、メスが赤い総排泄孔を突き出して、オスに誇示しながら求愛行動をすることで知られており、メスはときどき優位オスの追従を振り切って他の劣位オスに求愛して交尾する。交尾した劣位オスは、ヨーロッパカヤクグリ同様に、ヒナへの給餌に参加するので、群れ内の給餌オスが多いほど、巣立ち成功は高くなる。このように、メスは質が必ずしも高くないと考えられるオスと交尾することで、質の高い遺伝子の獲得ではなく、給餌貢献を引き出して、自身の繁殖成功を高めるという直接的利益を得ていると考えられる。メスは交尾を取引の手段としているわけである。

しかし、協同繁殖のように、グループ内に複数のオスがいる場合のＥＰＣを除けば、普通に起きるのは群れ外オスとのＥＰＣなので、群れ外のオスが他のオスのなわばりにきてまでヒナに給餌するとは考えられない。ヒナへの給餌ではなく、メスへのプレゼントなら、まさに、メスの直接的利益である。求愛給餌はつがい形成の際に見られる例がほとんどであるが、ＥＰＣのときにもオスがメスに餌を与えることもある。オオモズのオスはＥＰＣの前にメスに餌を与える。本種では、つがい形成のときにも求愛給餌が見られるが、与える餌は昆虫など小さい餌が多く、また、求愛行動の三分の一ほどでは給餌がない。一方、ＥＰＣのときには小鳥、ハタネズミなど、大きくて、エネルギー量が大きく、質の高い餌を与える。浮気相手のほうに、高価なプレゼントをするということである。

不妊保険仮説については、イエスズメ、ハゴロモガラス、アオガラ、ヨーロッパシジュウカラなどで支持する証拠があると主張されているが、他の仮説との分離が難しく検証が困難な仮説である。

メスのＥＰＣの利益に関しては、これまでの研究では特定の仮説を一貫して支持するものは半数以下で、現段階では十分に検証されたとはいえないようである。このことから、ＥＰＣはオスの利益に基づいて進化したもので、メスのほうにはあまり利益はなく、むしろ不利益を被っている状態で、雌雄の利益対立が存在していると考える研究者もいる。ただ、提出されている仮説はお互いに排除し合うようなものではなく、種ごとに、または、生息環境の異なる個体群ごとに、異なる仮説が当てはまっても当然と考えられる。

精子競争と隠れたメスの選択

精子競争とは生々しい表現であるが、異なるオスの精子同士が受精をめぐって競争するという意味である。軟体動物のある種には運搬精子と呼ばれる、受精能力はないが、同じオスの精子と合体して、移動速度を高める役目を果たす精子が知られている。ラグビーのフォワードが、ボールを持った選手を囲んでモールを形成し、そのままゴールになだれ込むようなものである。また、ヨコスジカジカという魚類では、兵隊精子という、他のオスの精子の移動を妨害する役目を果たす精子が確認されている。アメリカンフットボールのディフェンシブチームのようなものである。

鳥類では、このような特殊な精子の存在は知られていない。しかし、鳥類では排卵前の最後に交尾したオスの精子

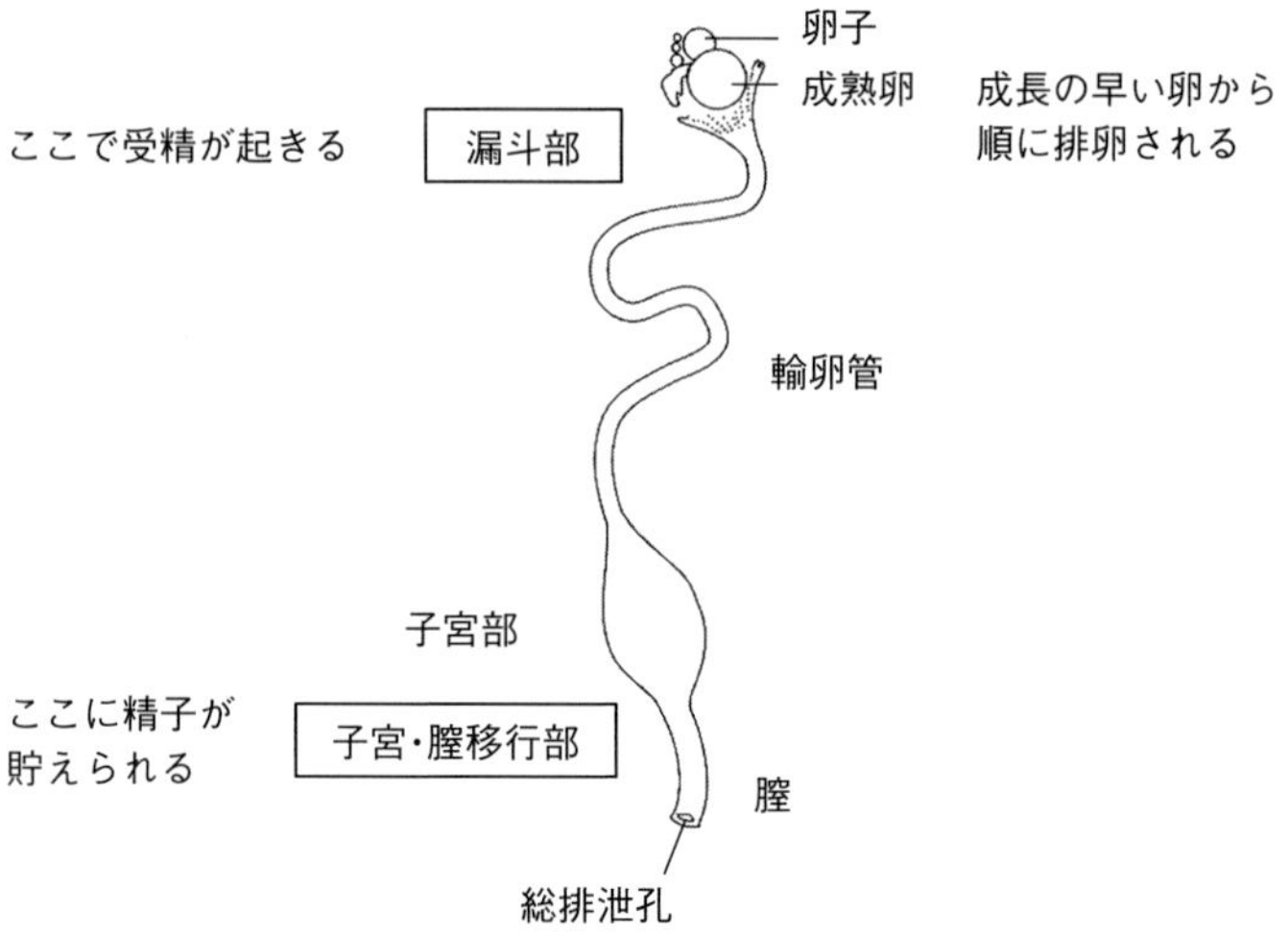

図1・1　鳥類の雌生殖器.

によって受精が起きる確率が高いことが知られている。鳥類の場合、精子の寿命は短くて六日ほど、長い種では八週間くらいまで生き延びる。そのため、一度の交尾でメスが受け取った精子でメスの一腹の卵すべてを受精させることができる。メスは子宮・膣移行部内に長さ三分の一ミリメートルほどの貯精管と呼ばれるくぼみを一万個以上持っている（図1・1）。貯精管の入口には繊毛があり、オスが注入した精子をこの部分に引き込み、精子はここに貯えられる。多くの鳥類では、交尾直後に多くの精子がメスの膣から放出され、また、貯精管に入りきれなかった総排泄孔付近の精子はその後に糞とともに排泄される。貯精管にいったん収められて、その後に輸卵管を移動していく精子の量は、交尾によりメスが受け取った量の二パーセントほどに過ぎないと推定されている。

貯精管に貯えられた精子は、少しずつ放出され、輸卵管をさかのぼって、漏斗部に到達して、ここで排卵を待つが、排卵が起きないと精子は徐々に消滅する。多くの鳥類は、最初の排卵が始まると、その後二四時間ごとに一個排卵が起きる。そのため、早々と交尾したオスの精子は、排卵がないままに生殖器官内から消滅して数を減らしていくが、排卵直前に交尾したオスの精子は数が多く、その後に排卵されたすべての卵を受精させる可能性が高くなる。

このような鳥類の受精のメカニズムにおいては、最後に交尾するという戦略がもっとも有利である。そのために、メスが複数のオスと交尾する可能性の高い種では、オスは頻度高く、つがいメスと交尾する。ヨーロッパカヤクグリは優位オスと劣位オスの二個体のオスと一個体のメスで、一妻二夫の配偶様式で繁殖するが、劣位オスとの交尾に気づいた優位オスは、メスの総排泄孔を突いて、劣位オスの精子を放出させた後に交尾する。また、EPCが起きる頻度が高いイエスズメでは、つがいオスはメスの産卵開始前後それぞれ五日間内では頻度高く交尾する。このようにして、受精可能期間内に自身の精子の相対量を高めることで自身の父性を高めている。

交尾頻度が高いとそれだけ多くの精子が使われるから多くの精子を生産しなければならない。精巣の大きさを種間で比較すると、メスが複数のオスと交尾する可能性の高い繁殖様式を持つ種ほど体サイズに対する精巣の大きさが大きい傾向が見られる。たとえば、一夫一妻でもコロニー繁殖する種では、配偶メスがつがい外交尾をする可能性が高く、つがい外オスによる受精を防ぐために頻度高く交尾する。一方、同じ一夫一妻でも、厳格になわばりを保持して、つがい外オスの侵入を防ぐ種はつがい外交尾頻度が低い。このようななわばり種に比べるとコロニー繁殖種の精巣サイズは大きい。精子競争の可能性の大小と精巣サイズとの同様な関係は、霊長類やコウモリ類でも知られている。

また、カササギなどでは、受精可能期間内にはメスの近くにとどまって、他のオスを近づけないような、配偶者防衛行動（メイトガード）が見られる。イワヒバリの優位オスも群れ内のメスの卵が受精される可能性の高い、産卵前五日ほどから、このメスの五メートル以内に付き従い、近づく他のオスを排除する。しかし、前に述べたように、このメイトガードも完全ではなく、メスは優位オスを振り切ってときどき劣位オスと交尾する。

メスの体内での受精をめぐる競争と関係した形質としては、精子の大きさが重要だと考えられている。EPPの頻度の高い、言い換えれば、精子競争が激しい種ほど精子の長さが長いことがわかっている。長い精子がEPPを高めるうえで有利だとすると精子が長くなる方向への選択が起きると考えられる。ＥＰＰ頻度の高い種では長い精子を持つオスが多くなり、オス間の精子長のバラツキは小さく、一方、ＥＰＰ頻度の低い種では、精子長は重要ではないので、オス間のバラツキは大きくなる傾向が見られている。鳥類の場合、大きな、または、長い精子が移動能力や生存能力に優れているという証拠はない。おそらく、メスの側に大きな、または、長い精子を選択するような傾向があり、オスの側に、その共進化の結果として、長い精子を生産する形質が進化したと考えられているが、なんらかの具体的証拠が得られているわけではない。

「隠れたメスの選択」(cryptic female choice) とは、メスが体内で精子の選別を行っているという考え方である。メスは生殖器官内に精子を振り分けるさまざまなフィルター機能を持っていると考えられている。受精は卵巣に接する漏斗部で起きるが、ここには貯精管からきた多くの精子がある。これらの精子は排卵された卵の表面にある卵黄膜に取りつくが、そのうちの少数が膜に穴を開けて膜内に侵入し、一個の精子がメスの核に到達して受精が起きる。このときに、卵黄膜の外側に卵黄膜外層という膜ができ、卵黄膜に取りついた精子はすべてこのなかに閉じ込められて、二四時間後に起きる次の排卵の際には受精に参加できなくなる。この閉じ込められる精子数は卵の大きさによって異なり、比較的大きな卵を産むバンでは二万個を超える。鳥類以外の動物では、卵子に複数の精子が入り込むと（病的）多精子状態 (polyspermy) という胚の死亡を高める原因となるが、鳥類の場合は生理的多精子状態と呼ばれ、病的な結果にはならない。選ばれた精子が他の精子とどう違うのかというデータはないが、このように、多数の精子から一個の精子を選択するメカニズムはメスの持つフィルター機構だと考えられている。

ミツユビカモメのメスは交尾後九〇秒以内に総排泄孔から精子を放出することが知られている。この精子の放出は産卵が近づいてくると少なくなる。卵の孵化を比較すると、孵化の失敗は産卵の一週間以上前に交尾して精子の放出が見られなかったメスで多く見られた。古い精子では受精に失敗したり、生まれたヒナの体調が悪いなどの不具合が生じる。本種ではEPP頻度は低いので、精子の放出はつがいオスの精子の質の違いに応じたものであるが、質の低いつがいオスの精子を放出し、EPCオスの精子の割合を高める行動にもつながると考えられる。

まとめ

つがい外交尾やつがい外父性の研究は数十年の間に大きく拡大し、現在もっとも活発に研究がなされている分野の一つである。つがい外父性が多くの種で見られており、この現象が特殊な例というものではないことは明らかになっている。しかし、その適応的な意義についてはいまなお論争は尽きずに、統一見解が得られたとは言えない。研究対象種は系統的にも地理的にも非常に限られている。特に、熱帯種の研究が少ないことが、鳥類全般にわたる種間比較研究での結果の曖昧さにつながっている。しかし、熱帯地域での研究も増えている。つがい外交尾やつがい外父性についても、思ってもいなかった新しい発見が得られるものと期待される。つがい外交尾は、それ自体が興味深い行動であるが、この行動が性選択に関わる問題や、たとえば、一夫一妻種に見られる性的二型や性的信号、つがい形成後投資の問題などを解決する糸口になると考えられている。

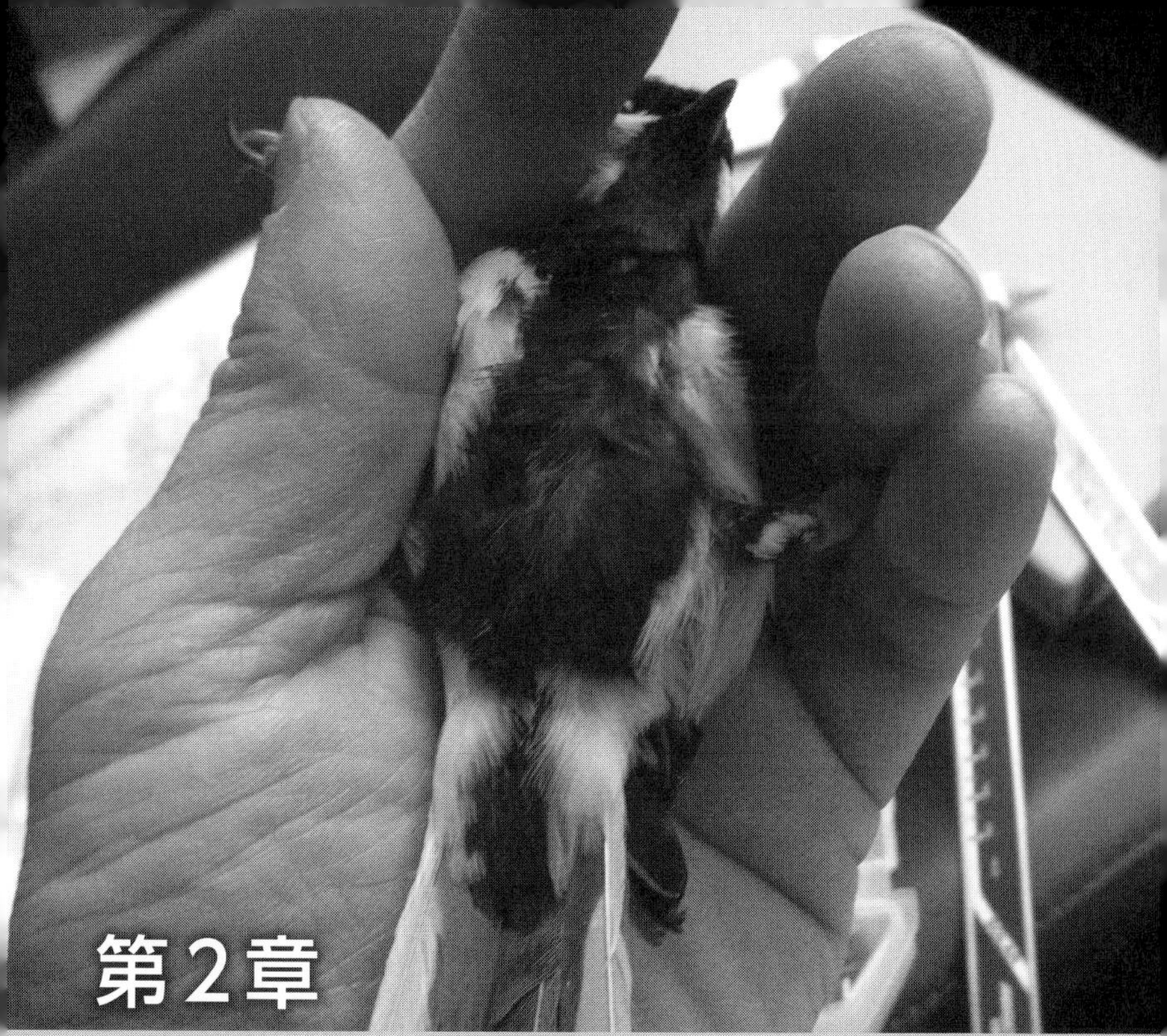

第2章

イケメンはイクメン
── 正直な信号

シジュウカラの胸の黒帯．この幅が社会的地位を象徴する．

哺乳類の配偶者獲得は腕力にものをいわせた、力ずくのことが多い。これに対して、鳥類ではあれやこれやの手を尽くした求愛ディスプレイによるものが多い。鳥類のさえずりはメスへの求愛であるとか、なわばり防衛の機能を持つということは一般にもよく知られている。さらに、飾り羽根や美しくあざやかな羽衣の色も鳥類の求愛手段の代表である。鳥類の情報伝達行動については、音声のソナグラフ分析（音声スペクトル分析）や分光光度計を用いた視覚情報のスペクトル分析など、最新技術の導入によって、それまで考えられもしなかった情報伝達機能が明らかになってきた。信号伝達、受容の手段もさまざまで、視覚的信号、音声信号、さらに、最近ではにおいを媒体にした信号伝達が鳥類でも稀ではないことが知られるようになった。このように、鳥類はさまざまな目的で、さまざまな媒体を用いて、多様な情報伝達行動を行っている。

質を伝える信号

情報伝達には、主に発信者の質を相手に伝えるものと、警戒声（アラームコール、ディストレスコール）など捕食者の接近など周辺の情報を周辺個体に伝えるものとがある。あざやかな羽衣や飾り羽根などの視覚情報や求愛の際のさえずりなどは、発信者であるオスの質をメスに伝えて、メスの選り好み（メイトチョイス）を引き出す性的な信号と考えられている。クジャクやツバメのオスの尾羽の長さはメス獲得の可能性と関連している。同じ音声信号でも、なわばり宣言のさえずりは、その周辺がすでになわばりとして占有されていることを伝えるものであるから、後者の例に当てはまる。また、視覚情報のなかで、特定の部位にある斑紋などは、同種同性他個体に対して発信者の社会的地位を示す信号であると考えられている。たとえば、クロガオモリシトドという北米の小鳥の雄は喉の部分に黒い斑紋を持っている。この斑紋の大きいオスほど順位が高いことが知られている。シジュウカラの喉から腹部にかけての

図2・1　イエスズメの喉の斑紋．左は喉が黒く大きく，右の個体は薄く小さい．

黒い帯の巾やヨーロッパのイエスズメのオスの喉の黒い斑紋（図2・1）、マヒワの喉の黒斑なども優劣関係を示している。

鳥類では嗅覚が鋭敏ではなく、においは信号の媒体として重要ではないと考えられていたが、ミズナギドリ類などの海鳥や一部の小鳥類ではにおいが信号として重要な役目を果たしていることが最近わかってきた。ミズナギドリ類では個体ごとに独特のにおいを持ち、このにおいをもとに、視覚の利かない夜間でも、つがい相手のいる自分の巣穴の位置をつきとめることができる。においが個体の質を伝えて繁殖成功に影響するという研究が北米のユキヒメドリの仲間で知られている。本種では尾腺から出る物質のにおい物質が雌雄で異なり、それぞれ、その性を特徴づけるにおい物質の多い個体がより多くの子を残す。逆に、メスを特徴づけるにおいの多いオスでは、自身の巣のなかに、他のオスにより受精されたヒナが多い傾向があった。においがどのようなメカニズムで繁殖成功に影響するのかはわかっていないが、個体の質をにおいが伝えていると考えられている。

ちょっと変わったところでは、行動で質を伝える鳥もいる。スペインなど地中海沿岸で繁殖するクロサバクヒタキは体重三五グラムほどの小鳥（スズメより小さい）であるが、本種のオスは巣の近くに多くの小石を運ぶことで知られている。本種は一夫一妻で子育てするが、オスは巣造りが始まると、建物の壁のくぼみなどに造られた巣の近くに小石を運ぶようになる。運ぶ小石の量は総量三キログラムを超える。小石は巣から一メートルほど離れた場所に山積みにされるので、直接巣の補強などに使われるものではない。なので、小石の量が直接に繁殖成功を高めることはない。しかし、多くの小石を運んだオスとつがいになったメスは早く産卵を開始し、産卵数が多い傾向があり、最終的に小石を運ぶ量が少ないオスのつがいよりも多くのヒナが巣立つ。このような産卵開始日や産卵数は、すでにある古い小石を含めた小石の総量ではなく、そのオスが運んだ小石の量と関係しているので、メスはしっかりとオスが運ぶ石の量をチェックしているわけである。メスはオスが運ぶ小石の量でオスの質を評価し、早く繁殖を始めて、より多くの卵を産むことで、つがい形成後の繁殖投資を高めたと考えられている。

また、小石を多く運ぶオスは、ヒナの出現後にヒナへの給餌回数が多いという傾向も見られたので、良い父親でもあるわけである。さらに、オスの質を直接測った研究では、重い小石（体重の四分の一にもなる）を運ぶオスは軽い小石を運ぶオスよりも、免疫能力が高く、生存率も高いことが示されている。重労働は血液中のヘマトクリット値を高めることがあるが、大きな小石を運んだオスの値は低く、重労働に耐える能力を持つことを示唆している。なんの役にも立たない小石をせっせと運んでいるように見えても、マッチョぶりを見せつけることでしっかりとメスにアピールしているのである。

一方、アラビア半島に棲息するハイイロイワビタキでも小石運びが見られるが、本種の場合はメスが小石を運び、小石運びが性的信号になっているという証拠はなく、むしろ、小石を積み上げて巣の入口を狭くすることで、捕食者の侵入を妨げる効果があると考えられている。

派手な飾り羽根を持つオスや羽衣のあざやかなオスほど多くのメスを獲得するか、早くつがいになることは多くの研究が示している。なぜそのようなオスが選ばれるのかという説明には、その信号がオスの質を示す指標であるという考えが根底にあるが、実際に質の指標であると検証した研究が提出されるようになったのは比較的最近のことであ

表2・1　ツバメのオスの尾長と繁殖成功の関係（Møller (1988) を改変）.

	尾長（mm）		
	90–100	101–104	105–120
渡来日（5月1日＝1）	13.4±11.6 (30)	−1.5±5.2 (19)	0.1±5.2 (25)
求愛に失敗したメスの数	0.20±0.72 (30)	0.16±0.41 (19)	0.08±0.38 (25)
交尾成功（%）	67 (30)	100 (19)	96 (25)
つがい形成までの日数	4.4±3.7 (20)	2.8±2.3 (19)	2.0±1.6 (24)
産卵までの日数	19.0±11.1 (20)	18.6±6.1 (19)	16.8±4.2 (24)
産卵日（5月1日＝1）	36.8±11.2 (20)	19.9±9.4 (19)	18.9±14.1 (24)
2回目繁殖の割合（%）	30 (20)	84 (19)	83 (24)

（　）内はサンプル数．オス間の差はすべて有意.

表2・2　ツバメのオスの尾長と翌年までの生存率の関係（Møller (1988) を改変）.

	尾長（mm）		p
	生存者	非生存者	
オス	109±9.1 (118)	105.6±8.5 (262)	<0.001
メス	89.7±5.3 (90)	89.9±6.3 (305)	NS

る。ツバメの雄はメスよりも長い尾羽を持ち、尾羽が長いオスほどメスの獲得が早いことが知られており、メスは尾羽の長さによってオスの質を評価すると考えられている（表2・1）。実際に尾羽の長さの異なるオス同士では、尾羽の長いオスほど翌年まで生存している確率が高いことが示され、生命力という基準でいえば、尾羽の長いオスの質は高いといえる（表2・2）。

個体の質を表す信号の場合、体重や体サイズなどの形態形質、体調や免疫能力など生理学的特性、異型接合性（ヘテロ接合性）のような遺伝的指標、寿命のような生活史特性、さらには、給餌貢献度や巣やなわばりの防衛への貢献度などの行動的形質が伝える情報として特定されている。

求愛さえずりと発信者の質

さえずりはメスへの求愛信号である。マダラヒタキの巣箱の側にオスの剝製を置き、さらにその半数にはスピーカーからさえずりを流した実験では、メスは無音の巣箱よりさえずりを流した巣箱のほうで、巣箱を点検することが圧倒的に多かった。複雑なさえずりや時間当たりの頻度が高いさえずりがメス獲得可能性を高めることはよく知られている。メスはさえずりによってオスの質を評価して選んでいると考えられている。

さえずり行動そのものやさえずる歌の特性の、なにが情報伝達に重要であるかは種によって異なる。頻度高くさえずることはオスにエネルギー上の負担を強いるから、オスの体力、体調の指標であるように思える。一時間ぶっ続けでカラオケで歌えばエネルギー消費はかなりのものであるから、なんとなくわかりやすいように思える。さえずりの継続時間、時間当たりのさえずり頻度、一つの歌の長さ、さえずりの強さ、最大周波数などはエネルギー消費と関係するので体力と直結するが、歌の複雑さなどは別の能力を表している。また、たとえ、さえずりに大きなエネルギーが費やされないとしても、採餌時間を削ってさえずりに長時間かけることもコストになるだろう。

ホシムクドリでは、長い歌をさえずるオスほど早くメスを獲得し、また、より多くのメスを獲得する。また、アオガラでは、長い歌をさえずるオスはつがい外交尾に成功することが多く、自身のつがいメスがつがい外交尾をすることが少ない傾向が見られた。歌を構成する空白に挟まれた音声部分をシラブルと呼び、短いシラブルが短い空白を挟んで数多く繰り返される部分をトリルと呼ぶ。時間当たりのトリルの数をトリル率と呼ぶが、このトリル率もメスの選択に影響する。ヒメウタスズメのメスはトリル率の高いプレイバックに強く引きつけられる。

大きくさえずることにも生理的限界があるが、信号はその個体の限界の高さを示すと思われる。ムジセッカはつがい外父性（ＥＰＰ）が非常に高い種で、オスにとってはつがい内受精以外にもＥＰＰで子を残すことも重要である。

本種の歌の強さは、オスの寿命とEPPに相関し、メスは「良い遺伝子」(good gene)を選んでいるといえる。メスは、オスの選択に、歌の量的な違いや多彩さの違いではなく、歌の強さが限界値を超えた時間の割合で評価しているようである。また、メスに選ばれる魅力的なオスは、自身のなわばり防衛に熱心ではない。つまり、他のオスがなわばりに侵入して自分のつがい相手のメスにつがい外交尾を試みることを防ごうとはせず、もっぱら、自分自身が他のオスのなわばりに出かけて盛んにつがい外交尾を試みて、EPPを高めることで適応度を高めているといえる。魅力的なオスは家庭を顧みることはなく、冴えないオスはしっかりと家庭、いや、メスを防衛する。

トリルを構成するシラブルは広い範囲の周波数帯を含んでいる。鳥は高周波の声を発するときは、くちばしを開き、鳴管を狭くして共鳴周波数を高くするが、逆に低い周波数の声を発するときは、くちばしを閉じ気味に、鳴管を広げて、共鳴周波数を下げる。人間でも低い声、高い声を使い分けるときには口腔内を狭めたり広めたりする。短時間内にトリルの数を増やす(トリル率を上げる)ことは、同時にくちばしと鳴管の状態をすばやく変化させて広い周波数帯の音を出すことになるので、トリル率の上昇には肉体的な限界がある。この限界値が高いオスほど体力などの質が高いと推察されるので、トリル率はオスの質の指標となると考えられる。

このように、大きくさえずることはエネルギー消費が大きく、オスの質の指標となっているが、ヨーロッパアルプスに棲息するイワスズメのオスでは、さえずりと繁殖成功の関係が他種とはかなり異なっている。本種では、さえずり頻度が低く、高い周波数の歌でさえずるオスでは、つがい内でもつがい外でも繁殖成功が高いことがわかった(図2・2)。メスがさえずり頻度の低いオスを選ぶことは他の種と異なる。静かなオスほどよくもてるということだろうか。ロバータ・フラックの歌で、"Killing me softly with his song"(邦題:「やさしく歌って」)というのがあったが。

頻度高くつがい外交尾をするオスは、また、自身のメスがつがい外交尾によりヒナを得る傾向があったが、総合的には高い繁殖成功を維持していた。また、大きくさえずるオスでは、自身の巣に他のオスにより受精されたヒナがい

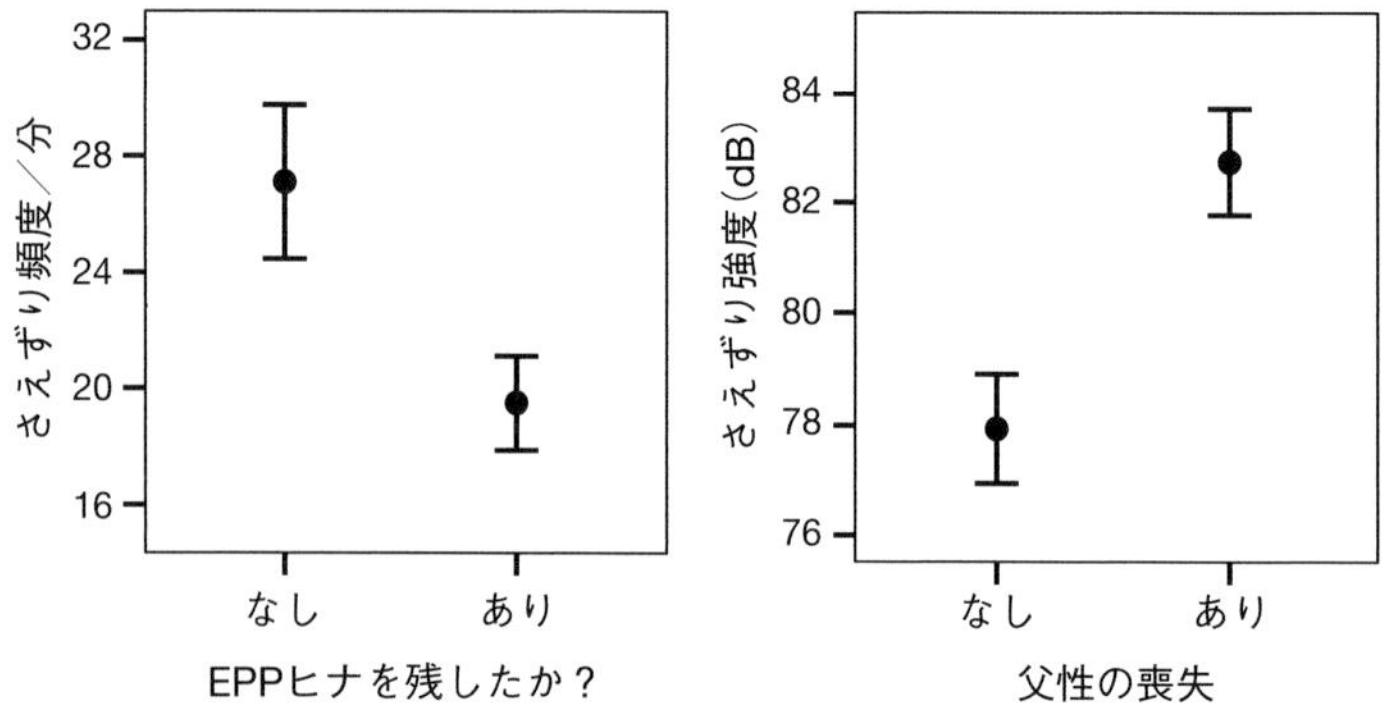

図2・2　イワスズメのさえずりとつがい外父性の関係（Nemeth *et al*.（2010）を改変）.

る傾向が高かった（図2・2）。これも、他の種とは異なる傾向である。本種では、大きなさえずりはメスへの求愛ではなく、オスのメイトガードを振り切ってなわばり外へ出たメスとのコンタクトをとるものだと説明されている。出ていったメスを呼んで、オスが泣き叫んでいるというなんとも哀れな光景が目に浮かぶ。

さえずりの複雑さとメスの選択との関係は多くの研究で報告されている。ヨーロッパに渡ってくるスゲヨシキリはレパートリー数が多い、大変複雑なさえずりをすることで知られ、複雑なさえずりのオスほど早くメスを獲得している。

どのような質を表す？

さえずりの特性はどのような質の指標となっているだろうか。ホシムクドリのさえずりは、オスの免疫能力を示すという報告がある。オスの単位時間当たりのさえずり頻度と歌の長さは免疫能力の指標との間で正の相関が見られている。つまり、よくさえずるオスほど免疫能力が高いということである。キンカチョウでは複雑な歌をさえずるオスほど学習能力が高いことが示されている。オスに隠した餌を探させる実験を行ってさえずりとの関係を調べると、複雑な歌をさえずるオスは問題解決までの失敗数が少なく、問題解決能力が高いという結果が得られている。

遺伝的な質の評価指標として、最近では個体の遺伝的な多様度を示す指標が用いられる。さえずりと異型接合性の指標との関係は、スゲヨシキリ、メスアカクイナモドキなどで知られている。スゲヨシキリのさえずりの複雑さは、異型接合性の高さと相関しており、複雑なさえずりをするオスほど異型接合性、すなわち遺伝的多様性が高い。メスは、ヒナの遺伝的多様性を高めるように、複雑なさえずりのオスを選んでいると考えられている。メスアカクイナモドキはマダガスカル固有の種で、協同繁殖を行い、群れなわばりを防衛する。オスはなわばり防衛のために長い、低周波のトリルを含む歌をさえずる。異型接合性の高いオスはより長く、周波数の低い歌をさえずり、なわばりは大きく、異型接合性の高さと繁殖成功が相関している。

さえずりの複雑さにはエネルギー的なコストの違いは生じないと考えられるので、生理的な質と直接には結びつかないように思える。さえずりの質と発信者の質とのつながりに関しては、歌はヒナの時期の成長ストレスの影響を反映したものであると考えられている。ヒナの時期のストレスは歌の学習に関する脳構造に影響し、ストレスにうまく対応できる個体は、脳の成長に多くを投資でき、歌の学習もよくなるということであり、学習によって複雑になった歌はオスの質を表すということになる。キンカチョウ、ヌマウタスズメ、ホシムクドリなどで、ヒナの成長時期の栄養条件を制御した実験などにより、ストレスがさえずりに影響することが確認されている。また、メスにオスのさえずりをプレイバックで聞かせると、ストレスを受けなかったオスのさえずりを選んだという結果が得られている。

飼育下のキンカチョウのヒナに、実験的に餌を制限して成長にストレスをかけると、成鳥に達した後、ストレスを受けたオスの歌は複雑さに欠けることが明らかになっている。さえずり頻度（song rate）や最大周波数にはストレスを受けなかった個体との間に違いはないが、シラブル数が少なく、フレーズ内のシラブルの種類数が少なくなった。そして、メスによる音声選択実験の結果では、メスはストレスを受けないオスのさえずりを選んだ。

別の研究では、餌の制限は、さえずりの強さ、さえずる時間、レパートリー数には影響しないが、チューター（親）をうまくまねることができず、チューターの歌との類似度が低く、歌の構成（song syntax）の学習に影響したという結果が得られている。この研究では、脳の成長下にある過去の影響よりも、餌制限が影響した現在の体調やモチベーションの低さが歌の学習に影響していると考えられている。腹が減って勉強に身が入らず、歌をうまく覚えることができなかったということになる。

同様な結果は他の種でも知られている。ヌマウタスズメのヒナを異なる栄養状態で飼育したところ、ストレスを受けたオスの歌の長さは短く、トリル率、ステレオタイプの程度、シラブル中のノートの数などにも違いがあり、メスはストレスのないオスの歌を選んだ。ホシムクドリでは、歌発達時の栄養状態だけでなく、そのときの社会的地位が影響する。ストレスを受けたオスのレパートリー数は少なく、歌の複雑さに欠ける傾向があったが、そのなかでも、優位個体は劣位個体に比べて、多くのフレーズタイプを持っていた。強い個体は逆境のなかにあっても技は身につける。キンカチョウでは、歌の複雑さは学習に要する時間と負の相関、つまり、覚えが早いほど複雑な歌をさえずる傾向があることがわかっている。学習能力の高い個体は複雑な歌を持つようになれるということだろう。

以上の事実は、メスはオスの優れた遺伝的質（「良い遺伝子」）を選び、自分の子にその遺伝的質を受け継がせることで、子を通じて間接的に適応度を上げることを示唆している。一方、直接メス自身の適応度を高めるオスの特性を選択することも報告されている。この場合、オスは自身のヒナ養育への意志をさえずりによって伝えていると考えられている（「良い父親」）。スゲヨシキリでは複雑な歌はメスを獲得するための「魅力」という側面があるが、同時に、複雑な歌を歌うオスはヒナへの給餌貢献も高いことがわかっている。高いオスの貢献は巣立ち成功には影響しないが、ヒナの成長を高めるので、巣立ち後のヒナの生存を高めていると考えられる。歌がうまくてよくもてるうえに良いお父さんというのはなかなかいない。

攻撃の信号

なわばり防衛はさえずりのもう一つの重要な機能である。さえずりになわばり防衛機能があることは、古くから自明のこととして認識されてきたが、ジョン・クレブスらのなわばりオスの除去と代替のさえずりのプレイバック実験によって検証された。ヨーロッパシジュウカラのオスを森林内のある地域から除去して、それぞれのなわばりの位置に、さえずりを再生してスピーカーで流す、さえずりではなく笛の音を流す、なにも音声は流さない、という三つの処理のどれかを行った後に、侵入オスがなわばりに再定着するまでの時間を比較したところ、音声がないなわばりがもっとも早く埋まり、さえずりを流したなわばりでの再定着にもっとも時間がかかった。たしかに、さえずりにはなわばり防衛の機能がある。求愛さえずりの場合、メスの誘引効果を高めるために、さえずりはそのさまざまな特性を強める方向に変化していく。なわばり防衛のさえずりでも同様で、先のシジュウカラのなわばりの再定着実験においても、単調なさえずりと多くのレパートリーを持つ複雑なさえずりでは、複雑なさえずりが流されたなわばりほど定着が遅れた。

複雑なさえずりのほうが、なわばり防衛効果が高い理由として、クレブスらは、「はったり効果」と呼ぶメカニズムを考えた。自然条件下では、シジュウカラは一つの止まり木では一つのパターンのさえずりしかせず、止まり木を移れば別のさえずりをする。侵入を試みるオスは、複雑なさえずりは、単独のオスではなく、複数のオスによるさえずりであると認識し、すでに混み合っていると見られるその地域を避けるというものである。しかし、求愛さえずりは、オスの体サイズ、体力、体調などと相関しているものがあることがわかっている。であるから、なわばり防衛さえずりにも、オスの特性の指標となる情報を伝える機能があると考えられる。侵入オスはこのような情報をもとに侵入の適否を判断しているのかも知れない。

なわばり防衛のためのさえずりには、なわばりの存在を知らせるだけでなく、発信者の攻撃意志を伝える働きもある。攻撃的なさえずりは、攻撃意志を伝えると同時に、攻撃意志の上昇を予測させる。相手のさえずりに対して、さえずりを重複させる、同じ歌のタイプでさえずる、同じ周波数の歌でさえずる、歌の周波数を変える、さらに、特徴的な小さい「soft-song」と呼ばれる歌でさえずるというのが、これまで攻撃的応答と考えられてきたさえずりである。

歌の重複というのは、隣のオスのさえずりが聞こえてきたら、そのさえずりにかぶせるようにさえずることを指している。相手に負けないようにさえずるということである。しかし、意図的なさえずりの重複ではなく、たまたま、さえずりが重なったということもあるだろう。偶然の重複の場合の期待値との比較を行った研究では、どれも、非ランダムなさえずりの重複は否定されている。ただ、信号の受信者のほうは、他個体のさえずりが重なったときにはさえずりを中断することがある。しかし、求愛さえずりを含めて、さえずりが他の音声（同種であれ、異種であれ）により邪魔されたときはさえずりを中断することは多くの種で知られているので、攻撃的なさえずりへの応答であるかどうかはわからない。サヨナキドリのなわばり宣言歌では、必ずしもいつも大声でさえずるのではなく、強さを調節していることがわかっている。プレイバックなしのときのさえずりは小さくて、プレイバックに対して強さを上げた。

歌のタイプや周波数のマッチングというのは、自分自身の通常の歌ではなく、他個体のさえずりに合わせて、同じタイプの歌や同じ周波数域の歌をさえずるということである。歌タイプのマッチングはヨーロッパシジュウカラやウタスズメなど多くの種で知られており、さえずりの攻撃的な性格や受信者の反応なども確認されている。周波数マッチングはアメリカコガラでよく研究されており、攻撃的さえずりの規範に合っていることが確認されている。

周波数の変更が攻撃意志の伝達につながるかどうかについては、多くの証拠は否定的であるが、アオメウロコアリドリはプレイバックに対しては、単独でのさえずりよりも高周波の音声を返す。本種のさえずりには、最大周波数に個体差が見られる。さえずり時間と最大周波数に負の相関があることから、エネルギー的な制約があると示唆される。

それで、単独の場合には、コストの低い低周波のさえずりをしていると考えられる。また、遺伝的多様性の高いオスほど高い周波数の音声を上げたことから、高周波でさえずる個体は質の高い個体だといえる。高周波のさえずりで他のオスに応答することで、自身の体力面での質の高さを伝えているのではないかと考えられる。

最後に、攻撃に直結するさえずりは、大きな声ではなく小さな声でなされる場合（soft-song）が、もっともよく攻撃意志を示していることがわかっている。ウタスズメでは、soft-song に強く反応する。soft-song は個体ごとに異なり、攻撃性のレベルを決定する。剝製を見せて攻撃性の上昇に関わる反応を見ると、soft-song と羽根ふるわせ行動のみが増加した。これらは、エネルギーコストは低いと考えられる。攻撃の可能性を大げさに伝えるのが有利と思われるが、soft-song の頻度は攻撃を正確に予測する。人間でも、大声よりも、低い押し出すような声（古くは、「ドスの利いた声」といわれた）のほうが、なんとなく怖そうに見える。そのようなさえずりで自身の攻撃意志を伝えることは、また、相手の報復を呼び込む可能性が高くなるので、これがコストとなり、信号の正直さを維持していると言える。

しかし、相手と同じ歌をさえずるということは、あらかじめ、他個体の歌を聴いて学習しておく必要がある。なわばり個体は、通常、隣接個体よりも未知の個体の侵入に対してより攻撃的に振る舞う。ウタスズメでは、隣接個体と未知の個体のプレイバックに対して、未知の個体への歌タイプの一致を高めたことが報告されている。短時間のうちに歌の模倣ができることを示しているのではないかと示唆される。

羽衣のカロテノイド色素と個体の質

あざやかな羽衣の色が性的信号であり、メスはあざやかな羽衣のオスを選ぶことが、多くの行動生態学的研究により知られている。最近の測定機器や技術のめざましい発達は、羽衣の個体差をより客観的に定量的に評価し、どのような特性が選択の対象になるのかを明らかにすることを可能としている。

羽衣や皮膚の黄色い色は多くはカロテノイド系の色素により発色する。カロテノイドは生体内で合成することはできず、餌から摂取される。このことから、黄色やオレンジ色の違いは、個体の採餌能力を反映していると考えられる。アオガラは、胸から腹にかけて黄色の羽衣を持つ。ヒナの巣間の入れ替え実験の結果、入れ替え前の真の父親ではなく、育ての父親の羽衣が黄色いほど、ヒナのふしょの成長は良いことがわかった。黄色が濃いオスほど採餌能力が高く、ヒナへの給餌も高く、その結果、ヒナの成長が良くなったと考えられる。

マヒワでは、単独になったときに、他個体を呼ぶコールを発するときがあるが、このコールは仲間を捜す行動であり、自身で新しい餌資源の開発をせずに、他個体に頼ることから、探索、リーダーシップ、採餌能力の低さを示すと考えられている。野外で捕獲した個体を使い、飼育下で他個体の姿を見せたときにその個体に引き寄せられるかどうかを調べ、風切りの縁にある黄色のストライプの長さとの関係を見ると、黄色部分が長い個体は、あまりコールを発せず、デコイに引き寄せられなかった。このことから、黄色部分の長さは採餌能力の指標と考えられる。一方、黒い喉の斑点は、メラニン起源で、優位個体を示すことが確認されているが、採餌能力の指標と考えられる黄色部分の値との相関はなかった。

他方で、カロテノイドは抗酸化物質なので、カロテノイド系色素は免疫能力と関係すると考えられる。免疫能力や抗酸化活性との関係を調べた研究では、カロテノイド系の色が濃い個体ほどこれらの値が高く、カロテノイド系色素は免疫能力と活性酸素状態の指標であることを示唆している。

ミツユビカモメは、社会的一夫一妻で、雌雄ともに、口の中、舌、目の周り（アイリング）などは濃い赤やオレンジ色をしている。オスでは、カロテノイド系の色（黄色の口内、舌）が濃い個体ほど、カロテノイドとビタミンA量（どちらも、抗酸化物質）が多く、また、繁殖成功も高かった。一方、メスでは、口内の色がカロテノイド、ビタミンA量と相関していたが、繁殖成功との相関は見られなかった。

また、オスではアイリングの色が濃いほど、異型接合性が高く、メスでは、舌が黄色いほど異型接合性が低く、雌雄によって、個体の遺伝的質を示す形質が異なっている。皮膚の色は個体の質を表していると考えられている。同じカモメの仲間の、アメリカオオカモメにビタミンAを補給したところ、くちばしの赤斑が大きくなることが観察されている。この赤斑のサイズは個体の持つ抗酸化物質量の指標となるだろう。ムジホシムクドリのくちばしの黄色い色も、カロテノイドとビタミンAの指標となる。

カロテノイド系色素の量は測定時の体調とも関係する。ライチョウの仲間は形態の性的二型が著しく、オスは派手な羽衣や飾り羽根を持っているが、ミヤマエゾライチョウのオスは目の上の皮膚が盛り上がり、真っ赤な色をしている（"comb"：通常、「とさか」と訳される）。つがいになったオスは、未つがいのオスよりも、この部分が大きくて、赤みがより強い傾向がある。このような個体は、カロテノイドレベルが高く、体調が良く、体内寄生虫が少ない傾向があった。また、テストステロンレベルが高く、より強くなわばり防衛を行う。赤い「とさか」は、オスの体調を表す指標となり、メスの選択を引き出すと考えられる。

紫外線反射と構造色

鳥類は人間の感知できない紫外線域の光線を見ることができる。それで、紫外線による信号が用いられている可能性が指摘され、紫外線反射とメスによるオスの選択に関する研究が多く見られるようになった。紫外線反射は羽衣やくちばしなどのナノレベルの構造によりもたらされる。

紫外線反射とメイトチョイスの関係はヨーロッパのアオガラを中心に研究が進められた。アオガラでは形態的な性的二型は顕著ではないが、青い冠羽に見られる紫外線反射はオスのほうが強い。オスはこの冠羽を用いて求愛ディスプレイを行う。選択実験ではメスは冠羽の紫外線反射が強く、青い色のあざやかなオスを選んだ。

この紫外線反射も個体の質を表す信号だと考えられているが、紫外線反射の強いオスは翌年までの生存確率が高かったことから、生命力の指標となることが示唆されている。また、紫外線反射は闘争能力の指標であるとの報告もある。紫外線反射をブロックした剝製と通常の剝製を見せたところ、ブロックした剝製への攻撃は低かったことから、冠羽の紫外線反射はオス間闘争の信号にも使われるのだろうと考えられている。

アオガラではつがい外交尾が頻度高く観察されている。メスは冠羽の紫外線反射の違いをもとにオスを選択するので、つがい外交尾のときも紫外線反射が手がかりになるのではないかと考えられる。紫外線反射の強いオスはEPPされることが少ない。おそらく、メスは羽衣の立派なつがいオスのほうを選ぶので、対象となるオスの紫外線反射がつがいオスより弱ければ、メスはつがい外交尾を選ばないと考えられる。しかし、一方、年齢の高いオスや紫外線反射の弱いオスはEPPで子を残すことが多いという、予測からは逆の結果も得られている。EPPされたオスは、EPPしたオスよりも紫外線反射は弱くはないので、これはメスの直接の選択の結果ではないだろうと考えられている。おそらく、オスの2つの異なる戦術を示しており、紫外線反射の強いオスは、つがい内成功を高め、弱いオスはEPPを高める方向を選ぶと解釈されている。とすると、メスはなにを手がかりに、EPC相手の質の高いオスを選べばいいのだろうか。

紫外線反射を手がかりにオスを選択したメスは、つがい形成後投資を変えるだろうか？　紫外線反射があざやかなオスを選んだメスは息子を多く産むという報告がある。これは、魅力的なオスとつがったメスは、息子を産むことで、魅力を受け継ぐ可能性の高い息子を通じた間接的な適応度を高めていることを意味する。しかし、別の研究では性比の調節は見られなかったという報告もある。

実験的にアオガラのオスの冠羽の紫外線反射を抑えたところ、オスの給餌貢献は実験の影響を受けなかったが、そのオスのつがい相手のメスは、ヒナへの給餌を低下させた。このため、ヒナのふしょの骨格の成長が低下した。メスはオスの紫外線反射を手がかりに、その子の適応度を判断して、子への投資を低下させたと考えられるが、メスが投資を低下させる利益がなんであるかについては、証拠は得られていない。メスは高い適応度を期待できない子への投資を低下させることで、自身の生存確率を高め、繁殖コストによる翌年の繁殖成功の低下を避けていると解釈されている。しかし、冴えないオスとの間に生まれた子の養育の手を抜く母親というのも怖い。

アオガラはメスも羽衣の色が性的信号となっているという研究もある。カロテノイド系の黄色の強いメスは、産卵数、巣立ち成功、ヒナの加入数ともに高かった。特に、やり直し繁殖させたメスの間（負荷をかけている）では、黄色のあざやかさと産卵数と加入数との相関が強く現れた。また、紫外線反射の高い羽衣を持つメスの生存率は高い傾向があり、初卵日が早かった。初卵日が早いということは早く繁殖に入れるということである。メスでも羽衣の色は質を伝える信号となっている。

構造色による信号

紫外線反射は組織の微細構造から生じる。このような、色素によらない発色を構造色と呼ぶ。鳥類の羽根は羽枝と呼ばれる細かい枝状の構造物の集まりであるが、羽枝のスポンジ状構造のなかで、ケラチン、色素顆粒（通常、メラニン）、空気層が、ナノスケールで規則的に配列されると、光の干渉が起き、特定の色（多くは、紫外線／青）を選択的に反射することで生じる。白色は全反射することで得られる構造色である。この構造に色素が加わると、構造色だけでは発色しない色を作り出すことができる。たとえば、インコ類の緑の羽根は構造色の青に、カロテノイド系色素の黄色が加わったものである。

また、特定の波長域の光線（紫外線など）が当たると発色する蛍光色というのもある。黒い地の色の表面が緑色の金属光沢に輝いているものがその例である。インコ類は構造色と蛍光色の両方を持っている。構造色には一様性があり、羽根の成長過程での成長の安定性を示すと考えられている。羽枝はすり減りやすく、このため、色の強さは羽根の質を示すといえる（すり減りへの抵抗性）。また、構造色部の面積が広いほど質をよく表すことになる。

構造色の信号機能の研究は青い羽衣を持つ種で行われている。紫外線反射の研究で用いられたアオガラでも構造色の研究がなされている。冠羽の換羽速度を速めて、構造色である冠羽の紫外線／青を比較すると、換羽に要する時間が短い（速い換羽速度）ほど、冠羽の紫外線反射の明度と飽和度が減少することがわかった。短時間の換羽では、十分な発色機能を得られるほどのナノ構造の完成度を得られなかったと考えられる。換羽速度と構造色発現にはトレードオフがあるということである。換羽に要する時間が繁殖終了と渡り開始時期までの期間で制約を受けるならば、紫外線／青の強さは前年の繁殖期の個体の繁殖成績を示す（早く終了するとゆっくり換羽できる）と考えられる。つまり、早く繁殖を開始できる個体の選択的有利さを示すといえる。

構造色が体調の指標であるという研究もある。コウウチョウで換羽期に餌を制限すると、餌制限を受けた個体では、真珠状の虹色部分の羽衣はカラフルではなく、構造色が健康や体調の指標になり得ることを示している。シコンヒワはオスの翼や腰の部分の紫外線から青にかけての色に変異がある。腰の部分の色が明るく、色相が強く青に飽和しているオスほど体重が重く、体サイズが大きい傾向があった。

ルリイカルでは、青い羽衣の色の変異は尾羽の成長線の間隔と相関していることがわかっている。成長線とは羽根の成長の遅速に起因する羽根上の濃淡の縞模様である。隣り合う成長線の間の薄い部分は羽根の成長が早く、色の濃い成長線の部分は成長が停滞していたことを示す。成長線の間隔は換羽時期の栄養状態の指標となる。ルリイカルの羽衣の青さが濃い個体ほど羽根の成長が良かったことから、羽根の青い色は体調依存で、オスの質の正直な信号であると考えられている。また、栄養が十分ということは、採餌能力の高さを反映しているかも知れない。別の研究では、青の濃いオスは体サイズが大きく、なわばりが大きく、餌が多く、給餌率が高いという結果が得られている。このように、構造色は「良い父親」としてのオスの質をも表していると考えられる。

ルリツグミは青い構造色と胸の茶色いメラニンの斑紋を持っている。胸の茶色い斑紋が大きく、色があざやかなオスほど、繁殖初期に営巣したメスとつがいになった。このことは、このようなオスがメスによって選ばれていることを示している。また、このようなオスは、ヒナへよく給餌し、体重の重いヒナを巣立たせる傾向があった。一方、羽衣の紫外線反射の強いオスは、より多くのヒナを巣立たせた。このように、両方の信号が良い父親としてのオスの質を表すことを示唆している。また、本種で、初めに限られた数の巣箱を設置して、巣箱の占有ができた頃に巣箱を追加して、占有するオスの羽衣の色を比較したところ、初めに占有したオスは青い色がよりカラフルだった。オスの羽衣の青い色は優位さの指標であると考えられる。また、カラフルなオスほど多くのヒナを巣立たせた。

しかし、いくつかの種で実施された実験的なオス選択の研究では、否定的な結果も得られている。実験的にあざやかにしたり、鈍くしたりした結果でも、自然条件でのあざやかさの変異間でもメスは一方を選択する傾向はなかった。尾羽の長さに性選択が強く働いていると考えられているツバメでは、否定的な結果が得られている。胴体の光沢のある羽衣は強く紫外線を反射し、反射率はオスほど大きい傾向がある。しかし、紫外線反射と尾の長さ、尾の対称性、顔の赤さとの相関は極めて弱いか、無相関であるという結果が得られている。体調を示す値や多くの繁殖成績、生存との相関もなかった。本種では構造色の信号としての性選択はあったとしても極めて弱いことが示唆される。

アオアシカツオドリの皮膚の色はコラーゲンによる構造色と色素により形成されている。この青い色は絶食させると四八時間で褪色する。餌中のカロテノイド の変化は足の色と免疫能力の変化をもたらし、カロテノイド系色素は個体の免疫状態を示している。このことは、色素による足の色は現在の体調を示す指標となることを示唆している。オスの足の色の変化は、メスの繁殖投資を大きく変化させた。初卵産卵後にオスの足を鈍い色の塗料で塗ると二卵目は小さな卵を産んだ。

猛きん類や海鳥など、餌供給が不安定な種では、産卵数は少なく、孵化は非同時的で、餌供給が高い場合はすべてのヒナが巣立つが、低い場合は後から孵化したヒナの死亡により、一部のヒナのみが巣立つことで巣立ちヒナ数を最大化する繁殖様式を持つ。小さな卵から産まれたヒナは初期成長が遅く、先に生まれたヒナとのヒナ間競争の結果、死亡する可能性が高い。アオアシカツオドリのメスは足の色でオスの体調、さらには、オスの育雛能力を判断して、少ないヒナが確実に巣立つように巣立ち数を調節していることを示唆している。ちなみに、なぜ、初めから能力相応の卵数を産まないかといえば、未受精卵産卵による繁殖失敗のリスクを軽減するために平均的な卵数を産卵し、孵化後の巣立ち数の調整はヒナ間競争に委ねることで調節する様式であると考えられている。親は、通常、餌を分配せず、餌をめぐるヒナ間の兄弟げんかが起きても仲裁しない。

正直さの維持

受信者が信号に応じて行動を変えるのであれば、発信者は信号によって受信者の行動を操作することが可能である。家族のような血縁個体以外に対して発せられる信号は、正直ではなくても機能する可能性がある。

正直な信号としてもっとも有名な例が、鳥類ではないが、トムソンガゼルのストッティング（跳ね回り）と呼ばれる行動である。トムソンガゼルは小型のレイヨウ類で、足が速いがチーターには捕らえられることがある。このトムソンガゼルには、チーターの接近に気がつくとその場で跳ね回る行動が見られる。捕食者に気がついたらさっさと逃げればいいものを、なんで、その場でぐずぐずしているのだろうという疑問が起こる。もちろん、さっさと逃げ出す個体もいる。しかし、跳ね回った個体と早めに逃げ出した個体のその後の運命を比べると、意外なことに跳ね回っていた個体のほうがチーターから逃れることができている。しかも、長く激しく跳ね回った個体ほど追跡を振り切っていた。このことから、跳ね回り行動は、捕食者に対して、自身の体力、脚力の強さを示し、追跡をあきらめさせる信号であると解釈されている。実際、跳ね回る個体については、チーターはまったく追わないか、追い始めても途中であきらめることが多かった。「ここまでおいで！　やーい！」といっているようなものである。この跳ね回り行動は、体力が十分でないと、その後に追跡が始まったときの余力を残すことができないので、命がけであり、本当に実力のある個体にしかできない正直な信号だといえる。力のない者が用いるにはコストが非常に大きい信号である。

鳥類についても同様である。イエスズメではオスの喉の黒い斑紋の大きさによって闘争なしに優劣が決まるが、必ずしもオスの能力を正直に示さないシンボルを身につけることで、闘争に有利となる個体が出現するかも知れない。しかし、信号を作り出し、維持することにもコストがかかる。信号には利益だけでなく、信号を持つことにともなう損失もあるのである。喉に黒く塗料を塗ったイエスズメは闘争に巻き込まれることが多く、しかも、斑紋の大きな個体から挑戦されることが多い傾向があった。大きいほうが勝つ可能性が高いので、黒く塗られた個体は強い挑戦者ばかりを相手にすることになる。そして、実験個体は対照個体より勝利数が多いわけではなかった。実力のともなわない詐欺行為は、大きな斑紋の個体から絶えず挑戦を受けるという社会的な制御によって抑えられているといえる。

信号を作り出し維持することそのものに大きなエネルギーコストがかかれば、どの個体でも信号の程度を上げるというわけにはいかない。ユキホオジロのさえずりの活性酸素コストを測定した研究では、さえずり活性の高いオスは、酸素代謝と非酵素抗酸化能力（全体の活性酸素ストレスを高めない）が高レベルであることがわかった。激しい活動は活性酸素量を高めるが、優れた個体は、活性酸素ストレスの上昇を抑えながら、高質の信号を発することができるということである。このため、質の低い個体は、質の高い信号を形成できず、さえずりの特性は個体の質を表す正直な信号となる。

言語としての信号

同種個体間のコミュニーケーションをとるための音声伝達として、コール（地鳴き）がある。コールは、通常、短く、小さいので、エネルギーコストは大きくはなく、コールそのものは発信者の質を伝えるものではない。コールは、むしろ、周囲の状況であるとか、発信者の属性（個体IDや群れIDなど）を伝える。群れで移動する個体は、短い音声を発して、自身と仲間の位置を確認するが、これは、コンタクトコール（接触コール）と呼ばれ、このコールには群れや個体のIDの情報が含まれている。エナガは、「チュルル」という短いコールをよく発するが、このコールは個体ごとに異なっており、個体識別とさらには血縁の確認に用いられていることがわかっている。

捕食者の接近に気づいた個体は近くにいる同種他個体に対して警戒声をあげるが、この警戒声はコールの重要な機能の一つである。また、多くの場合、自身の近くにいるのは家族の一員であるから、警戒声の情報は正確で、直ちに逃避などの行動をとらせる必要がある。さらに、警戒声で捕食者の種類（たとえば捕食者が鳥類のような飛翔性であるか、哺乳類や爬虫類のような地上性の捕食者であるかなど）を知らせる情報を伝えることができれば、受け手が情報に応じた逃避行動をとることができる。

チャイロトゲハシムシクイは他種の警戒声を模倣して用いる習性がある。地上での脅威に対しては、モビングコールをまね、飛翔性捕食者に対しては空中警戒声をまねた。また、飛翔性捕食者のいない、捕獲や巣への攻撃に対しても空中警戒声をまねた。地上、飛翔性捕食者に対して、自種の警戒声ではなく、他種の捕食者特異的警戒声をまねることは、他種との種間の警戒声伝達を促し、一方、飛翔性捕食者のいない状態での空中警戒声の模倣は捕獲個体を放すように、または、巣への攻撃をやめるように、捕食者を脅す機能があると考えられている。

鈴木俊貴さんが調べた日本のシジュウカラの親は、巣の近くでカラスを見つけたときとヘビを見つけたときで発する警戒声が異なっていた。カラスに対しては「チカチカ」と聞こえる声を、ヘビに対しては「ジャージャー」と聞こえる声を発する。巣にいるヒナはこの声を聞きつけて、それぞれの捕食者に対応した逃避行動を示した。「チカチカ」声を聞くと、巣の底にうずくまり、「ジャージャー」声に対しては、巣から飛び出そうとする行動を示した。シジュウカラは樹洞で営巣するので、カラスは巣のなかへ入れず、入口からくちばしや足を突っ込んで入口付近にいるヒナを捕らえようとするが、うずくまれば安全である。一方、ヘビのほうは巣のなかに入り込めるから、その前に巣から飛び出したほうが捕食を避けることができる。ヒナに捕食者の種類に応じた対応をとらせるには、情報は正確で正直なものでなければならない。

このように、捕食者が空中からくるか、地上からくるかによって異なる逃避反応を引きだすように異なる信号が警戒声として用いられる。さらに、逃避ではなく、モビングに集まるように呼びかける信号もあり、捕食者の接近に関する信号だけでもさまざまの異なる情報を伝える。捕食者の種別を伝えたり、モビングを引き出すコールは、多くの種で知られるようになった。さらに、同種間だけではなく、異種の警戒声やモビングコールを逃避やモビングに利用することも知られている。これは、「盗聴」と呼ばれるが、異種の信号であっても、個々の信号を識別して、その情報を正確に把握している。

「盗聴」の例としておもしろいのは、ヨーロッパシジュウカラのメスがオス同士のなわばり宣言さえずりを聴いて、オスの質を評価するという研究である。先に述べたように、なわばり宣言のさえずりでは、隣のオスのさえずりが聞こえてくるとそのさえずりに重ねるように、より大きくさえずる傾向が見られる。人為的なプレイバックによって、隣り合ったなわばりオスの一方のさえずりを増大させ、他方のさえずりを低下させた後のメスの行動を観察すると、さえずり強度を増加させたオスのなわばりへは、さえずりを低下させたオスのつがいメスが侵入する傾向が見られた。これは、メスはさえずりを盗聴することによって、人為的に作り出されたなわばり争いの勝敗を知り、さえずり強度が強く、プレイバックにすぐ反応するオスを潜在的なつがい外交尾（ＥＰＣ）相手として選んでいることを示唆している。

しかし、実際につがい外父性を調べたところ、人為的に引き起こされたなわばり争いの勝敗やメスの侵入頻度との相関は見られていない。メスは短期間のオスの質の変化によってＥＰＣを試みることはなく、なわばりから出ることは、ＥＰＣを求めるのではなく、つがいオスの質の再確認の意味があり、最終的にはリスクを冒してＥＰＣを求めることはないのだろうと考えられている。ただ一つの情報だけで浮気相手を選ぶほど軽薄ではないということか。

まとめ

鳥類は音声や羽衣の色などを通じてさまざまな情報を伝える。その情報は、なわばりの状態や個体の質を伝えるものであったり、または、捕食者などの情報を同種他個体に伝えるものであったりする。情報を伝える信号は、その性質上、正直な信号でなければならない。身体的な制約や発信のためのエネルギーコスト、さらには、受信者側からの対応に関わる社会的制御などによって、偽りの情報の発信は抑えられるので、信号の正直さは維持される。

多くの鳥類はさえずりと羽衣という、性質の異なる信号を求愛に用いている。同一目的のために、このような複数の信号を用いることの意義はなんであろうか。一つの解釈は、複数の信号を用いることで、互いに補い合って、一つの情報をより正確に伝えるというものである。相補的な信号という考え方が多くの場合に該当するであろう。一方、異なる信号は異なる情報を伝えて、受け手により多くの情報を与えることで、選り好みを確実にすると考えられる例もある。鳥類のコミュニケーションはこれまで考えられてきた以上に複雑なものである。

第3章

オオカミがきた！
――盗食と信号の操作

ウミネコ（手前）とオオセグロカモメ（後方）．ウミネコは他の海鳥から餌を横取りする重要な盗食寄生者である．

動物は自身で採餌するだけでなく、他の動物が捕らえた餌を横取りすることがある。この行動は「盗食」と呼ばれる。他個体から餌を奪う行動は同種間でも餌の取り合いの結果生じる。たとえば、死体にハゲワシの仲間が集まって採餌しているときに、餌の取り合いが起こり、他個体の餌を横取りすることはよくあるが、このような例は、通常、盗食とは呼ばない。種内、種間を問わず、ターゲットの選定など意図的な過程を経て生じる現象を盗食と呼ぶ。ウミネコは、海鳥の繁殖コロニー近くで待ち構えていて、小型魚類をヒナのいる巣穴に運ぶケイマフリを襲って餌を横取りする。これが典型的な盗食である。

盗食はなぜ起きる?

盗食の記録は鳥類でもっとも多く報告されており、三三科一九七種で知られている。分類群では、チドリ目（カモメ科、トウゾクカモメ科）、ペリカン目（グンカンドリ科）、タカ目（タカ科、ハヤブサ科）で特に頻度高く見られる。スズメ目のなかでは、体の大きいカラス科で盗食が多く見られる。このような系統間の出現頻度の違いは、盗食習性を持っていた祖先的な系統から系統の分化に従って広まったのではなく、進化の歴史の過程で、さまざまな系統で何度も独立に生じた結果だと考えられている。これらの分類群で盗食が頻度高いのは、系統的な影響ではなく、盗食行動が見られるそれぞれの分類群に共通する生態的な特徴の影響が大きいからだろう。このような特徴として五つの仮説が考えられている。

まず、盗食は力ずくでなされることが多く、大型種で生じやすいといわれている（「腕力仮説」）。「盗賊」という有り難くない名前を頂戴しているトウゾクカモメは大型で、自分より小型の海鳥を襲って餌を強奪するので、この仮説が当てはまるようである。また、グンカンドリは巣に戻ったカツオドリを追い回して、嗉嚢内の魚を吐き出させる。

これも力ずくである。次に、奪い取る餌は昆虫のような小さな餌であれば、払ったコストに対する利益が小さく割が合わないので、ある程度以上大型の餌である必要がある。そのため、脊椎動物を含めた餌を主食とする種が盗食種になりやすいといえる（「脊椎動物餌仮説」）。実際、盗食の多い分類群の食性は魚食、肉食、雑食性などである。

三つ目に、盗食の成功度を高めるには、ターゲットになる種が餌を捕らえるか、運んでいる現場をつきとめる必要がある。採餌している群れにつきまとえば盗食のターゲットを容易に見つけ出せる。それで、盗食は群れ採餌をする種で多いだろうと考えられている（「群れ採餌仮説」）。同様に、ターゲット種を見つけ出すには、森林の様な閉鎖環境ではなく、草原や海洋のような見通しの良い環境が適している（「開放環境仮説」）。最後に、盗食はただ腕力に頼っているだけではなく、盗食を可能とする認知能力を持つというものである（「脳力仮説」）。比較研究の結果では、これらの仮説のなかで、群れ採餌仮説を除く、四つの仮説が鳥類の系統内での非ランダムな盗食の分布をよく説明していると結論されている。

力ずくだよ

盗食には、ターゲットを選定し、気づかれずに接近して、適切な距離とタイミングで攻撃を加えて餌を盗むというように、戦術的に行うことが必要で、そのためには攻撃の技術が必要になる。また、腕ずくではなく、相手を驚かせて、その隙に餌を横取りするという盗食にも、認知能力が必要である。カナダのセントローレンス川河口に棲息するクロトウゾクカモメは、同所的に棲息する三種のカモメ類（クロワカモメ、ミツユビカモメ、アジサシ）から盗食する。個体数では前二者がアジサシの三倍以上いるが、トウゾクカモメはもっぱらアジサシから盗食する。ターゲット種を追いかけたときの餌獲得成功率はアジサシでもっとも高く、このため、個体数は少なくてもアジサシがもっとも盗食効率の良い種として犠牲になっているといえる。

スペインのオオトウゾクカモメにもターゲット種の選択が見られるが、よく攻撃される種は体が小さく、このため攻撃の成功率の高い種である。成功率の高いターゲットをよく攻撃する傾向はスペインのユリカモメでも見られる。本種はコサギ、セイタカシギ、オグロシギの三種から主に盗食するが、個体数は少なくても攻撃の成功率の高いオグロシギをもっともよく攻撃する。ミナミオオセグロカモメは、海鳥の繁殖地で給餌中の親がヒナに餌を渡した瞬間に横取りする。大きな餌をヒナに与えるアメリカオオアジサシが被害者となる。これは、ヒナに同情したくなる。種内での盗食の場合でも、優位個体が劣位個体を、また、同年齢かより若い個体をターゲットとして狙うことが報告されている。

力ずくで餌を強奪する場合はしばしば小集団で攻撃がなされる。集団での攻撃のほうが成功率は高くなるが、攻撃する個体数に見合うほどの収穫がなければ、一羽当たりの獲得餌量は少なくなる。また、小集団で獲得した餌は、多くの場合、一個体のみが消費する。集団内での競争も激しいのである。しかし、集団での盗食のほうが質的に高い餌（大型餌）を獲得する場合も多いので、集団サイズが増えても一羽当たりの餌重量があまり小さくならないこともある。ユリカモメは餌が小さいオグロシギを攻撃する場合は単独で行うことが多く、体が大きく採餌する餌も大きいコサギから盗食する場合は小集団で攻撃する。コサギの場合は集団で攻撃しても、一羽当たりの収量の低下はそれほど大きくはない。

盗食は気楽な稼業か？

盗食者は盗食によってどれほどの利益を得ているのだろうか？　アジサシの種内盗食は、ヒナの孵化直後や巣立ち直前の体重には影響しないが、盗食するつがいではヒナの成長速度や最大体重は大きい傾向があり、巣立ち成功や巣立ち後の生存も高い傾向があった。これは、盗食によってコンスタントに給餌が可能になることによる。逆にいえば、自身で十分な餌が採餌できないときには盗食を行うのではないかと考えられる。

アジサシは求愛給餌を行うが、求愛給餌の量はつがい形成後のヒナへの給餌頻度と相関しており、メスによく餌を与えたオスはヒナへの給餌も熱心にすることが知られている。そして、アジサシは求愛給餌のための餌も盗食する。求愛時期の盗食はオスのみが行う。盗食したオスのつがい相手となったメスは体重が重くなり、三個目の卵（最終卵）が重くなり、三つの卵の間で卵重に差がなくなった。孵化率に他のメスとの間に差はないが、巣立ち成功は高くなった。ここでは、求愛給餌でもらった餌の直接の影響だけを考慮している。しかし、それだけではなく、一度、盗食稼業の味を覚えたオスは盗食を止められないのではないだろうか。それで、つがい形成後もオスは盗食を続け、その餌でヒナを育てていたのではないかと思われるが、このことを確かめた研究はない。このように、盗賊家業はメスにも利益を与える。しかし、愛のために犯罪に手を染めるとは。

ベニアジサシでも盗食つがいのほうがヒナの成長が良く、特に、二個産卵の二番目のヒナの成長が良くなった。これは、食糧事情が良くなり、ヒナ間競争の結果死亡しがちな二番目のヒナの生存を高めることに役立ったからだと思われる。この結果、巣立ちヒナ数も多くなり、「真っ当な」つがいとの差は餌条件の悪い年ほど大きくなった。このように、盗食することで繁殖成功が高くなる。

盗食は餌が不足がちなときによく見られる。シロカモメはホンケワタガモから二枚貝を盗食するが、ホンケワタガモからの盗食はカモメにとって餌が少ない時期に頻度高くなるので餌不足を補っているといえる。また、盗食では盗食者自身では採餌利用できない餌資源を得ることができる。カモメは自身では二枚貝を採餌できないが、ホンケワタガモは潜水して貝類を採餌するので、通常は利用できない餌資源が盗食によって利用可能になる。

チャエリガラスはエジプトハゲワシが殻を割ったダチョウの卵を集団で強奪する。エジプトハゲワシは石を落としてダチョウの硬い殻を割ることで知られているが、カラスは殻を割ることができない。そこで、殻を割っているハゲワシにつきまとい、殻が割れた瞬間に集団で攻撃する。

カモメ類は、ミヤコドリから盗食する。ミヤコドリは二枚貝を石にたたきつけて殻を開かせてから捕食する。カモメは二枚貝を捕食する場合は、くちばしで殻を開くことができないので、空中から固い地盤に落とすなどして殻を開かせる。なので、カモメが貝を食べるには手間暇がかかる。ミヤコドリが殻を開かせた貝を横取りすれば、効率良く餌を獲得できる。他にも、カラス類が集団で猛きん類につきまとい餌を奪うことがある。これは、単独個体では得られない餌を獲得することになる。しかし、盗食によって餌の主要量を得るのではなく、多くの場合、盗食は採餌の補助だといえる。

盗食されると

一方、盗食されるとその深刻さはどれほどになるだろうか？　ターゲットになる種が盗食にさらされる強度とその影響は個体群ごとにさまざまである。表3・1に盗食の成功率の例を示している。典型的な盗食者であるグンカンドリやトウゾクカモメの仲間は、海鳥のコロニーで餌を運んでくる親鳥を攻撃して餌を横取りする。カツオドリは嗉嚢内に餌を入れて運んでくるので、追い回すことで強制的に吐き出させた餌を横取りする。そのために、獲得に時間がかかり、逃げられることもあるので、成功率は高くない。一方、ミズナギドリやアジサシの仲間は餌をくちばしにくわえて運ぶので、これを横取りする成功率は高くなる。しかし、繁殖コロニー近くでは、ホストの数が盗食者より圧倒的に多いので、攻撃を免れるホストも多く、餌を運んできた個体当たりの盗食被害率は微々たるものである。

表3・1　盗食の成功例.

盗食者	ホスト	餌	盗食場所	攻撃率	成功率	
					攻撃当たり	観察当たり
アメリカグンカンドリ	アオアシカツオドリ	魚類	繁殖地	−		5.9%
オオグンカンドリ	アカアシカツオドリ	魚類	繁殖地	−	5%以下	1%以下
オオグンカンドリ	オナガミズナギドリ	魚類	繁殖地	−	22.7%	−
ミナミオオセグロカモメ	アメリカオオアジサシ	魚類	繁殖地	17.7%	40%以上	7%
クロトウゾクカモメ	アジサシ	魚類	繁殖地	−	37.2%	−
カモメ類	ミヤコドリ	二枚貝	採餌場所	−	55%	30%
カラス，カモメ類	ミヤコドリ	二枚貝	採餌場所	−	−	10.8〜36.3（16.4%）
オオハシウミガラス	種内盗食	魚類	繁殖地	69%	−	18%
ダイシャクシギ	種内盗食	カニ 二枚貝	採餌場所	−	43%	−
ニシセグロカモメ	種内盗食	生ゴミ	ゴミ捨て場	64%	68%	43.5%

これに対して、採餌の現場で餌を横取りする場合には被害率は非常に高く、ホストへの影響は大きくなる。カモメ類やカラス類は、干潟で二枚貝を採餌するミヤコドリから貝を横取りする。採餌しているミヤコドリから三〜七メートルほど離れたところで様子を見ながら、貝が開いたところで攻撃する。このため、狙いをつけたホストから餌を横取りする成功率は、高い時期（一二月）には三割近くになる。ミヤコドリは手間暇かけて取り出した二枚貝の肉を三度に一度は取られてしまうことになる。単に餌を失うだけでなく、処理に要した時間とエネルギーも損失になる。

しかし、ホストを個体識別して観察することがほぼ不可能なので、盗食にあった個体への影響を評価した研究はほとんどない。わずかに、ワシカモメによる盗食がエトピリカの繁殖に与える影響を調べた例があるが、盗食に遭ったつがいと遭わなかったつがいで繁殖に影響はなかったという結果であった。繁殖地での盗食はホストの個体数が

表3・2　アカアシカツオドリ個体群による繁殖コロニーへの帰還パターンの違い.

場所	薄明薄暮飛行比率（%）	典型的群れサイズ	単独帰還比率（%）	高高度飛行比率（%）	盗食成功率（%）
トロメリン島	4.3	5.8±1.5 (15)	10.7	37.9	32.6
ヨーロッパ島	15.3	12.3±3.3 (6)	7.7	22.5	11.1

多いので、つがい当たりの盗食被害率は非常に小さく、特定個体が集中的に被害に遭わない限りは盗食の影響は無視できる程度になるだろうと考えられる。また、ミヤコドリの例のように、採餌現場で盗食に遭えば、餌を失う被害は大きくなるが、盗食頻度は冬期に高くなるので、繁殖に直接の影響はないと思われる。

やられたままでは済まさない

盗食は捕食と異なり、ホストに大きなダメージを与えることはなく、ホストの繁殖などにも影響しない。しかし、餌を奪われることは時間やエネルギーの損失になるので、ホストのほうで、盗食に対して、回避や防御の行動を進化させるかも知れない。ホストの対応としては回避する、反撃する、そして、奪われたものは仕方ないので、採餌速度を上げて奪われた分を取り戻すの、三通りが考えられる。採餌場所での回避対応としては、奪われにくい餌に替える、一斉採餌をする、処理時間を短くする、盗食者から離れる、餌を隠す、採餌をやめるなどがある。実際に、ミヤコドリでは、盗食者が近くにいることに気づくと、餌を隠したり、餌の処理時間を短くするなどの行動が知られている。インド洋ヨーロッパ島の繁殖地に餌を運んでくるアカアシカツオドリの場合は、暗くなってから、集団で、高度五〇メートル以上の高さで帰巣することで、オオグンカンドリの盗食の成功率を下げている（表3・2）。このため、ここの個体群では盗食の成功率が低く、盗食で餌を奪われるリスクは他の地域に比べると非常に低い傾向があった。

信号による操作：「オオカミがきた！」

情報伝達は相互扶助的な性格を持ち、情報は事実を正確に伝えるものだと考えられてきたが、このような人間社会での暗黙の了解を越えて、受信者の行動を操作するための「だまし情報伝達」が鳥類に限らず、動物社会では多く見られることがわかってきた。偽の警戒声を用いた盗食行動はその代表である。「偽」というのは、実際には捕食者などの危険はないのに警戒声が発せられるということである。

北海道の原野にはシジュウカラ、ハシブトガラ、コガラなどのシジュウカラの仲間（カラ類）が棲息している。これらの鳥は、厳冬期には餌資源が低下するので、人が設置した餌台によく集まる。しかし、カラ類だけではなく、カラ類より体が大きいアトリ、カシラダカやスズメなども餌台に集まり、カラ類を押しのけて餌を独占する。体の大きさが異なるので闘争では勝てない。松岡　茂さんが観察していた餌台では、餌台に近づけないカラ類が、離れたところから警戒声を発するのが観察された。すると、餌台にいるスズメなど大型種はパッと散らばって逃げる。実際には捕食者はいないので、これは偽の警戒声で、カラ類はスズメ達がいなくなった餌台で採餌をする。

これと同様の行動は、ヨーロッパシジュウカラでも見られる。冬の餌場で偽の警戒声を発し、同種、異種を騙す。偽の警戒声は、特に、イエスズメの群れが、集中した餌を独占しているときに発せられ、餌が分散しているときには、スズメの存否にかかわらず、警戒声を発しない。優位個体は、他の優位個体が集中した餌資源にいる場合に偽の警戒声を発し、劣位個体がいる場合には発しない。劣位個体は優位、劣位どちらの個体に対しても、偽の警戒声を発する。偽の警戒声は、餌が少ないときか、（吹雪のときなど）採餌に集中しているときに発せられる傾向がある。これらの事実から、ヨーロッパシジュウカラの偽の警戒声は、自身と同等か上位の個体に対して用いられることがわかる。下位の個体に対しては、物理的に押しのけることで排除する。これらの騙しによる盗食は、大型種が力ずくで餌を横取りするのではなく、力のない個体が「脳力」を使って、優位な個体から餌を横取りする例である。

他種の行動を警戒声で操作するには、対象となる種固有の警戒声に似ているほど効果があると考えられる。警戒声は一般に短く、単純な構造をしているものであるが、種間では構造的な違いがある。チャイロトゲハシムシクイは他種の警戒声を模倣する。本種は他種が飛翔性捕食者へ発した警戒声を主に模倣するが、受け手は模倣した警戒声を聞くとすぐに逃げる。模倣は完全ではないが、先行研究で反応を引き出すことが確認されている重要な特性を維持していた。

カザリオウチュウも他種の危険に関係した音声（捕食者の声、他種のモビングコールなど）を模倣する。オウチュウが通常つきまとう他種の混群のなかで、さまざまな音源（捕食者の音声、モビングコールの模倣、オウチュウ固有の警戒声、オウチュウ固有の非警戒声）でのプレイバック実験を行うと、モビングコールとオウチュウの警戒声は、混群の最大多数派のセイロンヤブチメドリの逃避を引き出し、模倣されたモビングコールはまた本種や他の群れ性チメドリ類のモビング（捕食者の周りに群がり、捕食者を脅す行動）を引き出し、捕食者の声の模倣は逃避とモビングを中間レベルで引き出した。これらの事実は、カザリオウチュウが用いる模倣された音声は、他種の危険回避の行動を引き起こし、モビングへの他種の参加を促すなど発信者の利益になっていることを示している。

トゲハシムシクイやカザリオウチュウに見られた、模倣された警戒声が他種の逃避行動を引き起こす現象は、これらの警戒声が他種の行動の操作とその結果の盗食につながる可能性を示している。自種、他種の警戒声を使って、「脳力」を最大限に発揮している盗食の例がクロオウチュウに見られる。

クロオウチュウの知能犯的盗食

警戒声は異種間で模倣されて、危険回避の機能を果たすが、偽の警戒声として使用されて、盗食にも用いられる。アフリカのサバンナに棲息するクロオウチュウは偽の警戒声を使って他種から盗食することが知られている。観察によると、本種は二三種の鳥類とミーアキャットから盗食していたが、なかでも、シャカイハタオリとシロクロヤブチメドリからの盗食が多い。オウチュウが警戒声を発すると、これを聞きつけた個体は餌を棄てて近くのヤブのなかや高い木の枝へと逃げ、オウチュウはすかさず棄てられた餌に飛来して横取りする。シロクロヤブチメドリやミーアキャットの群れにつきまとっている場合、盗食で得る餌の量はオウチュウが摂取する餌の全重量の四分の一近くにも達する。

自種固有の警戒声を使って他種を騙して驚かせて餌を横取りする。観察では、ターゲットになった個体の八割以上はオウチュウの偽の警戒声に反応して逃げた。プレイバック実験で、ミーアキャットとシロクロヤブチメドリの両種ともクロオウチュウの真の警戒声と偽の警戒声を区別できずに餌を放棄した。また、本種は他種の警戒声を模倣した警戒声も盗食に用いる。模倣した警戒声は、他種が実際の捕食者の接近に対して用いる警戒声と構造的に見分けはつかない。シロクロヤブチメドリに対して、オウチュウが模倣したチメドリとアカガタテリムクの警戒声およびオウチュウ自身の警戒声をプレイバックしたところ、チメドリは二種類の模倣警戒声を区別できず、また、オウチュウの警戒声よりも強く反応した。このように、クロオウチュウは自身の警戒声だけでなく、他種から模倣した警戒声も用いて、より効果的に偽の警戒声による盗食を行う。

クロオウチュウ自身は小昆虫を採餌する。一方、盗食で得るのはトカゲやサソリなどを含む大型地上性餌で、これは自身では獲れない餌である。盗食によってどの程度の報酬を得ることができ、どのような状況で盗食が有利になるのだろうか？　平均すると、盗食した場合は単独採餌に比べると一時間当たりの獲得餌重量は二倍以上になる。オウチュウ自身は、採餌時間の七割は単独採餌、三割を他種の群れにつきまとうことに費やしている。つきまとった場合、自身で採餌するか、チメドリが追い出した餌を捉えるか、盗食するかに分かれるが、獲得する餌重量では、単独採餌が六割、盗食が二割ほどになる。

朝の気温の低い時間は、飛翔性昆虫など、通常オウチュウが採餌する小昆虫の活動性が低く、単独採餌での餌獲得量は低くなるが、盗食では日中で大きく変化せずに高い獲得量を維持できるので、朝方の利益が特に高くなる。このように、盗食は通常の採餌では餌が得にくい状況で、環境変化に影響されない新しい餌資源を開発することで有利になる。しかし、高い利益の割には、盗食は多くない。盗食による収量は、ターゲットになる種や餌の質によって大きく変化するので、盗食による餌獲得は当たり外れが大きく、ハイリスク・ハイリターンな戦術である。このため、盗食は単独採餌の補助といえる。

クロオウチュウの盗食ではターゲットを選ぶことが重要である。シロクロヤブチメドリの群れにつきまとうときは、若鳥を狙う。若鳥は、餌の処理に時間がかかり、警戒声にすぐに反応して逃げる。一方、成鳥は警戒声にすぐには反応せず、一度周りを見回す。そのため、成鳥より若鳥のほうが騙されやすく、成功率が高い傾向がある。クロオウチュウはシロクロヤブチメドリの年齢を見分けることができると考えられる。

クロオウチュウは物理的な攻撃で餌を奪う場合もある。全観察の五五パーセントで偽の警戒声を上げ、四五パーセントでは物理的な攻撃を仕掛けている。偽の警戒声と物理的な攻撃を比較すると、偽の警戒声は、小型餌を盗食する場合に多く見られる。これは、小さい餌は一度の試行で得られるエネルギー量が小さいので、手間のかかる攻撃よりも偽の警戒声のほうが大きい純利益が得られると考えられるからである。クロオウチュウは自種より大型のシロクロヤブチメドリと小型のシャカイハタオリの群れにつきまとうが、盗食の相手が大型種のシロクロヤブチメドリの場合に偽の警戒声が多く、シャカイハタオリでは少ない。これは大型の相手から反撃される危険があるからだと考えられる。

偽の警戒声を上げたときの餌獲得率は三五パーセントで、攻撃では四〇パーセントである。偽の警戒声の後にターゲットが餌を持って逃げたときに攻撃に移ることもある。これにより、この攻撃の六〇パーセント近くで餌を獲得している。総合的には、攻撃だけで盗食した場合の成功率は四〇パーセントで、一方、最初に偽の警戒声を上げたときには、その後の攻撃での餌獲得を含めて、成功率は五〇パーセント近くに達する。偽の警戒声は攻撃の利益がないときになされるので、盗食の機会を増やすと考えられる。攻撃は偽の警戒声が失敗した後にもなされるので、偽の警戒声は盗食全体の成功率を上げる利益があるともいえる。

騙しのテクニック

ターゲットになった種が警戒声を無視することには大きなコストがある。偽の警戒声で逃避した場合に失うものは餌だけであるが、警戒声の無視は警戒声が本物であった場合に捕食に遭う危険にさらされる。そのために、クロオウチュウの偽の警戒声が維持される。しかし、偽の警戒声が短時間の間に繰り返されて、その頻度が実際の捕食者の接近頻度よりも極端に多くなれば、騙しの信号は効果的ではなくなる。「オオカミがきた！」の効果も初めのほうだけである。このような偽の警戒声の識別に対しては、警戒声を可塑的に変化させることで、この対抗に打ち勝てると考えられる。

クロオウチュウは日中の四分の一の時間はシロクロヤブチメドリかミーアキャットの群れにつきまとい採餌をし、時折、偽の警戒声を発して盗食を行う。クロオウチュウは自種固有の警戒声だけでなく、ターゲット種やほかの種の警戒声を模倣する。このことで、クロオウチュウは個体当たり九〜三二種類のコールのレパートリーを持つようになる。全体で五一種類のコールが識別されているが、このうち、六種類がクロオウチュウ固有で、残りの四五種類は他種のコールの模倣に基づく。模倣コールには基本的にターゲットとなっている種のコールを用いる。シロクロヤブチメドリはオウチュウ自身の警戒声よりも、他種や自身の警戒声の模倣に対して強く反応する。模倣警戒声の間での違いはない。

ターゲット種は、どのような警戒声でも、単調に繰り返されると反応を低下させる。しかし、その過程で別の警戒声が発せられると、「こわがり反応」は維持されて、警戒声への反応はまた強くなる。実際に、オウチュウは、前の盗食が失敗したときには警戒声のタイプを変える傾向があり、これによって盗食の成功率を高めている。このように、オウチュウは警戒声を可塑的に変化させることによって、同じ手を繰り返して騙しの効果が下がることを回避している。「オオカミがきた！」がダメなら、別の声色を使って、「トラが出た！」と叫ぶようなものである。

クロオウチュウの騙し戦術の可塑性は信号の受け手の性格に応じて信号を変えるということにもある。これを、「聴衆効果」という。クロオウチュウはホバリングしながら飛翔性昆虫を採餌し、地上で採餌することはあまりないので（観察時間の一〇パーセント以下）、単独採餌のときには自種他個体に対しては飛翔性捕食者への警戒声は発するが、地上性捕食者の接近に対する警戒声は稀にしか発しない。これに対して、地上採餌者のシロクロヤブチメドリの群れにつきまとうときには空中、地上どちらの捕食者に対しても警戒声を発する。この傾向はオウチュウがどれほど地上採餌をするかによらない。そして、真の警戒声以外に、オウチュウはときどき偽の警戒声を発することで盗食する。地上性捕食者への警戒声はチメドリの利益になるから、群れにつきまとって両系統の捕食者への警戒声を発することは、オウチュウのつきまといに対するチメドリの容認と警戒声への反応を維持することになる。このことは、盗食の成功の維持にも役立っているといえる。

一方、採餌する群れの大きさによって、クロオウチュウの警戒声へのシロクロヤブチメドリの反応が異なる。一般に、小さな群れでは、警戒に割ける個体数が少ないので、各個体が警戒に割く時間は大きいが、群れサイズが大きくなるほど、群れ全体としての警戒レベルは上がるので、各個体は警戒に割く時間を減らして採餌時間を増やすことができる。シロクロヤブチメドリにつきまとうクロオウチュウは四〜五メートルの高さの枝に止まっていることが多く、捕食者の接近に早く気がつく。捕食者に気づいたオウチュウは警戒声を発するので、チメドリにとっては群れのための見張り番がいるようなものである。しかし、オウチュウはときどき偽の警戒声を発してチメドリから餌を横取りするので、オウチュウの存在がいつもチメドリの利益になるとは限らない。

オウチュウがいない場合、小さな群れではチメドリの個体当たりの警戒時間の割合は大きく、群れサイズが大きいほど警戒時間は少なくなる。これが、オウチュウがいると逆の傾向になり、小さな群れほど個体の警戒時間の割合は小さく、大きな群れほど大きくなる。オウチュウがいる場合、小さな群れでは、オウチュウの警戒声に強く反応し、大きな群れでは警戒声に反応しないことが多くなることも観察されている。また、大きな群れでは攻撃的にクロオウチュウを排除する傾向があり、盗食は少なくなった。この結果は、チメドリが自身の群れサイズによって、警戒をチメドリ自身で行うか、オウチュウに依存するかで利益が異なることによると考えられる。群れサイズが小さいと個体が警戒に割く時間が大きいので、盗食の不利益はあってもオウチュウを見張りとしたほうが採餌時間の増大による利益が大きいが、大きな群れでは警戒に割く時間は少なく、見張りとしてのオウチュウの役割は低くなり、盗食の不利益を避けるためにオウチュウを排除すると考えられる。このように、オウチュウにつきまとわれて盗食を受けるシロクロヤブチメドリのほうでも、オウチュウとの協同と排除を柔軟に使い分けているといえる。

クロオウチュウはターゲットの状況に応じたさらに巧妙な対応を示す。クロオウチュウは混群に参加して捕食者に対する警戒声を発する。その一方で、偽の警戒声で餌を横取りするが、騙しがあるにもかかわらず、ターゲットとなる混群内の種は警戒声以外のオウチュウの声には、採餌時間を増やし、警戒時間を減らすことで応答する。オウチュウの存在を見張りとして容認していると考えられる。

オウチュウは一緒に混群を作るシャカイハタオリと採餌しているときは、警戒声とは別に、特殊な見張りコール(sentinel call)と呼ばれるコールを発することが知られているが、単独採餌のときはこのコールを発しない。また、見張りコールは、偽の警戒声に反応してハタオリがヤブに逃げ込んだ後によく発せられる。そして、見張りコールが発せられると、ハタオリはコールを発したオウチュウのほうに近寄って、再び採餌に戻る。見張りコールはハタオリの採餌再開を促すので、採餌が中断している時間を減らすことになる。見張りコールに対しては、オウチュウ自身による発声、プレイバックの両方に、シャカイハタオリは採餌時間を増やし、警戒時間を減らした。また、見張りコールはハタオリの移動中に多く、ハタオリはコールのほうへ寄ってきた。このように、見張りコールは、ハタオリの群れ形成を促進させる。見張りコールは、「もう大丈夫だよ。」と呼びかける、「敵影なし」信号といえる。

見張りコールによって、ハタオリは採餌に集中できるという利益を得る。一方、ハタオリの採餌集団の再形成を促すことで、オウチュウにとっては盗食の機会を増やすという利益がある。つまり、偽の警戒声で逃げ散ったハタオリを、「敵影なし」コールで再び集めて採餌を再開させ、次の盗食の機会をうかがうということである。偽の信号と「敵影なし」信号を使い分けることで、クロオウチュウはシャカイハタオリから盗食を継続することができる。このように、クロオウチュウは種間の見張り信号の共進化を通じて、ともに採餌する種からの搾取を高めているといえる。

まとめ

盗食は主要な採餌行動を補う役目を果たしている。しかし、餌条件の悪い時期には有効な代替戦術となる。力ずくでの盗食は、ある程度以上体の大きい種では稀ではなく見られる。一方、騙し戦術など認知行動をともなう盗食は、日常的に混群に参加する小型鳴きん類で見られる。盗食者は混群の主要メンバーではなく、混群全体に対する個体数比率は小さいので、混群を構成するメンバーの多くの個体から餌を獲得できる。一方、盗食されるメンバーにとっては盗食によって一個体が失う餌量は大きくなく、盗食者の警戒行動による捕食回避の利益が大きいことから相互に利益を得ているとも考えることができる。

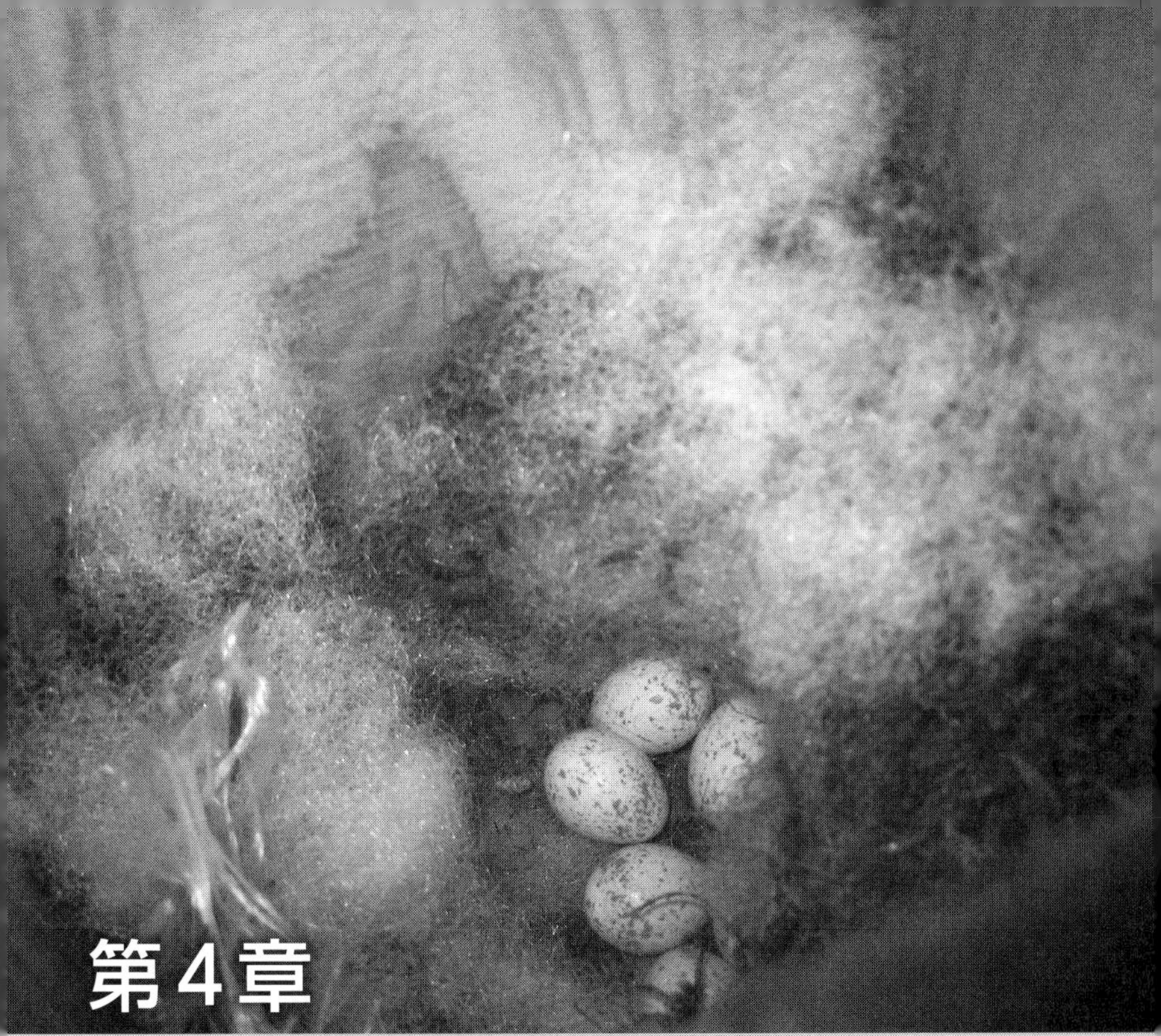

第4章 愛の巣を飾ろう ―― つがい形成後投資

ヤマガラの巣．大量の化学繊維が取り込まれている．

人間は日々の生活のために家を建て、鳥類はヒナを育てるために巣を造る。家を建てることは一生の仕事で、建てた人の甲斐性を示していると、自他ともに認める。家が立派であればあるほど、持ち主の財力と社会的地位を示す。立派な家にはいろいろと装飾物がつく傾向がある。「うだつ（梲、宇立）」とは、梁の上に立てて屋根を支える短い柱のことだったが、隣家との間に張り出すように取りつけられた小さな壁のことを指すようになり、これは隣家からの延焼を防ぐ防火壁の役目を果たした。これが、後には、本来の機能から離れて、装飾性を帯びた見栄えの良い物が好まれるようになり、「うだつ」を備えることで持ち主の財力を誇示するようになった。よく使われるのは、地位が低いことや見栄えがしないことを指していう、「うだつが上がらない」という言葉である。もともと、火除けや屋根の補強の意味合いがあったものが、だんだんと地位、権力を表す装飾物に変わってしまったのである。鳥の巣でも似たようなことがある。巣は建築者の質を表すという仮説がそれである。

巣のデザインは重要

鳥類の巣は、安全に卵を孵し、ヒナを育てるための場所である。そのために、親は多くの時間とエネルギーをかけて巣を造る。鳥類ほど巧妙で多様な巣を造る動物はいない。それだけに、造巣にはコストがかかる。抱卵、育雛の目的に必要とされる巣の機能は、低温、高温や降水から卵やヒナを守ること、さらには捕食を防ぐことである。このように、巣を造る行動には自然選択がかかっていると考えることができる。であれば、どの巣も断熱効果に優れ、水の浸透を防ぐ、頑丈な造りをするようになると期待されるが、実際には、鳥の巣はその大きさや形がさまざまである。

コチドリのように、地面にわずかなくぼみがあるだけの巣を造る一方では、オーストラリアに棲息するツカツクリの仲間のように、枯葉や泥を大量に積み上げた堆肥の山のなかに卵を産み込む鳥もいる（図4・1）。本種の親は卵

図4・1　オーストラリアツカツクリの巣.

を抱くことはなく、代わりに、堆肥の発酵熱をくちばしの先で測って、腐葉土を継ぎ足したり、除去したりして、温度を調節しながら卵を温める。また、中南米に棲むカマドドリの仲間やオーストラリアのツチスドリの仲間は、泥を使って土器のような巣を造る。そのまま枝から外して、火で焼けば、手頃などんぶりができあがる。日本にくるコシアカツバメにしても、泥を使って、首長の花瓶の半分を天井に張りつけたような巣を造る。

巣の形態は同一分類群のなかでも大きな変異がある。このような形態の変異が生じるのは、巣のデザインで得られる繁殖上の利益と造巣に要するコストとの関係が、それぞれの種が置かれた生息環境と占める生態的地位によって大きく異なるためである。気温の高い環境では保温機能を高めることに大きい利益はなく、捕食者の少ない環境では過度に頑丈な巣を造れば造巣のコストが利益を上回る。このような環境では壁の薄い、簡素な巣が造られるようになるだろう。このように、造巣のコストと利益の関係が種間で大きく異なるために、巣のデザインもさまざまとなる。

図4・2　オオニワシドリの巣.

図4・3　モリツバメの巣.

図4・4　ヒメクロアジサシの巣.

一般に温帯に比べると熱帯ほど巣は簡素になる。図4・2はオオニワシドリの巣であるが、小枝を雑に置いたようで、隙間だらけの造りである。モリツバメの巣はヒナが少し大きくなったらあふれてしまいそうに小さく造られる（図4・3）。捕食者が少なく、熱帯の大洋島で繁殖するヒメクロアジサシは、産卵数も少ないので、海藻を積んだだけの、卵が今にも転がり落ちそうな小さな巣を造る（図4・4）。逆に、オーストラリア北部の熱帯サバンナに棲息するハイガシラゴウシュウマルハシは、小枝と草の茎でバスケットボールくらいの大きさの球状の巣を造る（図4・5）。この巣は、昼間は強い直射日光を防ぎ、夜の低温から

図4・5　ハイガシラゴウシュウマルハシの巣.

卵やヒナを守る断熱効果の高い構造をしている。そのために、たくさんの材料を用いて造巣する。ある巣で巣の材料を数えたところ、小枝の数が六〇〇本、草の茎が二二〇本ほどあった。産座に置く草の繊維なども含めると一〇〇〇個近くの材料を集める必要があり、三時間の観察では一〇〇回以上の巣への往復があった。日本のカササギも、直径七〇センチメートルほどの球状の巣を小枝で造るが、小枝の数が一六〇〇本ほどという記録がある。

巣の材料集めや組み立てに時間とエネルギーを要することは、同種内ないし異種間での巣の乗っ取りや巣材盗みがいろいろな種で見られることから推測される。キツツキ類が掘った樹洞はシジュウカラ類がよく利用する。ゴジュウカラはクマゲラの巣の入口を泥で狭めて乗っ取る。ヨーロッパのカササギの巣も猛きん類から乗っ取られることがある。ハイガシラゴウシュウマルハシの巣も他種にとっての重要な資源であり、アオツラミツスイは古巣を繁殖に用いるだけでなく、マルハシの使用中の巣を、干渉を繰り返すことで乗っ取る（図4・6）。本種は群れを作るので、ときには一〇羽近くがマルハシの巣の上に乗ることもある。また、オオニワシドリは巣材を盗み、フィンチの仲間もマルハシの古巣の中に小さな巣を造ったり、巣材を盗むために頻繁に巣を訪れる。

図4・6　ハイガシラゴウシュウマルハシの巣にきたアオツラミツスイ．右は巣にやってきた群れ．

鳥の巣には、その内部に産座となる場所があり、産座を造る材料は外郭部と異なって、哺乳類の毛、鳥の羽毛、植物繊維、人工の糸やひも、布きれ、紙など柔らかい物が内張として使われる。また、外郭部にも、骨格部を造る多くの材料に混じって、外部の装飾ではないかと考えられる材料が使われることがある。スロバキアのニシオオヨシキリは、巣の外装にヘビの抜け殻を編み込むことが知られていて、調査した巣の三割ほどにヘビの抜け殻があった。また、同じサイズ、同じ色の綿のひもと抜け殻とを造巣中の巣の近くに置くと、抜け殻のほうが圧倒的に多く取り込まれた。偽卵を使ってヘビ皮つきとヘビ皮なしの巣で生存率を比べても差はないので、ヘビ皮を選ぶ適応的な意義はわかっていない。

また、変わったところでは、アフリカに棲むオナガカエデチョウは巣のなかや周りに食肉類の糞をつける。ジュウシマツの卵を入れた人工巣で、糞の有無が捕食に影響するかどうか調べた実験では、たしかに、糞のある巣の捕食に遭う頻度は低かったそうである。においが忌避剤の役目を果たしたのだろうと考えられている。

巣は性的信号となり得る

造巣に多大なコストがかかるということは、巣は自然選択の対象となると同時に、そのコストに耐えるという個体の質の表現にもなる。つまり、その種が置かれている環境では、それ相当のコストをかけてでも立派な巣を造らないと繁殖成功を高く維持できない場合、そのコストをかけることができるかどうかが造巣を主に担う性の能力に関係することになる。能力が高ければ、その個体の造る巣は高い繁殖成功が期待でき、その個体を配偶者として選ぶか、または、その個体とのつがいができた後にどれだけ当座の繁殖に投資するか（エネルギーを費やすか）を決定する手がかりとなり、配偶者獲得に関わる性選択の対象になるということである。

春に日本に渡ってきて、河川敷や農耕地などの草地でさえずっているセッカは、オスが巣の外装部分を造り、さえずりながらメスを誘引する。そのオスを気に入ったメスは、交尾後に自分だけで巣の残りの部分を完成させて繁殖に入る。ヨーロッパにいるマダラヒタキやシロエリヒタキは樹洞で繁殖するが、オスは樹洞を確保するとその前でさえずったり、羽根の白い部分を見せつけながら飛翔を繰り返したりしてメスを誘引する。メスを獲得して交尾すると、オスは別の樹洞を探して同様の行動を繰り返して別のメスを引きつける。このような、巣にメスを呼び込む行動は、メスに自分の邸を見せて、自身の能力を誇示しているとも解釈できる。セッカのメスにはオスを選ぶ際に、巣に出入りして念入りに巣の状態を調べる行動が観察されているので、巣の吟味をしているのかも知れないが、巣のなにが重要なのかはわかっていない。

繰り返しになるが、異性が選ばれる場合、選択の対象となる資質には二通りあると考えられている。一つは、生命力などと関連した遺伝的な質が選択の対象となると考えるもので、「良い遺伝子（good gene）仮説」と呼ばれる。この仮説は、一夫多妻など繁殖に関わる負担が一方の性（通常はメス）のみにかかる場合を考えるとよくわかる。ニワシドリの仲間は、オスは交尾以外には繁殖にはまったくかかわらない。このような種では、メスはオスからは子への遺伝子だけしか受け取らないので、交尾相手のオスの選択には慎重になる。オスはディスプレイにより自身の遺伝的質の高さを伝えていると考えることができる。オスが造巣だけ行い、交尾後には子育てには参加せず、他のメスにディスプレイをするような種にも当てはまる。

もう一つの考え方は、「良い親（good parent）仮説」、または、「良い父親（good father）仮説」である。これは、雌雄で子育てする種では、繁殖への貢献が高い個体が異性から選ばれるというものである。通常は、メスによるオスの選択で、オスはメスを早く獲得するために盛んにディスプレイをする。このディスプレイの特徴が子育てへの貢献度と関連がある場合は、メスは将来の繁殖貢献度への期待値を基にオスを選んでいると考えることができる。また、多くの場合は、つがいはすでに形成されているので、その場合には、メスはオスの子育てへの貢献の期待値に応じて、産卵数を多くするなど、自身の繁殖への投資を増やすことでオスのディスプレイに応答していると考えられる。つがい形成後の繁殖への投資を、「つがい形成後投資（post-mating investment）」と呼ぶ。

オスのさえずりやディスプレイ行動の研究は多いのに、オスの確保した財産（巣）を手がかりに選んでいるのかどうかを明らかにした研究はそれほど多くない。しかし、巣ないし造巣は異性に対する性的な信号であるという考えは最近広まりつつあり、実証的研究も増えている。

巣の大きさは建築者の質を表す

巣の大きさの違いは、繁殖成功に直接影響すると考えられる。ヨーロッパにいるツリスガラは、がまの穂などを使ってポーチのような巣を造り、木の枝にぶら下げる。オスは輪状の骨組み部分を造り、セッカ同様にメスを誘引し、メスが気に入って交尾をすると、しばらく共同で造巣を続ける。しかし、本種では産卵後に雌雄のどちらかが巣と配偶相手を遺棄することが普通にあり、その後の抱卵、育雛は雌雄のどちらか一方だけが行う（メスだけの場合が半分以上を占める）。また、一〜二卵産んだところで、両性とも放棄することも多く見られる。結局、オスが造った巣の三分の一ほどしか実際の繁殖に用いられないというかなりな狭き門である。

メスがオスを選ぶ手がかりは巣の大きさにあって、大きな巣ほどメスに選ばれ、メスだけで子育てをする可能性が高くなる。大きな巣は断熱効果が高く、巣内の抱卵個体や卵を寒さから守る。巣のサイズは産卵数と関係しないが、底が厚い巣ほど産卵数は多く、巣のサイズが大きく、巣の底が厚いほど巣立ちヒナ数は多かった。大きくて、壁や底が厚い巣は、広くて保温性が高く、親が採餌のために巣を離れても卵からの放熱が少なく、孵化率も高くなる。メスはオスの造る巣の大きさやオスの造巣努力をもとに、その巣で自身がその後の繁殖を担うかどうか、さらには産卵数を増やすかどうかを決定しているということになる。大きな巣を造るオスは優れものに違いはないが、保温性の高い巣はメスにとって直接的な利益にもなる。

中南米に棲むホオジロマユミソサザイは繁殖巣とねぐらを造るが、ねぐらのほうはオスがほとんどを造る。ねぐら造りに多く費やすオスはヒナへの給餌貢献も大きいという傾向があるので、オスの親としての資質を示す指標といえるが、繁殖巣造巣のほうは給餌頻度とは関係しない。ねぐら造りの貢献度が高いメスは翌年まで生存する確率が低かったことから、ねぐら造りはコストが大きいと考えられる。オスのねぐら造りへの高い貢献はメスの負担を軽減させる。これも、メスの直接的利益である。しかし、メスの投資がオスのねぐら造りへの貢献の大小に応じて変化しているという報告はない。

造巣に多くの時間とエネルギーを必要とする種では、手間のかかる巣をオスが造るとしたら、立派な巣を造るオスほど優れものだとメスが評価しても間違いではないだろう。大きな巣を造ることによりオスは自身の育雛への積極性をメスに示しているとしたら、メスはそのオスの積極性を評価して、より多くの卵を産み込むなどつがい形成後の投資を高めるとも解釈される（「特異的配分 (differential allocation)」と呼ばれる）。先に述べたツリスガラの場合、大きな巣を造るオスとつがったメスの育雛貢献度は、小さな巣のオスとつがった場合より高くなるので、メスは巣の大きさにより、つがい形成後投資を変えていると考えられる。大きな巣を造るオスの給餌貢献が高いということはないのでオスの育雛能力を示すものではないが、立派な巣を造るオスはなにかの資質が高いことを示す信号であるとも解釈できる。

ヨーロッパにいるマダラヒタキはメスのみが造巣する。造巣速度の速いメスは産卵数が多い傾向があり、また、造巣速度はメスの生理的能力を表しているといわれている。本種のオスは、巣の材料を運ぶことがある。オスが巣材を運ぶ込む巣のメスは、産卵数に傾向はないが、卵の総重量は重く、大きな卵を産む。このことから、オスの造巣は性的信号であり、その信号を受けたメスは大きな卵を産むと考えられる。しかし、信号だと考えなくても、オスが造巣を手伝うことで、メスは卵生産に多くのエネルギーを配分することができて、大きい卵を産むという、直接的な因果関係であるとも解釈することができる。

アカエリカイツブリのオスはメスより造巣に従事することが多く、造巣貢献度の高いオスは、また、ヒナへの給餌貢献度も高い。そのため、オスの造巣行動はオスの親としての努力量の指標といえる。メスはオスの造巣貢献度に応じて産卵数を変える。一方、巣の大きさ自体は指標となっていない。オスの造巣への貢献のおかげで、メスは卵生産に多くエネルギーを割けるということであろう。

アオガラもメスのみが造巣をするが、大きな巣を造ったメスは鳥マラリアに感染することがないが、小さな巣のメスは感染していることが多く、巣の大きさがメスの健康指標となることがわかった。マラリアに感染しているから体調が悪く、小さな巣しか造れないというのではなく、巣の大きさは年が変わっても同じ傾向があり、遺伝的基盤を持つと考えられる。また、人為的な餌補給は巣材のコケ運びを促進したので、造巣には時間的コストがかかり、餌供給で制限されてもいる。大きな体のメスの造った巣のほうが重く、一方、オスの形質と巣の大きさは関係しなかった。このことから、巣の大きさはメスの質をオスに伝える性的信号ということができる。大きな巣のオスは給餌頻度を増やさないが、危険を冒す傾向が強くなった。オスはヒナの防衛に貢献することで投資を増やしていると考えることができる。

アオガラと近縁のヨーロッパシジュウカラも、メスが造巣のほとんどを担う。胸の黄色部分があざやかな（カロテノイド系色素が多い）オスとつがったメスは大きな巣を造る傾向があった。カロテノイド体色は遺伝的ではないが、体調の良さを示し、ヒナへの給餌効率が高いことが知られている。メスは体調の良いオスを選ぶことで、造巣に多くを投資し、オスの育雛協力を引き出すと考えられている。また、そのようなオスの高い育雛努力であれば、産卵数を増やして、より多くのヒナを収容できる大きな巣を造ることが理にかなっている。しかし、このことをメスが見越したかどうかはわからない。

ツバメでは尾羽の長いオスは、メスに選ばれる「魅力的なオス」で、このようなオスとつがったメスの産卵数は多くなるが、一方、尾羽の長いオスは造巣貢献が低いことが知られている。尾羽の長さの影響を除去すると、オスの造巣貢献が大きいほど巣材（土）の運搬量が増える。しかし、巣材の量と巣の内部の容量は相関なく、大きい巣は壁が薄くなりがちである。大きな巣、巣材の量が多いつがいほど繁殖開始が早く、複数回繁殖することで季節全体を通じた産卵数は大きくなる。尾羽の長いオスの巣は大きいが、材料の量とは相関しないので、メスは限られた材料で壁の薄い巣を造るといえる。壁の薄い巣を造るということは、産卵数を増やして、魅力的なオスの子を多く残すという適応的な意義があると考えられている。巣立った子のうちに息子が含まれていれば、将来、魅力的なオスとなって、母親のツバメにとっては孫世代の子孫の数を増やすことにつながる。

ツバメではメスのメイトチョイスに二つの性的信号が関係していると考えられる。一つは、オスの尾羽の長さで、もう一つが巣の大きさである。尾羽の短いオスは造巣だけでなく、給餌の貢献も高いことが知られている。メスは、尾羽の長いオスとのつがい形成ができない場合、尾羽の長いオスの到着を待って繁殖開始を遅らすよりも、巣材を多く運ぶ尾羽の短いオスと繁殖を始めるほうが、利益があると考えられている。初めは魅力的なオスとのつがいを望んだが、そのようなオスが売れてしまった後は、実直で家庭的なオスを選ぶということだろうか。また、雌雄とも大きな巣を造る個体は免疫能力が高いという傾向がある。優れた免疫システムを持つ個体のみが大きな巣を造るということである。家庭的なオスは健康でもあるということだろうか。メスにとっては願ったりというところだろう。この傾向は他の鳥類でも知られている。

ヨーロッパのカササギは、日本のものと同様に、小枝を使って大きな巣を造る。やや異なるのは、日本のカササギは例外なく立派な屋根つきのドーム状の巣を造るが、ヨーロッパのカササギは屋根のない巣を造るものもいることである。屋根があると捕食者のカラスなどが入りにくく、卵やヒナが捕食に遭う危険を小さくできる。

スペインのカササギで、巣の外側にある小枝を取り去り、巣の大きさを実験的に小さくすると（巣の内部の大きさは変わらない）、産み込まれる産卵数は小さくなり、雌の抱卵開始が早まり、非同時孵化の程度が高まり、ヒナ間の体重差が大きくなった。巣の大きさは、オスがつがい形成後に行う投資の指標であり、メスはこの情報を基に産卵数を調整し、オスの投資（すなわち、ヒナへの給餌）が期待できない巣（つまり小さな巣）では、小さいヒナの死亡によるヒナ数調節が生じるように非同時孵化を現出させたと解釈されている。

さらに、カササギでは主にオスがやり直し巣を造るが、人為的にカササギのやり直し営巣を引き起こす操作を行ったところ、そこでの産卵数は巣の大きさではなくやり直し造巣に要した時間に影響されることがわかった。すなわち、造巣に費やす時間が短く早く巣を造るオスのつがい相手のメスは、多くの卵を産んだ。このようなオスは造巣能力に優れているといえるが、このように、カササギのメスは巣や造巣行動を手がかりに、オスの造巣能力、ひいてはオスの資質を評価して、能力の高いオスとつがった場合は産卵数が増えると考えられている。これは、一夫一妻の種におけるつがい形成後投資の例である。もっとも、カササギは終生同一つがいを維持する傾向があるので、メスは繁殖のたびにオスの能力を評価する必要はないのではとも考えられるが。

同じくカササギで、ヒナの健康状態を調べたところ、大きな巣ではヒナの免疫指標が高い事がわかった。これは、ヒナに十分な餌を与えているのだろうと考えられる。餌補給操作を行ったところ、ヒナの免疫指標はよくなったことで、このことを確認できる。大きな巣のつがいは給餌能力が高いと推察される。

このように、巣の大きさが直接ヒナの生存に効果をおよぼすこともあるが、巣の大きさは、つがい相手に巣建築者の質を伝える信号となっており、その信号に応答してつがい相手が繁殖への投資を増大させると考えられる現象がいくつかの種で見られる。

私が以前研究していたシジュウカラでも、巣箱の底面積の大きさと産卵数との間に関係が見られ、大きな巣箱ほど産卵数は大きかった（平均産卵数：五・五〇対八・二四、大きい巣箱は小さいほうの約二倍の底面積）。同様の傾向はヨーロッパシジュウカラでも報告されていたが、当時は性的信号であるとか、つがい形成後投資という考え方はまだなく、ヒナの体温維持の観点から解釈されていた。つまり、小さな巣箱は大きな巣箱に比べて巣箱内に熱がこもりやすく、また、ヒナが一塊でいると熱の放散が抑えられて、高体温症になる可能性が高くなるので、産卵数を小さく、ヒナ数を少なくすると説明されていた（大きな巣の場合は逆の説明になる）。これはこれで、ある程度納得できる説明であるが、現在の行動生態学的説明のほうがおもしろく、さらに新しい仮説を生み出すようにも思われる。やはり、新しい発想というのは重要である。もっとも、人間が作った大きい巣箱を、シジュウカラのメスがオスの功績と見たかどうかはわからない。

巣をハーブで飾る

樹洞性の小型鳥類は草の葉、茎、根、コケなどで巣の本体を造り、産座の部分を柔らかい草の繊維、獣毛、羽毛などで造るが、これらの材料の多くは枯葉、枯れ草など乾燥したものである。これらの材料以外に新鮮な緑色の植物を取り込むことがある。この緑の植物（以下、「ハーブ」と呼ぶ。）は、他の材料のなかに組み込まれるのではなく、周辺部に置かれた状態で見られることが多いので、巣を補強するというより他の機能を持つのではないかと考えられている。そのハーブが新鮮で独特のにおいがするとなると、まず考えられるのは、虫除けではないかということだろう。高頻度の外部寄生虫の感染は血液の損失、生理的ストレスのためヒナの成長と生存を低下させ、巣立ち後の生存も悪化させると考えられる。

ハーブの揮発性成分が寄生虫や細菌の蔓延を防ぐ、いわば、除虫菊効果といったものが考えられる（「巣防御仮説」）。セイヨウノコギリソウはよく取り込まれるハーブの一つであるが、その成分は人間の家庭薬や抗菌、防虫用洗剤としても用いられる。ハーブを人為的に巣箱に入れて、巣箱内の細菌や外部寄生虫が減少するかどうかを確認した実験が、ハーブを取り込む習性のないミドリツバメで行われている。セイヨウノコギリソウの葉を巣のなかに入れると、ノミの量が減少した。しかし、ヒナの成長、白血球の量、巣立ちヒナ数には、ハーブなしの巣との違いは出なかった。

アオガラはメス単独で造巣するが、コルシカ島のアオガラでは、産卵開始からヒナの巣立ち直前まで芳香性ハーブを巣に取り込むことが知られている。六〜一〇種ほどのハーブを取り込み、除去してもすぐに新しいハーブを取り込んで、種類数を減らすことがなかったので、複数種の組み合わせにより、寄生虫や病原体への効果を高めている（「ポプリ効果」）と考えられている。また、夕方に主に取り込むことから、夜行性の吸血性昆虫を防御すると考えられる。ニワトリのヒヨコと蚊とを一緒に入れた箱にハーブを入れる実験をしたところ、ハーブを入れた箱のほうが、対照としてハーブ以外の草を入れた箱よりも出ていく蚊の数が多かったことが示された。また、ハーブの取り込みは巣内の細菌の量を減らすが、吸血性の寄生バエには効果がなかった。それでも、ハーブのある巣では、ヒナの成長が促進され、免疫レベルを示す値も高いことがわかった（「ドラッグ効果」）。ハーブの防虫効果は、他の種でも確認されている。

ハーブのドラッグ効果は？

ホシムクドリでもハーブの効果が調べられている。ホシムクドリはアオガラと異なり、ハーブの持ち込みはオスだけが行い、産卵前に持ち込みは終わる。ハーブのある巣では、外部寄生虫を減らすという効果はないことが複数の実験で明らかになったが、細菌の量は減った。また、ヒナの体重は重く、ヒナの体調は良いという結果だったが、巣立ちヒナ数にはハーブなしの巣との差はなかった。また、免疫システムに働きかけ、アレルゲンやストレスへの耐性を強化する物質の値は高く、ハーブはヒナの免疫システムに作用してヒナの体調を良くすると考えられている。人間が使用するハーブでも免疫刺激剤として働く物がある。このように、ホシムクドリでは寄生虫防御効果はないが（「巣防御仮説」の棄却）、免疫システムに働くことによりヒナの体調を高めるという効果があるようである（「ドラッグ仮説」と呼ばれる）。

ハーブを持ち込むとなぜヒナの体重が増えるのだろうか？　メスの質や卵、ヒナの質を評価するためには、雄性ホルモンであるテストステロン濃度が使われる。卵に卵黄テストステロン濃度が高いと、ヒナの筋肉や骨格の成長を促進するので、ハーブがメスのテストステロン生成を促し、このことがヒナの体重増につながったと考えられる。しかし、高濃度のテストステロンは免疫能力や寄生虫への抵抗力を弱めるというマイナス面もある。成鳥の場合、テストステロンは攻撃性を高めるが、育雛行動を減退させる。

ホシムクドリでは、メスはハーブ量に応じてヒナの成長に必要な卵黄中のテストステロン量を増やしていた。このことはヒナの体重が重くなるという先行研究の結果を説明している。また、テストステロンの多いオスはハーブの持ち込みが多いので、メスは雄性ホルモンレベルの高いオスを選んでいることになる。

ムジホシムクドリでのハーブの継ぎ足し実験の結果では、産卵数は増え、抱卵中のメスの血中テストステロン量が上昇したが、卵サイズや卵黄テストステロンに差はなかった。また、ハーブを増やした巣では、卵の色が淡くなり、抗酸化物質であるビリブェルディンが少ないことを示した。つまり、メスはハーブ持ち込みに対して産卵数を増やすが、卵の質は高めていないことを示している。しかし、産卵順が後になるほどテストステロンレベルとビリブェルディンの量は高くなり、このことは、後のほうの卵の質を高めて、兄弟間の競争的非対称を緩和することで、大卵数での非同時孵化による若いヒナの死亡を減少させる機能があると考えられている。適応的と考えればこのような説明になるが、テストステロン生成などがハーブの継ぎ足しにすぐには反応しないとも考えられないか。

ムジホシムクドリでは、ハーブを増やした巣では、メスのテストステロンが高く、また、卵の一部消失、繁殖失敗、他のメスの干渉が頻度高いという結果が得られている。メスの高テストステロンは、メスがこのような干渉のなかで地位を維持することを可能としている。しかし、このことは、ハーブの多い巣でのヒナの生存が低くなることにつながっている。ハーブ巣では巣立ちヒナ数に違いはなかったが、巣立ったヒナの生存は低くなった。メスはテストステロンレベルが高いと、育雛行動に専念せず、このことがヒナの免疫システム構築と体調に悪影響をおよぼしたと考えられ、結果的に巣立ちヒナの翌年までの生存を低くした。

このように、ハーブがメスのテストステロンレベルを高めることは両種で共通しているが、その高いテストステロンレベルを卵に受け継がせるかどうかは、それぞれの種が置かれている生態的な状況の違いに基づくと思われる。

ハーブは性的信号か？

しかし、産卵前に運び込まれたハーブが、ヒナが孵化した後まで効果を維持できるのかという疑問も生じる。ヒナの免疫機能を高めるのであれば、コルシカ島のアオガラのように、ヒナの孵化後もハーブを更新するほうが効果的ではないだろうか？　北米に移入されたホシムクドリでは、ヒナの成長や巣立ち成功にまったく影響はなかった。また、ハーブが直接ヒナの生存に効果を表すのなら、両性ともがハーブを持ち込むと考えるのが当然であるが、ムクドリ類ではハーブ持ち込みはオスのみの行動で、メスはもっぱらハーブの除去を行う。

別の研究では、ホシムクドリでは寄生虫を増やした巣にハーブを多く持ち込むことはなく、ハーブを人為的に増減しても寄生虫の数には違いはなかった。非操作巣へのハーブの持ち込み総量とハーブの実験的操作はダニの吸血痕密度、体重、巣立ちヒナの生存になんの影響も与えなかった。その一方、ハーブ持ち込みはメスの繁殖を促すための信号であると示唆する結果も得られている。ハーブを除去したホシムクドリの巣では産卵された巣は少なく、さらに、巣の側で籠に入れたメスを見せると、独身オスではハーブを運び込む行動が見られたが、既婚オスでは反応がなかった。これらの結果から、ハーブ持ち込みは巣防御ではなく、オスの求愛ディスプレイではないかと考えられている。一方、ハーブの量はメスの選り好みと無関係であること、また、オスの形態的特性、子育てへの貢献度など、オスの資質と関係する諸量とも相関しないことから、ハーブ持ち込み行動がオスの資質をメスに伝えるという仮説に対しては否定的である。

近縁種のムジホシムクドリにもオスによるハーブ持ち込み行動が見られる。ムジホシムクドリでも、ハーブの運び込みはオスのみが行い、メスはもっぱらこのハーブを運び出すことが多く、さらに、運び込み行動は産卵までにほとんど終了し、ヒナの出現する時期にはまったく運び込みは見られない。ヒナに対する寄生虫防除や免疫向上効果があるとする仮説には否定的な事実である。

ムジホシムクドリはホシムクドリに比べて一夫多妻オスの出現割合が高い傾向がある。本種では、高順位（一夫多妻）オスほど多くのハーブを持ち込む。また、複数の巣にハーブを持ち込み、その頻度は平均的な給餌頻度を超えるので、エネルギーコストが高い行動であり、この点で「正直な信号」といえる。一方、ハーブ持ち込みはオスの父親としての給餌能力の指標にも、オスの遺伝的な質の指標にもならない。また、持ち込みはメスの受精可能期間に限定され、成功度の低い二回目繁殖では一夫一妻のオスも多くの量を持ち込むということから、ハーブ持ち込みはメスの繁殖を促す行動とも解釈できる。このように、本種ではハーブ持ち込み行動はメスの繁殖を促すだけでなく、オスの社会的地位をメスに伝える正直な信号と解釈されている。なぜ、すべてのオスがハーブ運びを増加させないかといえば、コストが大きく、コストに耐えるオスだけができるからと考えられる。さらに、メスはハーブを除去することで、オスをより激しく働かせるのではないかとも考えられている。ここまでくると、ちょっとうがち過ぎの解釈じゃないかと思うが。

このムジホシムクドリについてはさらに研究がある。ハーブを多く持ち込むオスは質が高く、言い換えれば、「魅力的な」オスであるといえる。鳥類の適応的性比調節に関する研究によると、質の高いオスとつがうことで、高い質を受け継いだ息子を多く産む有利さがあるので、魅力的なオスとつがったメスは息子を多く産むことがさまざまな種で報告されている。人為的にハーブを追加した巣では、追加しなかった巣よりヒナの性比がオスに偏った。

本種では、通常、ヒナの性比はメスに大きく偏っているが（オスの割合が4割ほど）、ハーブを追加した巣ではほぼ一対一となった。本種では、オスがメスより大きく、より定住的であり、密度が高ければあぶれオスになる可能性が高くなるので（いわば、コストのかかる性である）、安上がりの性であるメスを多く産むと考えられるが、メスがハーブ量をオスの資質を知る手がかりにしているとすると、ハーブの量を増やした巣のオスは魅力的なオスであると判断して、メスはオスを多く産むように性比調節を行ったと考えることができる。

先に述べたアオガラでは、巣防御効果が明らかだったが、造巣とハーブ持ち込みはメスのみが行うので、オスは造巣行動やハーブ持ち込みのメス間変異に応じて異なる反応を示すということも考えられる。巣のサイズやハーブ持ち込み量の違いとオスの行動との関係を調べると、オスの給餌行動に違いは見られなかったが、オスの危険を冒す傾向（巣に設置された捕獲用トラップにかかった個体が次に巣に入るときにメスが入る前か後のどちらであったかで評価）はハーブを追加した巣で上昇した。アオガラでは、ハーブはヒナの健康を高めるが、同時にそのようなヒナを産むメスの信号でもあり、オスはそのようなメスのために危険を冒すという投資を行ったといえる。

ハーブ運び込み行動の始まりは、よくわかっていない。もともとは寄生虫からのヒナの防御だったのかも知れないが、環境変化により、寄生虫の負荷がヒナに悪影響がでるよりずっと低くなったのかも知れない。そのため、運び込むオスを好むようなメスのコントロールにより、運び込みは次第に配偶者誘引のほうへと進化しただろう。

手段はいろいろでも、どれも正直な信号であるか、少なくとも受け手の利益にはなっている（ハーブが必ずしもオスの正直な信号になっていない場合でも、多少の防虫（ないしは免疫向上）効果にはなっている）ことが重要である。結婚詐欺（「アカサギ」というそうな）のような不届きなオスはいないということである。

羽根で飾る

ハーブ以外にも巣のなかにはさまざまな物が見られる。なかでも羽毛は産座の重要な材料である。羽毛は断熱効果があり、卵やヒナを低温から守る。ところが、羽毛ではなく、鳥の風切り羽根のような、軸が堅く、大きなものが巣のなかに見られることがある。置かれる場所は産座の外なので、保温のためとは考えられない。

羽根の表面に付着している細菌相は、巣のなかに持ち込まれたときに巣のなかの細菌量を減らす働きがあると考えられている。ツバメで白い羽根を加えた巣では巣のなかの細菌量が減って、孵化失敗が減った。細菌量と孵化失敗の直接の関係はわかっていないが、羽根の効果と考えられている。特に、白い羽根のほうが黒い羽根よりも細菌量を減らす効果が大きいという結果が得られている。

しかし、羽毛以外の羽根の機能としては、むしろ、性的な信号として働いているという見方のほうが多数である。メスだけが造巣するアオガラでは、オスが産座の外に羽根を置く。オレンジ色の羽根がよく選ばれる。自然状態で羽根のある巣では羽根のない巣よりも産卵数が多かった。また、実験的に羽根を増やした巣でも産卵数が多くなった。これは、オスの羽根運び込みにメスが応答したものと考えられている。羽根を多く運ぶオスは体重が重く、ヒナへの給餌貢献が高いことから、羽根運びはオスの親としての育雛能力の指標だといえる。羽根を多く運ぶオスの巣ではヒナの体重が重く、巣立ち成功が高いこともわかっており、メスはこのようなオスを選ぶことで利益を得ている。

イワスズメでは少し不明瞭である。この種は樹洞性でメスが造巣し、羽根を運び込む。オスが羽根を巣の近くに置くと、メスが巣に取り込み、このメスは産卵数を増やすが、給餌貢献は低下した。実験的に羽根を持ち込み、それに反応してメスが産卵数を増やしたのであれば、オスの性的信号に反応したメスのつがい形成後投資と解釈できるが、この結果はそれと異なる。羽根の多い巣では、オスの給餌貢献は増えないが、ヒナの防衛をする。このことはメスの信号に応答してオスがヒナの防衛を強化した、「特異的配分」の結果だとも解釈される。では、なぜメスは自身が持ち込んだ羽根に反応して産卵数を増やしたように見えるのかということについては、巣の外に置かれた羽根は他のメスが持ち込んだ物であり、オスがこのメスを羽根で評価してEPCないしメスの遺棄をしないように羽根を隠し、さらに、オスを引きとめるために産卵数を増やしたという、かなり苦しい解釈がなされている。メスは持ち込んだ羽根を巣材で埋め込んだり、たまには糞で埋めたり、また、巣から持ち出すことも観察されることから、この行動は羽根をしぶしぶ受け入れている行動と見られている。

また、羽根の多い巣のつがいは、なわばり行動が激しく、あぶれ個体の侵入が少なかった。このことは羽根が地位の信号の役目を果たしていると考えられている。しかし、あぶれ個体が羽根を見るには樹洞の巣をのぞき込まないといけないので、信号の役目はあまり果たせていないと思われる。巣のなかのたくさんの羽根を見たあぶれ個体が、「あっ、やばいものを見てしまった！　ここは危ない。」と考えるとでもいうのだろうか。もっと確固とした証拠が必要であろう。

南アフリカのイエスズメは球状の巣を造り、オスが羽根を運ぶ。オスは巣にくるとメスを呼び、羽根をメスに見せる。羽根の量とメスの産卵数および給餌努力との間に正の相関が見られ、これはオスの性的信号へのメスの「特異的配分」の結果と考えられている。ただ、持ち込みは巣内の温度要求量が最大になる抱卵期間や孵化直後なので、断熱機能も否定できない。

オスがハーブを巣に持ち込み、メスへの性的信号とするムジホシムクドリでは、オスの行動に対して、メスが羽根を持ち込みオスへの信号としているという報告がある。実験的にハーブを巣のなかに入れたところ、メスがより多くの羽根を巣のなかに持ち込んだことが観察された。これらの羽根は産座から離れて置かれるので装飾効果以外には機能が考えられない。ところが、この羽根の量は中間年齢層のメスでもっとも多く、繁殖期の早い時期に繁殖するメスで多い傾向があった。中間年齢層（若過ぎでも、年取り過ぎでもない）はもっとも繁殖能力が高く、早く繁殖に入るメスほど体調が優れていると考えられるので、持ち込まれる羽根の量はメスの体調や繁殖能力を示しており、オスは持ち込むハーブにより、メスは羽根によって、自身の質を互いに異性に対して示していると考えることができる。オスにとっても丈夫なメスから子を得ることは、自身の繁殖成功を高めることにつながるので、よそでなんとも知れないメスの子を得るよりも、現在のつがい相手の子を大切に育てたいということなのだろうか。

さらに、羽根の置かれ方にも傾向が見られる。モリバトやムジホシムクドリの羽根は裏側の、カケスの羽根は表側の紫外線反射が強いことがわかっているが、それぞれの羽根を置くときに、紫外線反射が強いほうを上に向けることがわかった。また、オナガの羽根は両側とも紫外線反射が強く、この場合は置かれ方の向きはランダムである。このように、目立つほうを上にするというのは、羽根が信号の役目を果たしていることを示している。

しかし、これについては、否定的な研究もある。別の地域では、持ち込まれる羽根の九五パーセント以上はドバトのものであるが、その四割近くは産座のなかに組み込まれており、外から見える面積は小さくなっている。また、産座以外の羽根の八割以上は裏側を上にして置かれる。さらに、片側をUVブロック処理したドバトの羽根を巣内にランダムに置いて、その後、ムジホシムクドリがどのように向きを変えるかを調べたところ、羽根の向きは紫外線反射と関係なく、六割が裏側で四割が表側だった。このように、紫外線反射の効果はあったとしても小さいと判断されている。

巣のなかの羽根はつがい内での信号だと考えられるが、羽根以外にも巣のなかに運び込まれるものがある。トビの巣にはプラスチック、布きれ、紙などが運び込まれる。産座として使われるものもあるが、産座以外の場所に散乱しているものもある。スペインのトビで調べたところ、白いプラスチックが圧倒的に多く、取り込み傾向を見たところ、若い個体や老齢個体はあまり取り込むことはなく、中間年齢層で頻度高く見られた。また、質の低いなわばりでは取り込みは見られなかった。また、採餌と狩りの成功と取り込み傾向は正の相関があり、攻撃的なつがいほどプラスチックの取り込みが頻度高く見られた。また、取り込みの多いつがいほど巣立ちヒナ数も多く、個体の生存率も高い傾向があった。人為的にプラスチックを増やした巣では捕食が増え、若齢、老齢個体ではプラスチックを除去する行動が見られた。取り込み行動はその個体の生命力やなわばりの質、他個体に対する優位性を示す正直な信号と考えられている。

つがい形成後投資

造巣を雌雄のどちらが担当するかについてはいくつかのパターンがある。羽田健三編の『鳥類の生活史』にまとめられている長野県産鳥類のデータを見ると、メスのみが造巣するか（一三種）、両性が造巣するにしてもメスの貢献度がオスを上回る種（一三種）がもっとも多く、両性でほぼ等しい種が一二種、オスのみが造巣する種はなく、ムクドリ類、キツツキ類、タカ類などオスの貢献度が高い種が六種ほどである。

巣は繁殖に必須で、パートナーの協力の有無にかかわらず、メス自身で巣を造らねばならない。このため、もともと造巣努力はメスに偏っているといえる。このような状況では、オスの造巣への協力は、メスの負担を軽減し、繁殖成功を高めることになるから、造巣それ自体がメスによるオス選択の手がかりになるだろう。さらに巣の本来の機能から離れて、信号としての機能を持つようになるには、メスの選択によりオス自身が残す子孫の数が増えることが必要である。造巣が信号となりメスがオスを選ぶということは、オスにとってはそのメスの繁殖努力を一部負担することにつながる。完全に子育ての義務から逃れて多数のメスと交尾できるのであれば、オスの造巣行動は性的信号とはならないだろう。

一方、オスが交尾できるメスが周辺に少ない環境では、多くのメスとの交尾を求めるのではなく、どのメスかと交尾して、その子を確実に巣立たせる必要がある。そのような環境では、オスはメスに協力することで子の生存を高め、さらに、メスのつがい形成後投資を高めることで、残す子の数を増やすことができる。協力はメスの選択の手がかりになるが、さらにオスは自身の質の高さを伝えることでメスの高い投資を引き出すことができる。造巣には高いコストがかかるから、巣のデザインや造巣行動はオスの遺伝的な、または父親としての質との強いつながりを持つといえる。

まとめ

卵の生産には多くのエネルギーを必要とし、なおかつ、産卵する性としてのメスにとっては造巣も必須の行動である。そのため、個々の繁殖の失敗による損失はオスよりも多大になるので、メスにとって、より多くの利益をもたらすようなオスの選択は重要である。そのため、メスの選り好みは慎重になり、つがい形成の前後を問わず、巣や造巣行動は正直な性的信号となっていると考えられる。

第5章

イースターエッグを探せ
——目立つ卵殻色の進化

ウグイスの卵. 少し赤みがかった美しいチョコレート色である.

つがい形成のためや交尾相手獲得のために、鳥類はさまざまな形態的特徴や行動を進化させてきたが、つがい形成以後も雌雄の駆け引きは続く。造巣段階では巣が信号となり、オスはつがい相手のメスの投資を引き出すというのが前章の話であったが、その後に産卵が始まると、今度はメスが卵の色を信号にして、オスの投資を引き出すというのが本章の内容である。

鳥の卵の色はさまざま

ニワトリの卵の色は、白か薄い茶色である。烏骨鶏の卵には少し青みがかった色のものがあるが、ニワトリの卵には模様はない。これがウズラの卵になると、焦げ茶色の大きな斑紋がある。普段見かける卵の色はこの程度であるが、野生鳥類の卵の色は多彩で、殻表面の模様もさまざまである。多くは、白地に赤茶色から焦げ茶色の斑点が入ったものであるが、なかには筋が複雑な模様を描いているものもある。斑紋のない卵では、ウグイスのように全体がきれいなチョコレート色をしたもの、ムクドリやサギ類のように薄い青色の卵などがある。

世界中の鳥の卵を見れば、色の種類はもっと増えるが、真っ赤やあざやかな黄色という色はない。それは、鳥類の卵の色は二種類の色素だけがもとになっているからである。ビリブェルディンという色素は青い色を発色し、プロトポルフィリンⅨという色素は茶色の斑点や茶色地を発色する。また、青地の卵の見かけを濃くしたり、濃い緑色に近い色相にしたりする。同じように石灰質の殻の表面に色や模様を持つ貝類では、多くの色素が関与しているので、色も多彩であるが、それに比べると鳥類の卵の色は限られる。

それでも、卵の表面の色や模様が複雑で多様なことは、古くから博物学者の興味を引いてきた。鳥類の卵は卵巣にある状態で胚に栄養分としての卵黄が付加される。大きくなった卵が卵巣から排卵されると輪卵管を降りていく途中でその周りに卵白がつけられ、さらに子宮に降りると、ここで卵白の周りに炭酸カルシウムの結晶が沈着して殻に覆われる（第1章図1・1）。殻の外側に色素が沈着しなければ、白い卵として産卵されるが、色素の沈着によりさまざまな色や模様の卵ができあがる。このような卵のでき方からすると、造卵のコストの面からは白がもっとも安上がりと考えられる。実際に、卵の色と鳥類の系統との関係を調べると、鳥類の祖先型の卵の色は白だったと推測される。それでは、卵の色や模様はどのような適応的な機能があって進化してきたのだろうか。

卵の色については古くからいろいろな研究があり、いろいろな解釈が提出されてきた。科学的な考察というのは、チャールズ・ダーウィンの時代に生きた進化生物学者のアルフレッド・ウォーレスに始まることから、古くからのテーマといえるが、この二〇年ほどは研究技術の発展にともなって、卵の色の研究が広がり、新しい仮説が提出されているホットな研究テーマとなっている。これまでに提出された鳥類の卵の色の適応的な意義についての仮説は以下の通りである。

（1）隠蔽
（2）閉鎖巣内での卵の存在・位置確認
（3）托卵回避
（4）殻の補強
（5）温度調節
（6）紫外線の透過を防ぐ
（7）殻表面の除菌
（8）つがい内の雌雄対立
（9）性的信号（メスや卵の質を伝える）

本章では、最近ホットな論争を引き起こしている性的信号仮説を中心に、これらの仮説を検証した研究を紹介する。

卵の色や模様は隠蔽のためか

白は目立つので、地の色が地味な色であったり、表面に複雑な模様があったりしたほうが背景に溶け込んで捕食者から卵を隠蔽することができると考えられる。これは、誰でもすぐに思いつくことで、一九世紀の博物学者もそう考えており、自明のこととして誰も疑いを挟まなかったので、検証のための研究というのは最近までなかった。たしかに、地上営巣のキジやチドリ類の卵は薄い茶色の地に焦げ茶の斑紋があって目立ちにくく、一方、比較的捕食から安全と考えられる樹洞内で営巣するフクロウの卵は真っ白である。多くの分類群にわたっての比較研究でも、白い卵は樹洞巣か屋根のある巣に産み込まれることが多いことが示されている。捕食の危険の高い環境で営巣する種では、背景に溶け込むような色や模様を持つようになり、捕食の危険が少ない環境では白色のままと解釈される。

しかし、卵の隠蔽と捕食との関係については、実験的に調べてみると、色や模様の目立つ卵と目立たない卵との間での消失率の違いはさまざまで、総じていえることは、模様のある卵は巣ではなく、地面に直接置かれる場合に消失率が低く、巣に置かれた場合は、目立つ卵も目立たない卵も消失率に違いはないということである。もともと、捕食者は巣そのものや巣へ出入りする親の行動を手がかりに探索するので、巣のなかにどのような卵があっても捕食者の巣発見に違いはないと考えられる。卵の色や模様が捕食者からの隠蔽機能を果たしているというのは、チドリやアジサシの仲間のように、砂地や河原に造られた浅いくぼみのなかに卵を産み込む営巣習性の鳥類には当てはまるようである。

種間比較研究の結果からは卵の色や模様が隠蔽機能によって捕食回避をもたらしたということは確かであろう。しかし、捕食者の種類は単一ではなく、視覚をもとに探索する鳥類であったり、においを手がかりに探索する哺乳類や爬虫類であったりする。このような、多様な捕食者相のなかに置かれれば、卵の色や模様だけで捕食を避けるということは困難である。実際に、鳥類は安全な営巣場所を選んだり、巣を目立たせないようにしたり、捕食者への行動的な防御を起こすなどして捕食者回避を行う。

白い卵については、薄暗い巣のなかで親に卵の位置や存在を確認させる機能があるという考えもある。薄暗い巣のなかでは、色彩の違いは影響せず、無彩色の明度の違いが識別に重要であるという結果が報告されている。これは、白色卵はわかりやすいということと、暗い色同士は色相が違っても区別が困難であることを示している。しかし、鳥類は人間と異なり、近紫外線部分の光線を感知することができるので、人間の眼と物の見え方が異なる。スペクトログラフを使って紫外線反射率を調べたところ、樹洞性種のほうがカップ状の巣を造る種より、紫外線反射率の高い卵を産むことがわかった。また、紫外線反射卵は、実験的に紫外線反射を除去した卵より、樹洞内で認識されやすい。これらは、白ではなく、地味な茶色の地色であるか、焦げ茶色の斑紋や筋の模様の密度などに関係しているが、彩かな青や緑の卵がなぜ存在するのかを説明できない。

人間の見た目で地味で目立たないという卵は多くあるが、よく目立つあざやかな色の卵も少なくない。目立つ卵については、これは警戒色であり、卵がまずいことを捕食者に示す信号であるという解釈もある。実際に卵を食べてみてあざやかな卵はまずいかどうか確かめた人もいるが、結果は否定的である。地上営巣種の卵は隠蔽色が多いという傾向があるが、南米のシギダチョウの仲間は、大きくて青緑色のあざやかな、非常に目立つ卵を産む。これは、共同営巣する同種他個体へ営巣場所を知らせる信号であるという解釈があるが、種間比較では共同営巣と卵の目立ちやすさは相関しないことが示されている。

卵の模様は托卵防御のためか?

卵の色や模様は托卵を防ぐために進化したという考えも古くからある。カッコウは宿主の卵によく似た卵を産み込む。カッコウのヒナは宿主のヒナより孵化が早く、孵化するとすぐに宿主の卵やヒナを背中に乗せて巣の外に放り出す行動でも有名である。このため、宿主にとってはカッコウから托卵されると自身の子を残さないだけではなく、カッコウのヒナを育てるという労力の無駄遣いを余儀なくされ、翌年以降の繁殖に影響する可能性もある。

長野県の安曇野地域にそれまで棲息していなかったオナガが分布を拡大するとカッコウがオナガに托卵するようになった。オナガはそれまで托卵を受けた経験がないので、産み込まれたカッコウの卵を排除しない。山岸　哲さんたちが調べた結果では、托卵のせいで、この地域のオナガの巣立ち成功率は大きく低下した。このような状況下では、宿主がカッコウの卵を識別して、巣から排除する行動には進化的な利益がある。宿主が卵を識別して排除するようになるとカッコウのほうでは子を残せないという不利益が生じるから、より宿主の卵に似た卵を産むような形質が選択されて広まるようになる。このような托卵種と宿主との間の関係を進化的軍拡競争と呼ぶ。

宿主が卵を識別するには、自身の卵とカッコウの卵に識別可能な色や模様の違いが必要で、この違いがないと宿主は誤って自身の卵を排除してしまうことにもなる。模様の変化は斑点の数が増えたり、筋や斑点の大きさが変化したりといったことが考えられる。イエスズメでは、種内で托卵が起きるが、卵の模様を少し変えると、宿主から排除されるようになることが確かめられている。模様の変化によって、模様はだんだんと複雑になる。模様が複雑なほど托卵種の卵との識別が可能となるので、托卵への防御として、多くの鳥類の卵にはたくさんの斑点や筋が入っていると解釈される。

しかし、多くの鳥類は卵識別をせず、まったく異なる模様の卵を受け入れる。ヨーロッパのカササギにはマダラカ

図5・1　日本のカササギの卵（左）とウズラの卵（右）.

ンムリカッコウというカッコウの仲間が托卵する。しかし、托卵が起きるかどうかは地域的に異なる。スペイン南部では托卵率は高く、スウェーデンではマダラカンムリカッコウは棲息せず、カササギへの托卵は見られない。スペインのカササギはマダラカンムリカッコウの卵を排除するが、スウェーデンのカササギは自身の卵とまったく模様の異なるウズラの卵を巣に入れてもまったく排除しない（図5・1）。カッコウ側の卵の擬態と宿主の卵の模様の複雑化は、両者の接触の歴史に依存するので、托卵への防御としての卵の色や模様の機能は、別の理由による模様の出現以降に二次的に進化したと考えられる。

卵の色や模様は胚を守る？

前に述べた卵の色を発色する色素は、ただ発色だけに関係する以外にも機能を持つことが最近明らかになってきた。斑点や筋を作り出すプロトポルフィリンⅨのほうは、殻の強度の強化、紫外線防御、卵殻表面の除菌などの機能を持つことが知られている。通常の卵は長いほうの一端は尖り、反対側の端は太くなっている。この部分は「肩」と呼ばれ、斑点や筋の分布はこの付近に偏っている。この、肩の部分は卵殻の厚さが薄く、構造的には弱い部分である。なぜ、肩の部分の殻が薄いかというと、ヒナが孵化するときに、内部からこの部分を割って外に出るためだといわれている。プロトポルフィリンⅨは卵殻表面の微細構造を滑らかにして卵殻の強度を高める。焦げ茶色の模様は卵殻の薄い部分に集中し、この部分の強度不足を補っていると考えられている。ビリブフェルディンではこのような機能は知られていない。また、太く濃い斑点を持つ卵は全体に殻が厚いとの報告もある。

卵に日射が当たると、紫外線は卵殻を透過して内部の胚に到達する。胚が紫外線にさらされると胚の成長に悪影響が生じるが、色素は紫外線を防ぐと考えられている。ニワトリでは茶系の卵殻は白い卵殻よりも紫外線反射が大きいことがわかっている。アフリカ産のズグロウロコオハタオリはペットとしてアフリカ以外に移入され、そこで野生化している。アフリカのガボン原産の個体群が二〇〇年以上前にカリブ海のヒスパニオラ島に移入されているが、カリブ海の野生化個体群では、原産地に比べると、青い卵や斑点の多い卵の割合が高くなっている。同様の傾向は、南アフリカからモーリシャス島へ移入された個体群でも起きている。移入先はどちらも原産地に比べて晴天日数が圧倒的に多いことから、色や模様の変化は紫外線防御への適応であると考えられている。しかし、本種は、草でボール状の巣を造るので、卵に直射日光が当たることはほとんどない。他の鳥類では、同じメスでも湿度が高い年には色は薄くなり、寒い年には青みが強くなるという環境条件の変化によっても卵の色が変化することも知られているので、紫外線以外の環境要因の影響も考えられる。

日射が当たってより深刻なのは卵が過熱状態になり、胚が死亡することである。胚の死亡とまではいかなくても、全部の産卵を終える前に、卵温が上昇することで胚の成長が始まり、一腹の卵が非同時的に孵化することで、ヒナ間の成長段階に格差が生じ、後から産卵された卵から孵化したヒナの死亡を引き起こすことがある。非同時孵化とならないためには、親は巣にとどまり日陰を作るなど、温度調節をする必要がある。

一般に、濃い色の卵では色の薄い卵よりも温度上昇が早いと考えられている。このことも、自明のこととして、検証されてはこなかったが、実際に色の異なる卵の間で温度上昇を比較したところ、色間では差は出なかったという否定的な結果が得られている。しかし、この実験は日陰でなされているので、直射日光下で行えば、卵の色による違いが生じたかも知れない。また、色素があるほうが温度調節機能は高く、両色素とも近赤外線部分の光の九〇パーセントを反射することで、過熱を防いでいるという報告もある。

光が当たると胚に悪影響が出ると考えられているが、逆に、光の種類によっては胚の成長を早めるという研究結果もある。ニワトリでは、白熱灯や蛍光灯の光を卵に照射すると胚の成長が早まることが確認されている。この場合、卵の色が薄いほど光の効果は高くなる。ただし、光が強すぎると孵化率が下がる。このような光による胚の促進作用があれば、閉鎖巣内に産卵される卵が白いか、色が薄いものが多いことを説明するかも知れない。さらに、促進効果がもっとも高いのは青から緑系統の光であり、これは、青い殻を通して得られるから、青い卵の適応的意義についても説明するかも知れない。胚の成長が早ければ、抱卵期間が短くなり、捕食に遭う可能性の高い巣にいる期間を短くできると期待できる。

また、最近、光が当たると卵表面の色素に殺菌作用が生じるという実験結果が得られている。ポルフィリン系色素は光を受けるとグラム陽性細菌（卵の表面に多く、乾燥に強い）に対して殺菌作用を持つようになる。ニワトリでは、茶色の卵殻でもっとも効果が大きく、緑がそれに次ぐ。白い卵ではほとんど効果が見られないので、色素の役割が大きいと考えられる。ただし、光を当てないと効果はない。茶色の卵は地上営巣種に多いが、地上巣は細菌に汚染されることが多いと考えられる。一方、閉鎖巣内は光が届かないので殺菌作用は起きない。このことは、閉鎖巣内営巣種では色素のある卵より白い卵が多いことを説明している。

青い卵はメスからの脅しか

最近、卵の地の色に注目が集まり、新しい仮説が提出されている。それは、卵の色はこれまでいわれてきたような、隠蔽のためとか、托卵された場合の識別のためとかいうのではなく、雌雄間の信号であるという考え方である。信号の役目を果たすとしたら、色は目立つほうが機能する。卵の色は信号であるという仮説については、信号が働くメカニズムの異なる、二つの仮説がある。一つは「脅迫（Blackmail）仮説」と呼ばれるもので、もう一つは「性的信号仮説」と呼ばれるものである。

脅迫仮説は、色の種類を問わず、目立つ色の卵がなぜ存在するかを説明しようというものである。目立つ色は捕食に遭いやすいという前提がある。メスがわざわざ捕食に遭いやすい目立つ色の卵を産むのは、卵が目立つことで上昇する捕食や托卵のリスクを相殺するような養育の増加をオスに強いるというものである。つまり、オスが抱卵に早く入るとか、抱卵中のメスへ頻度高く給餌をするなど、抱卵段階でのオスの協力を引き出すためであると説明される。オスは、自身の卵が捕食に遭う危険性を低下させるため、抱卵段階で協力傾向を高めるのだろう。実際に、雌雄どちらかでも巣に滞在する時間が長いほど、卵の生存率は高くなる。また、同じ理由で、抱卵中のメスへ頻度高く、給餌することでメスの滞巣時間を長くすることで捕食に遭うリスクが下がるという報告もある。言い換えれば、メスは自分の子（オスの子でもある）を人質にしてオスに協力を強要するということである。

しかし、この仮説の検証は容易ではないと思われる。この仮説からは以下の予測が導かれる。

（1）目立つ色の卵を産む種は、卵を隠すこと（つまり、抱卵）に多くの時間を費やす。

（2）目立つ色の卵を産む種は、抱卵期間が短い（より安定して抱卵するので胚の成長が早い）

（3）目立つ卵色は、視覚で探索する捕食者や托卵者のリスクの高い種で見られる。

（4）目立つ卵が、親の滞巣時間を延ばすとしたら、托卵の妨害に有効となる。
（5）目立つ卵を巣のなかに放置すると捕食などのリスクが高まるので、抱卵開始は早くなる。

脅迫仮説に対する証拠は種間比較研究で得られている。それによると、
①青／緑色の卵は托卵のリスクの高い種に見られる
②青／緑色の濃い卵は抱卵される時間の割合が高い
など、仮説を支持する結果が得られている一方で、否定的結果も多く見られる。すなわち、
（1）卵の色と抱卵開始の早遅に相関はなかった。
（2）青い卵はオスのみが抱卵する種で少なかった。
（3）卵の色と捕食率に相関はなかった。

一方、種内研究の結果の多くは状況証拠で、明確に支持する結果は得られていない。たとえば、ナゲキバトでは、白い卵を産むが、白い卵は目立ち捕食に遭いやすいことが確認されている。そして、本種ではオスは日中の抱卵の大半を担うことが知られている。しかし、種内研究の結果で、たとえ、オスの抱卵参加と卵の色との相関が得られたとしても、他の仮説を用いても説明が可能であり、仮説の適否を判定できない。もともと、目立つ色は捕食に遭いやすいという前提は、初めのほうで述べたように、必ずしも事実に基づいてはいない。捕食のリスクは、卵の色ではなく、営巣場所や親の行動で決定される。

マダガスカルの落葉広葉樹林帯で繁殖するアカオオハシモズは、第一卵が産卵されるとオスが抱卵を開始する。産卵が進むにつれてメスの分担割合が増えて、産卵終了後は雌雄の抱卵分担はほぼ等しくなる（図５・２）。本種では巣への捕食圧が高く、産卵された巣の半数は孵化以前に捕食に遭う。産卵終了後には雌雄のどちらかが巣に滞在している時間は観察時間の九割を超える。このような捕食圧の高い環境では、捕食回避のための第一卵からの巣への滞在が

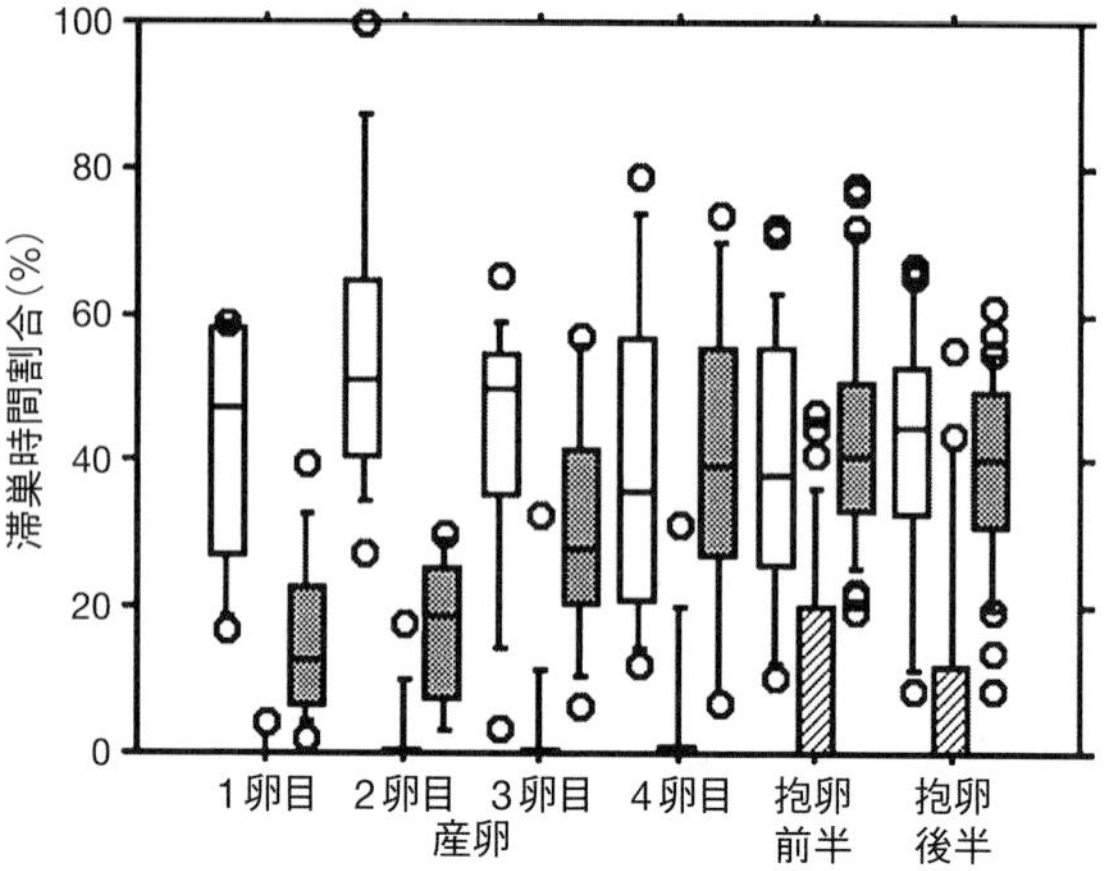

図5・2　アカオオハシモズの抱卵分担（江口原図）．観察時間当たりの各個体の滞巣時間割合で示す．白：優位オス，網掛け：メス，斜線：劣位オス．

図5・3　抱卵中のアカオオハシモズのメスと卵．

必要だろう。本種の卵は白地に茶色の斑点がある、鳥類の多くに見られる特徴を持ち、色彩的に特に目立つということはないが、開放巣のなかの白い卵は確かに目立つだろう（図5・3）。メスは第2卵目以降の卵を生産するために採餌に専念するとすれば、オスが巣に滞在することになる。この点では、脅迫仮説の予測に合っているように見える。

　しかし、このオスの行動は別の面から見ると奇妙である。というのも、本種は息子が親元にとどまる協同繁殖種である。つがいには一～数個体の付加個体がいる。付加個体の一部は給餌への貢献度が高いが、抱卵はほとんど分担しない。その原因は、繁殖オスが産卵・抱卵期に巣に近づく付加個体を激しく追い払うことにある。群れメンバーの誰かが巣に滞在すれば捕食のリスクが下がると期待されるので、ヘルパーによる巣の滞在や抱卵を容認するほうが適応的だと考えられるのだが。第一卵から巣にとどまるので、オスはメイトガードをほとんど行わない。メスは群れ内の付加個体や侵入オスとＥＰＣをする可能性があり、実際に、ＥＰＣが観察や親子解析で確認されている。この点からも、繁殖オスが第一卵から巣に滞在し続けることは奇妙としかいいようがない。

脅迫仮説については、まだ多くの研究事例の蓄積が必要である。しかし、鳥類の世界で実際にあり得るのかも知れないが、自分の子供を危険にさらすことで相手から利益を引き出すという発想を真理解明の手段にはしたくはないものだ。

青い卵は性的信号か

最後に、最近、もっとも注目を浴びている仮説として、「性的信号仮説」がある。この仮説を理解するためには、卵の色を発色する二つの色素、ビリブェルディンとプロトポルフィリンⅨの性質を知る必要がある。ビリブェルディンは赤血球のヘム破壊によって生成された中間体（胆汁色素）で、抗酸化物質としての性質を持っている。プロトポルフィリンⅨはヘム合成による中間体である。通常は、体内には微量しか存在しないが、肝臓内に蓄積すると活性酸素ストレスを生じる。人間の場合は、過剰にあると胆石症になる。体内に活性酸素が過剰に存在すると、細胞を傷つけ、老化を早めるなどの害を生じるので、抗酸化酵素が健康サプリとして人気を誇っている。

ビリブェルディンには抗酸化作用があるから、卵殻が着色されるということは、卵殻にビリブェルディンが蓄積することで、その分だけ体内から抗酸化物質が失われるというコストを生じることになる。産卵にはステロイドホルモンが関与し、このホルモンは活性酸素ストレスを引き起こすので、抗酸化物質の喪失はメスへのストレスをより強く与えることになる。このようなストレスの存在にもかかわらず高濃度のビリブェルディンを卵に蓄積できるメスは、抗酸化能力が高いということになる。抗酸化物質としては、ビリブェルディン以外にも、カロテノイド、ビタミンE、ポリフェノールなどがある。これらの物質が総合的に抗酸化作用を行うわけである。

抗酸化物質は体内に保持していたほうが良いので、それを卵の色素として放出することは、メスにハンディキャップを課していることになる。イスラエルのアモッツ・ザハビのハンディキャップ仮説によると、ハンディキャップの大きさがその個体の質を表す指標となり、大きなハンディキャップを持つ個体ほど質が高いことを示していることになる。卵の青さはハンディキャップの大きさを表しているので、メスの質を表す指標となっているという考え方である。

プロトポルフィリンIXはビリブェルディンとは異なり、活性酸素生成の原因を作り出す物質で、この物質を保有することはハンディキャップとなり、その物質を多く持つことは、それをいつでも処理できるだけの高い抗酸化能力を持つことを示すということになる。逆の見方をすれば、卵殻に多くのプロトポルフィリンIXを蓄積することは、この物質を体内から排除する能力の高さを示しているといえる。

青い卵はメスによる性的信号であるという仮説では、種間比較においては以下の予測が導かれる。

(1) あざやかな卵色は両親かオスのみが養育する種で見られる。

(2) オスがまったく養育しない種では卵は隠蔽的になる。オスの養育が期待できなければ、メスの質を伝える意味はない。

(3) オスの養育がある一夫多妻種では、卵の色によりオスの貢献度が異なる。質が高く、青い卵を産むメスの巣ではオスの貢献度が高いと予測。

（4）メスが目立つ飾り羽根を持つ種（一妻多夫）では、卵色の選択は弱い。メスは卵の色ではなく、羽衣など他の手段で質を伝えている。

実際に、比較研究では以下のことがわかっている。青い卵は育雛期間の長い種で多い傾向がある。これは、オスの助けが必要であることを示唆している。また、青い卵は一夫多妻の傾向の強い種で多く知られている。メスにとってオスの助けが重要であり、オスの貢献を引き出す性的信号の重要性も高いということである。しかし、同じ研究で、一妻多夫の種でも、濃い青色の卵を産む傾向が示されているので、予測と異なっている。

種内でも卵の地色には大きな個体差がある（口絵1）。性的信号仮説は最初にスペインのマダラヒタキで検証された。マダラヒタキは樹洞に営巣するので、本種の青い目立つ卵は、前に述べた隠蔽、殻の補強、日射からの保護などの仮説のどれにも合致しない。そこで、青い色は信号であるという発想が出てくる。その後、この一〇年足らずの間に、樹洞営巣種、開放巣営巣種の両方に研究対象が少しずつ広がり、関係する前提についても具体的な証拠が提出されるようになった。

性的信号仮説は、「青や緑の卵は、メスの遺伝的質を配偶相手のオスに伝えてオスの養育協力を引き出す性的信号である」と要約される。その根拠としては、「卵への色素蓄積にはコストがかかり、これがハンディキャップとなることから質のマーカーとなり得る」ということである。性的信号仮説の構造は、以下のようなものである。「メスは卵の青い色によって自身の抗酸化能力の高さをオスに示すことにより、オスから多くの養育貢献を引き出す（つがい形成後投資）」。この仮説から以下のような予測が導き出される。卵の色がメスの体調や遺伝的質を伝える信号だとしたら、

（1）卵の色とメスの体調、免疫レベル、ストレスとの間に相関がある。すなわち、濃い青色の卵を産むメスは、体調が良い、免疫能力を示す指標が高い、ストレスがかかった状態で卵色とメスの質との相関は顕著に表れる、

というものである。さらに、オスへの信号として働けば、

(2)卵の色とオスの養育貢献に相関がある。すなわち、濃い青色の卵を産むメスのつがい相手のオスは養育貢献度が高いと予測できる。

信号としての要件を満たすためには、以下のような項目が検証されねばならない。

(1)卵の青さとビリブェルディン量に相関がある。

(2)卵への色素の蓄積にはコストがかかる。言い換えれば、メスの体内ビリブェルディンの量は限られている。

(3)卵の青さとメスの体調や質との間に相関がある。

(4)オスは卵の色の違いを感知できる。

(5)オスは卵の青さに応じて繁殖努力量(ヒナへの給餌など)を変えている。

これらについての検証結果は以下の通りである。

① 卵の青さとビリブェルディン量に相関がある。

青い卵を産むマダラヒタキ、ムジホシムクドリやコマツグミで検証されており、青味の強い卵ほど多くのビリブェルディンを含むことが確かめられている。しかし、色素量と色の発色は必ずしも相関するものとは限らず、白い卵でも色素は含まれており、さまざまな種で色素量を測った研究では、卵の外見と色素量が一致しないことも多いことがわかってきた。

② ビリブェルディンの蓄積にはコストがかかる。

コストの判定はいくつかの異なる方法で確かめられている。観察に基づく証拠は、産卵順が後になるほど色が薄くなることで、色素の枯渇が推察されるというものである。マダラヒタキでは産卵順が後になるほど卵の色が薄くなり、また、老齢のメスほど色の薄い卵を産むことから、色素量に制限があり、卵殻への付加は母体にとってはコストであ

ると推察される。

実験的に確認するために、繁殖メスに実験的に繁殖負荷（再営巣）を与えて、卵の色が変化するかどうかが調べられている。マダラヒタキでは造巣はメスのみが行うので、造巣行動はストレス蛋白レベル（活性酸素ストレスの指標）を高めると予測される。そして、仮説に従えば、負荷をかけられたメスでは抗酸化物質である色素が活性酸素処理にも用いられるので、色素の沈着の多い卵を産むメスほど抗酸化物質レベルが低くなり、一方、負荷のかかっていないメスでは、色素量に余裕があるので、卵への色素の沈着量の影響を受けないと予測できる。結果は予測通り、負荷をかけなかったメスでは体内抗酸化物質量は卵蓄積の色素量の多少には影響されなかったが、負荷をかけられたメスでは、青色が濃い卵を産んだメスほど体内の抗酸化物質総量は減少していた。この結果は、ストレスがかかった状態では、卵の色と抗酸化物資レベルとのトレードオフがあることを示している。

また、繁殖成功との関係を見ると、負荷をかけられたメスのなかではあざやかな卵を産む個体ほど巣立ちヒナ数が多い傾向があった。これは、負荷をかけられても抗酸化能力の高いメスは、色素を卵に多く蓄積することで、ヒナそのものの質を高めたか、卵の信号によるオスの貢献を上昇させたため、巣立ち成功が高まったものと考えられる。

青い卵を産むアオアシカツオドリでも産卵順が後になるほど色が薄くなる。また、イエスズメは斑紋のある卵を産むが、プロトポルフィリンⅨの量は産卵順が後になるほど、また、二回目繁殖で濃さや広がりが減少する。一方、青い卵を産むルリツグミでは、産卵順が後になるほど色があざやかになる。これも、メスが産卵順をオスに知らせて、後から孵化するヒナへの給餌を変えるなどの応答を求める信号だという解釈があるが、裏づける証拠はない。

ムジホシムクドリでは繁殖努力の負荷をかけられたメスは色の薄い卵を産んだ。逆に、餌や抗酸化物質のカロテノイドを補給して負荷を軽くしたアオアシカツオドリのメスは二個目も青い卵を産んだ。

③ 卵の青さとメスの体調や質との間に相関がある。

卵の色がメスの体調や質の指標であるというのがこの仮説の重要な予測である。マダラヒタキでは、青色の濃い卵を産むメスは、免疫レベルが高いことがわかった。また、体調の良いメス（体サイズに比べて体重が重い）は、より青色の濃い卵を産んだ。さらに、実験的に給餌したメスでは、卵重が重く、卵の青緑色が濃くなった。このように、メスの体調や免疫能力が卵の色に反映していると考えられる。

本種以外では、青い卵を産む種では、ニシオオヨシキリ、クロウタドリ、ウタツグミ、ネコマネドリなどの開放巣種で、樹洞営巣種ではシロエリヒタキ、ルリツグミ、ムジホシムクドリなどで調べられている。結果は分かれる。シロエリヒタキ、ルリツグミでは、マダラヒタキと同様に、メスの体調と卵の青さとに正の相関が見られ、体調の良いメスほど青さの濃い卵を産むことを示している。しかし、ムジホシムクドリでは色素の量と体調は相関があったが、色そのものとは関係なかった。色として発現しなければ質の指標にはならない。メスの抗酸化物質やテストステロンの量、さらには産卵数、卵重などをメスの質の指標とすれば、ネコマネドリを除く開放巣種では色との関係は否定的だった。

卵に多くの色素を蓄積するということは、卵の抗酸化物質量も多く、ヒナの質も表すと考えられる。マダラヒタキの研究では以下のような結果が得られており、卵の色はメスの質だけではなく、生まれるヒナの質も表すと考えられる。

（1）青色が濃い卵の免疫レベルは高かった。
（2）免疫能力の高いメスの産んだ卵の免疫レベルが高かった。
（3）青色の濃い卵から孵化したヒナは巣立ち成功が高かった。

ムジホシムクドリでも青い卵ほど抗酸化物質の総量が多い傾向があった。一方、別の研究では、ビリブェルディン量と卵黄テストステロン量に相関があり、卵の質の高さを示していたが、色との相関はなかった。

④ オスは卵の色の違いを感知できるか。

パイオニア的な研究が造巣や抱卵にオスがあまり関与しない樹洞営巣種に限られていたので、そもそも、オスは産卵、抱卵中に卵を見る機会があるのか、さらに、暗い巣のなかで卵の色の違いを識別できるのかという疑問が生じる。初期の研究は人間の眼で見た色の違いを問題にしていたが、鳥は人間が感知できない近紫外線域の光を感知することができる。そのために、鳥の眼で見たときの評価が必要で、分光光度計を用いた測定が必要である。

オスが実際に卵を見ているかといった行動的側面については、あまり観察はない。たしかに、産卵や抱卵期間中のオスの訪巣の観察はいくつかの種である。マダラヒタキでは、オスは卵の時期に頻繁に訪巣していることから、この期間に卵を見ていると考えられている。しかし、巣を離れるときに卵を巣材で覆う種もあるし、メスが抱卵していれば卵は見えないので、オスにどれほど卵を見る機会があるかはわからない。

巣箱や樹洞巣、さらに、カワセミのように地中に穴を掘る種では、巣のなかは薄暗く色の判別は困難であろうと思われる。また、明るい場所から暗い場所に入ったときに瞳孔は閉じたままで、鳥類では暗さへの順応は遅く、最大では四〇分間という記録がある。オスの滞巣時間は短くほとんどが秒単位の時間である。瞳孔が閉じた状態では、色の判別能力は大きく低下する。鳥類の視覚感知能力をもとにしたモデルによる識別能力推定が、アオガラ、ムジホシムクドリ、ヒタキ類で行われている。どの研究でも、光条件が良ければ、色の違いの識別は可能であるが、光条件が制限された状態では識別は不可能か困難であることがわかった。

しかし、閉鎖巣営巣種では開放巣営巣種よりも紫外線反射が大きい卵を産むことがわかっている。また、実験的に紫外線をブロックした卵との識別テストの結果では、ムジホシムクドリは紫外線を反射する卵を識別していた。これらの事実から、暗い環境では紫外線反射が卵識別の重要な手がかりだろうと考えられる。また、閉鎖巣より開放巣に産卵される卵のほうが信号としての精度が高いということをも示唆している。しかし、開放巣営巣種で卵の色が性的信号であると実証された例はない。

⑤ オスは卵の青さに応じて繁殖努力量を変えているか。

卵の色が信号の機能を持つ証拠として次に重要なのはオスの側の応答である。繁殖努力量の内容もさまざまで、給餌行動に注目されるが、その他に、抱卵行動、巣やなわばりの防衛などが測定されている。信号の受け手と想定されるオスの応答については必ずしも明確ではない。

結果は仮説の支持、不支持が分かれる。マダラヒタキでは、あざやかな色の卵から産まれたヒナの巣ではオスはより頻繁に給餌したことが報告されており。オスの給餌貢献はヒナの体調とも相関していた。これらは、卵の色がメスの性的信号であるという仮説を支持する。また、コマツグミやムジホシムクドリでは卵の色に応じてオスの給餌貢献が上昇した。一方、海鳥のアオアシカツオドリでは、卵の色に違いがあるが、特にオスの抱卵行動を促すような機能は見られなかった。他に、ニシオオヨシキリ、シロエリヒタキ、ヨーロッパシジュウカラでは、卵の色とオスの給餌行動や巣の防衛などに関係は見られなかった。

以上のように、卵の色がメスのよる性的信号であるという仮説の検証にはまだまだ多くの研究が必要である。

托卵鳥は宿主の質を「盗聴」するか?

青い卵がメスの質の指標であるという仮説は種間関係にも拡大される可能性をも含んでいる。カッコウなどの托卵性鳥類は、宿主の卵に似た色や模様の卵を産む。宿主の側に、卵の青さはメスの指標であり、青い卵は受け入れるという刺激－感覚系が成立していれば、カッコウはこの系に感覚便乗するように進化する可能性がある。また、青い卵の生産には宿主のメスの側に大きなコストがかかっているので、托卵された卵との間の識別を誤って、自分の卵を排除してしまうことのダメージは大きい。そのために、青い卵を産む宿主は、卵の色や模様がそれほどに似ていなくても托卵された卵を受け入れるだろうと予測される。このことから、托卵性鳥類は青い卵を産む種によく托卵するように進化するという仮説が考えられる。

さらに、種内で比較した場合、青色の濃い卵を産むメスほど質が高く、オスはそのような質の高いメスの子への給餌を高めるとすれば、カッコウはこのつがいの巣に托卵することでヒナの巣立ち可能性を高めることができる。カッコウはあちこちの宿主の巣をめぐって、二〇個以上の卵を産むといわれている。托卵性鳥類のメスは、宿主の産んだ卵の色を見て、産卵するかどうかの意志決定をするとも考えられる。言い換えると、托卵性鳥類は宿主の卵の色という性的信号を「盗聴」して、その情報に基づいて托卵先を決定しているということである。

ヨーロッパのカッコウとその宿主である二五種の鳴きん類の卵色、托卵率、卵排除率などを比較したところ、青い卵を産む、または、青いカッコウの卵を産み込まれる宿主は卵排除率が低い傾向が見られている。また、カッコウの産む青い卵は、色のバラツキが大きいことから、それほど巧妙な卵擬態を達成しているのではないようだ。それでも、排除されることが少ないのは、宿主の卵識別が十分でないことを示す。青い卵を産むコストが大きいので、卵識別は正確でなければならない。正確な卵識別という宿主側の対抗進化が起きるには時間がかかるのかも知れない。

卵の色が持つ情報を「盗聴」して、托卵先を決めているという仮説については、残念ながら、種間比較研究でも、種内研究でも肯定的な結果は得られていない。カササギは青地の卵を産むが、マダラカンムリカッコウは宿主に少し似た青っぽい卵を産み込む。カササギの巣に、青っぽい偽卵か、黄色っぽい偽卵のどちらかを一個加えて、その後のマダラカンムリカッコウの托卵がどうなるかを調べた実験では、黄色い卵が加えられた巣により多くの托卵が起きたことが示されている。青い卵が多い巣ほど質の高いメスであるという前提からすると、逆の結果を示したことになる。

しかし、野外での検証例はまだ一例に過ぎないので、仮説の検証はこれからだろう。

まとめ

あざやかな青い卵の色には興味を引き立てられる。しかし、結果の解釈に関する疑問は未解決のままである。すなわち、

（1）信号がメスの表現型的質の信号なのか、胚そのものの遺伝的質の直接的反映なのか区別ができない。

（2）卵の色が反映しているのは、メスの表現形質であるとしても、それが、産卵時のメスの体調なのか、遺伝的質なのかを混同している。オリジナルの仮説では遺伝的質を想定しているが、多くの研究は条件によって卵の色が変わることを報告しており、これは、遺伝的であることを否定している。

（3）初めのほうで述べたように、卵の色が単一要因だけで決定されているとは考えられない。また、メスの形質の指標とするには、卵よりも羽衣の色のほうが良い信号だと考えられる。このことは多くの研究で確認されている。

卵の色には複数の機能があると考えることに間違いはない。そのために、ある一つの仮説に基づいた予測の検証結果は不明瞭になりがちである。しかし、卵の色がなんらかの信号機能を持つという発想はおもしろく、また、大きな誤りはないと考えられる。なんでもいい、ある発想を生み出すということが、研究でいちばん大事なことである。その発想の正しさを確かめたいという意欲が、研究者を駆り立てる。卵の色はこれからもホットな研究テーマであるだろう。

第6章

舞踏への勧誘

―― ニワシドリのあずまや建築

オオニワシドリのあずまやと著者.

動物が造り出す構造物が、自然選択や性選択の対象になるようなものを、進化生物学者のリチャード・ドーキンスは「延長された表現型」と呼んで、その重要性を指摘した。形態的な表現型と異なり、変化速度が速く、地域的にも大きな違いが生じがちである。また、実験的な操作が容易で、操作による行動の変化を詳細に観察できる利点がある。ニワシドリ類の造るあずまやは、オス間で構造的な質や付属物の量などの変異があり、このことがオスの交尾成功、ひいては残す子孫の数に影響するので、性選択の対象となる「延長された表現型」の典型である。

ニワシドリとは

オーストラリア、ニューギニアにニワシドリ類と総称される鳥が棲んでいる。小型のハトくらいからカラスよりやや小さいくらいの体を持つニワシドリの仲間は、オスがあずまやと呼ばれる構造物を造り、ここにメスを呼び込み交尾することで知られている（図6・1）。彩りあざやかな羽衣や長い尾羽や冠羽を使い、複雑なダンスをすることでメスを魅了する鳥は極楽鳥（正式にはフウチョウと呼ぶ）など少なくないが、舞台を作り、道具を使って求愛する鳥はニワシドリ以外には知られていない。

ニワシドリのあずまやはその形から三タイプに分かれる。もっとも簡単なものは、ハバシニワシドリの求愛場所（コートと呼ぶ）で、枯れ枝や落ち葉をきれいに掃除した場所に、薄い緑色をした大きな木の葉を、裏側を上にして、たくさん並べたもので、あずまやなどの建築物はない。より複雑なあずまやは、アベニュータイプとメイポールタイプである。アベニュータイプのあずまやは、小枝や草の茎を使って、一五センチメートルほどの間隔をおいて地面に建てられた、巾二〇センチメートル、高さ四〇センチメートル、長さ四〇～五〇センチメートルほどの一対の壁である（図6・2）。壁と壁の間をアベニューと呼ぶ。一方、メイポールタイプのあずまやは基本的にはコートに立てら

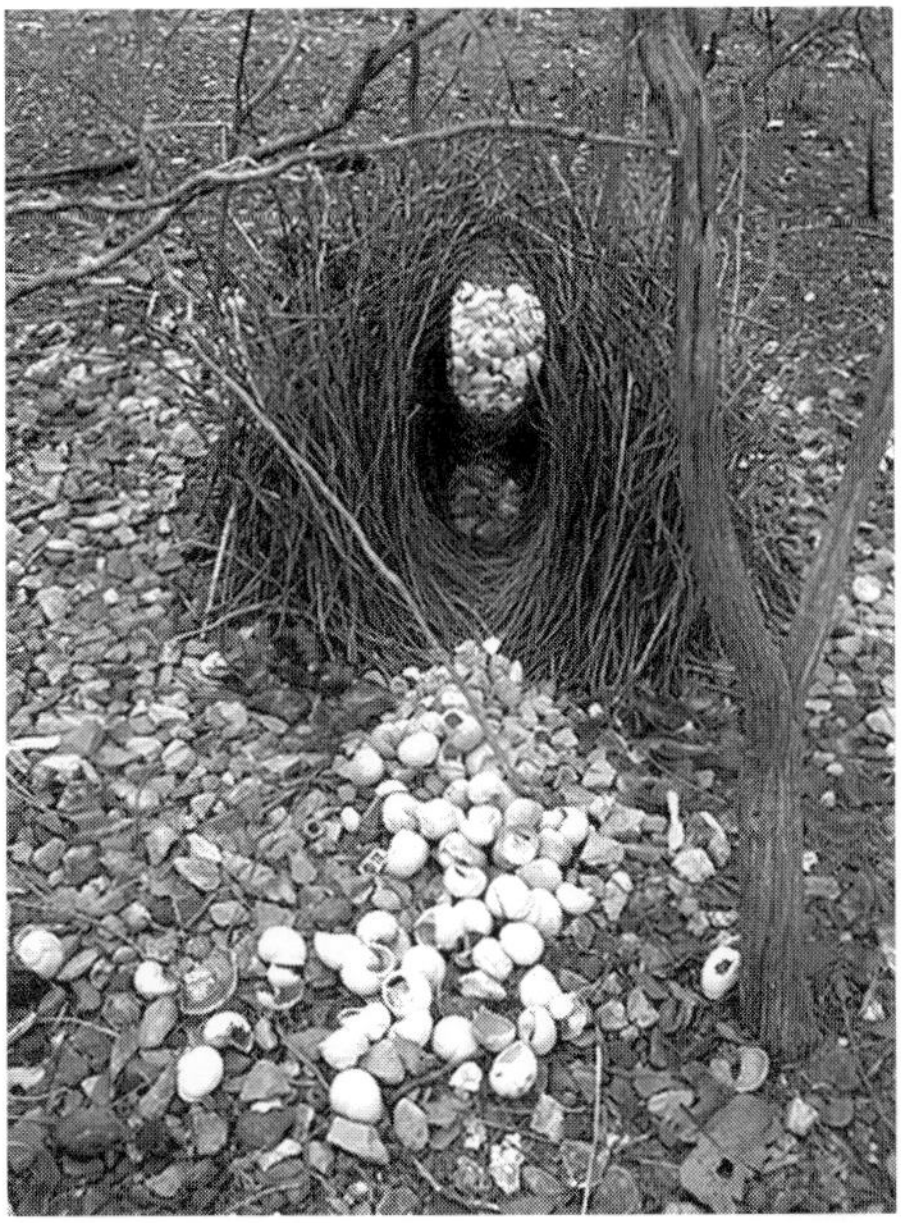

図6・1　アベニュータイプのあずまや：オオニワシドリ.

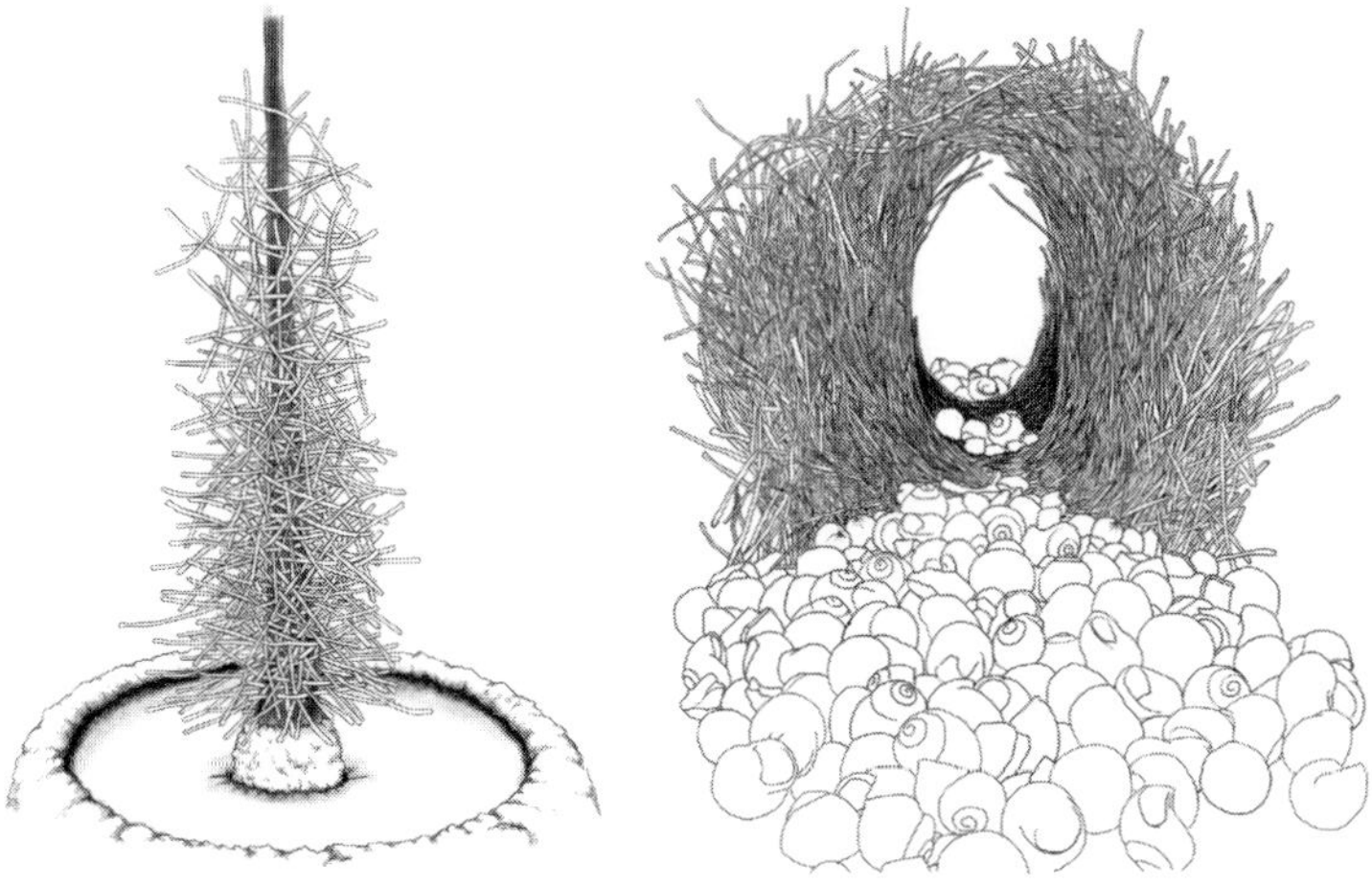

メイポールタイプ
（カンムリニワシドリ）

アベニュータイプ
（オオニワシドリ）

図6・2　あずまやの形態（描画：勝野陽子）.

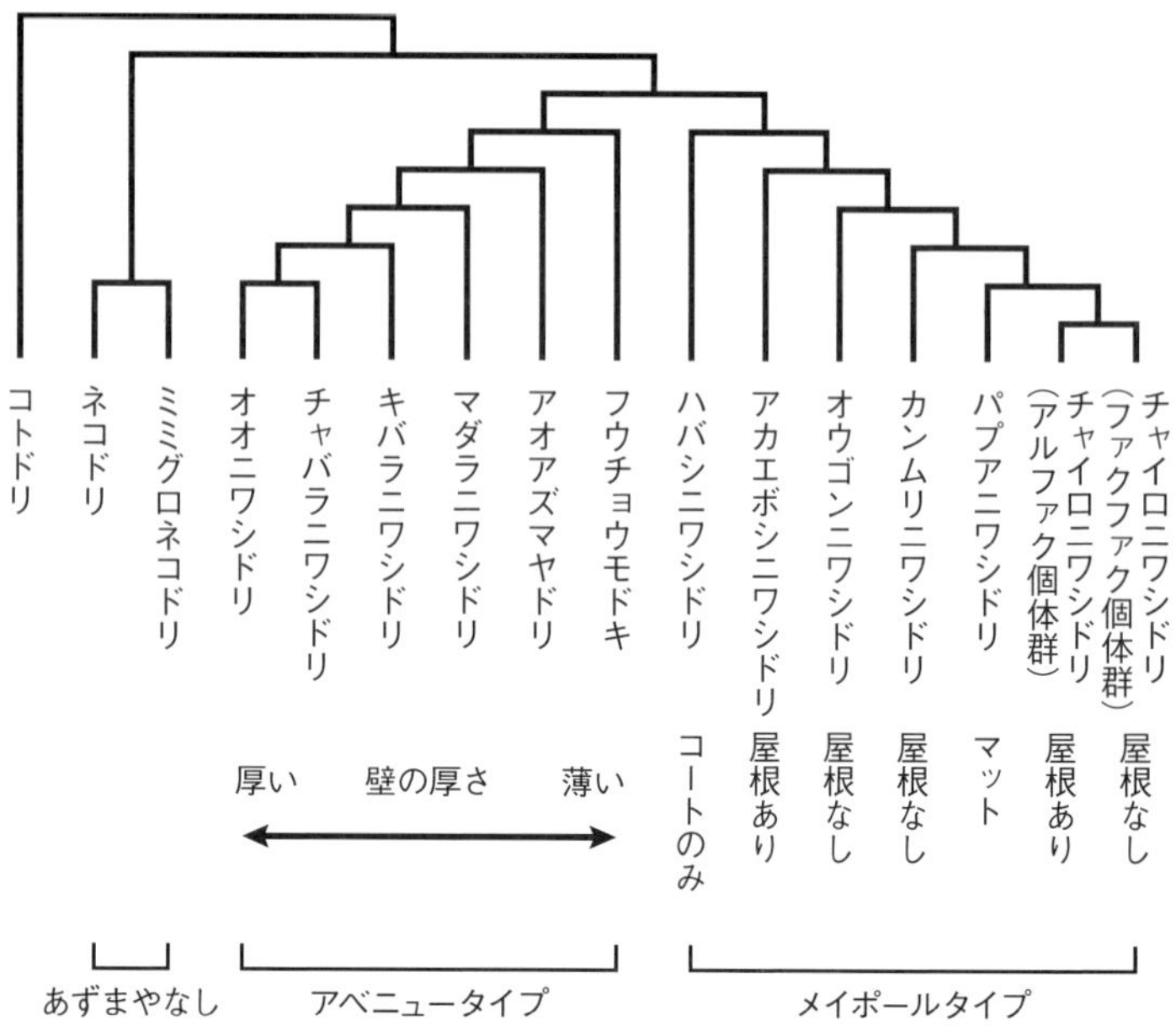

図6・3　ニワシドリ類の分子系統樹とあずまやタイプ（江口（2010）を改変（Kusmierski *et al.*（1997）より）．許可を得て転載）．

れた一本の木である。ヨーロッパでは古くから、春の訪れを祝う祭り（メーデー）があり、その日には森から切り出した木を広場の中央に立てて飾り立て、その周りで踊る風習がある。この広場に立てる木をメイポールと呼ぶが、メイポールタイプのあずまやは、このメイポールのように、求愛場所の中央に残された小さな灌木をコケや小枝などで飾り立てたものである（図6・2）。

両タイプは、八属二〇種に分けられるニワシドリの分類学的な系統と一致していて、ニワシドリ類の進化の早い時期にこの二つのあずまやを造る系統が分かれたと考えられている（図6・3）。あずまやは簡素なものから大変複雑で大きなものまでさまざまな変異がある。特に、メイポールタイプのあずまやは、ハトくらいの鳥が一羽で造ったことが信じられないくらいに、たくさんのコケや小枝から造られ壮大である。ニューギニアに棲むチャイロニワシドリのあずまやは、人間が造る少し小さめの円錐状の茅葺きの小屋のような形を

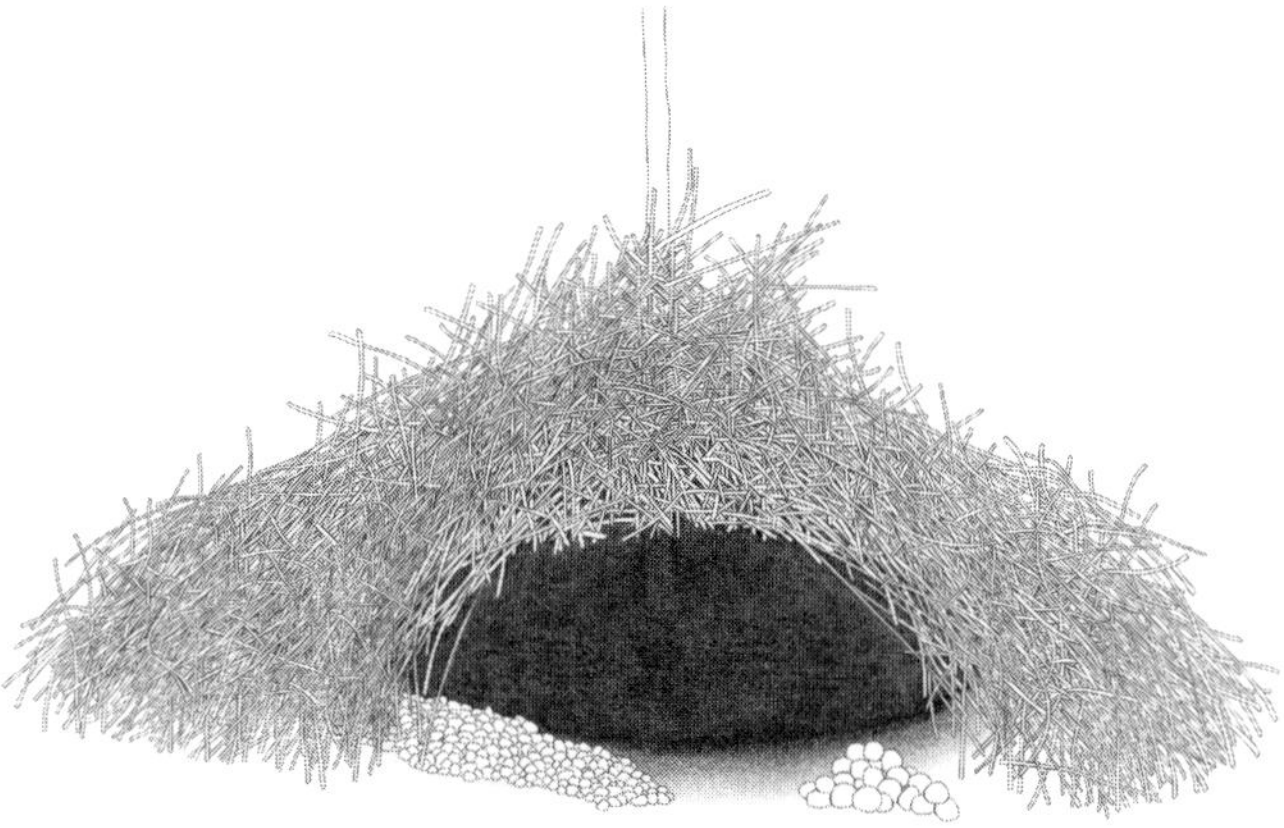

図6・4　チャイロニワシドリのあずまや（描画：勝野陽子）.

しており（図6・4）、最初にニューギニアにやってきたヨーロッパ人はこのあずまやを見て、鳥が造ったものとは考えずに、この土地には小人が住むと母国に報告したと伝えられている。アベニュータイプのほうも壁が薄く枝が疎らなものから、オオニワシドリのように壁が厚く枝の密度が高いあずまやを造るような種へと連なる系統を示している。

あずまやはあずまや本体だけではなく、その周りにさまざまな装飾物が並べられることでも特徴的である。チャイロニワシドリは赤、青、オレンジ色などさまざまな色の木の実を集めてきては、あずまやの入口付近に並べるが、それぞれ、同じ色ごとに分けて山を造る。有名なアオアズマヤドリは、濃青色のインコの羽根や木の葉を集めるが、羽根はそれほどあちこちに落ちていることはないので、たくさんは集めることができない。そこで、人家近くに棲むオスは、洗濯ばさみ、ストロー、プラスチックのスプーン、ペットボトルのふたなど、どれも青い色の人工物をたくさん集める（口絵2）。

オオニワシドリやマダラニワシドリは、白いカタツムリの殻、動物の白い骨、白や灰色の小石、緑の木の実、黒いカンガルーの糞、それに、緑や透明のガラス、灰色のアルミ片などを大量に集める（図6・1）。私たちはオーストラリア北部準州のダーウィンの近くでオオニ

図6・5　オオニワシドリ（撮影：勝野陽子）.

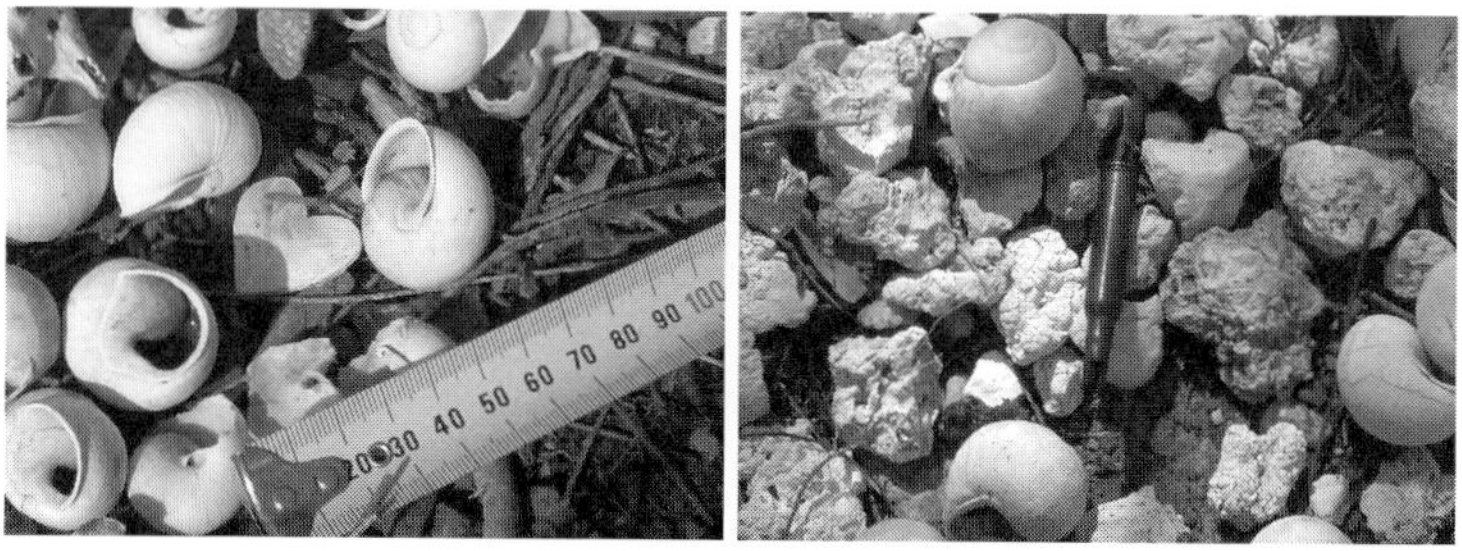

図6・6　オオニワシドリのあずまやに置かれたハート型ブローチと機関銃の薬莢.

ワシドリの研究を行ったが（図6・5）、変わった装飾物としては、機関銃の薬莢（調査地は、第二次世界大戦中に軍用の空港になっていた）、貝で作ったハート型のブローチ（まさか、オスがメスにプレゼントしようとしたのではないだろうが）などがあった（図6・6）。

あずまやの機能

ほとんどの種では、オスは日中の多くをあずまやの近くで過ごし、しょっちゅう声をあげてメスにあずまやの位置を知らせている。アオアズマヤドリのように多くの鳥の声をまねる習性を持つものがいる一方、オオニワシドリのような、かすれた「ゲー。ゲー」というような悪声の種もいる。

図6・7　オオニワシドリの求愛ディスプレイ．あずまや内にメスがいる．オスは入口で木の実をくわえて頭を上下する．

メスがやってくるとあずまやの近くでダンスをしながら求愛する。ダンスをする位置とメスの位置はあずまやの形によって異なる。中央にメイポールを持つタイプの種では、メイポールを間に挟んでメスと向かい合ってダンスをする。チャイロニワシドリは小屋のようなあずまやの前に広がるコートでさえずっているが、メスがくるとあずまやのなかに引っ込んでそこでディスプレイをする。アベニュータイプのあずまやを造る種ではどれも、メスはあずまやの壁と壁の間に入り、オスはあずまやの入口付近でダンスをする。メスはこのダンスをあずまやのなかから見物するわけである（図6・7）。しかし、マダラニワシドリだけは入口ではなく、壁の横でダンスをする。というのも、マダラニワシドリのあずまやは他種のものと異なり、壁の中央付近が薄くなって、外を見通すことができる。メスはこの薄い壁を透してオスのダンスを見ることになる。

もっとも原始的なタイプと考えられているハバシニワシドリの求愛舞台は、木の葉を並べたコートで、あずまやはない。ここで、ダンスをしてメスに求愛できるのであれば、あずまやはなんのために必要なのだろうか？　現在のあずまやを見ると、どれも立派で、オスないしメスが身を隠すこともできそうな構造をしている。このことから、あずまやは求愛中に接近する捕食者からオスないしメスの

図6・8　あずまやの進化：強制交尾防御仮説．1）最初はオスの強制交尾を妨げる障害物としての若木（メイポール）があった，2）メイポールを飾り立てることで，メスの来訪が増えた，3）飾り立てがエスカレートするとともに，メスの来訪が増えた．

身を守る機能を持つことから進化したという考えが浮上する。しかし、実際の観察によれば、求愛中にオスないしメスが捕食者に襲われることは非常に稀なことがわかっている。

むしろ、もっと簡素なあずまやならばどうだろうかと考える必要がありそうである。一本のメイポールの周りにコートのあるカンムリニワシドリのあずまやは進化初期のあずまやの形態に近いと考えられる。本種の求愛行動が初期のあずまやの機能を示唆するかも知れない。本種のオスはメイポールの反対側にいるメスに向かって突進したり退いたりするダンスを見せる。ニワシドリ類の求愛ダンスでは、オスは激しく体を動かして、前進したり後退したり、また、両翼を広げて体を前掲させてゆっくり前進するといった、同性の場合であれば威嚇動作と共通する行動的特徴を持つ。そのような激しい求愛ダンスからメスが身を守る装置としてあずまやがあると考えられている(図6・8)。メスはこのようなあずまやの存在により、安心してコート内に滞在してオスのディスプレイを観察し、オスを評価することができるというものである。怖いけれども、このオスには興味があるという、メスの心理だろうか。

一度、このようなメスの安全装置としてのあずまやの機能が確立すると、その後は、「ランナウェイ」と呼ばれる現象が起きる。つまり、もともと、簡素な立ち木があるだけで、メスの安全装置と機能していたあずまやに、いろいろと装飾物をつけ加えることで、メスの安心感をより高めて、メスの滞在を長引かせるようになると、装飾物を多く付加されたあずまやが交尾成功を高め、そのうちに多くの装飾物を付加すること自体がメスの選好の対象になるというように、もともとの機能から外れて二次的に生じた機能（多くのメスを引きつける）が一人歩きするようになる（ランナウェイ）と考えられる（図6・8）。現在のあずまやの壮大さ、複雑さなどはすべていかに多くのメスを引きつけるかということに関連して進化してきたものである。

交尾成功の決め手　あずまやの構造

オスにとっては、あずまやによってどれだけ多くのメスを引きつけて交尾成功を高めることができるかが重要なのである。となると、どのようなあずまやの特徴が交尾成功と関連しているかということが研究者の興味を引きつける。現在のニワシドリ研究のほとんどはこのテーマに関連している。しかし、ニワシドリの仲間でこの分野の研究がなされているのは、アオアズマヤドリやオオニワシドリ、マダラニワシドリなどアベニュータイプの数種だけで、他のニワシドリ、特にメイポールタイプのあずまやを造る種ではほとんど研究はない。

交尾成功とあずまやの特長との関係を調べるに当たって、研究者はあずまや本体の構造とその周辺に置かれている装飾物の質と量に注目した。アオアズマヤドリでは、構造的にはあずまやの立派さ、つまり、あずまやを入口のほうから見たときの構造が左右対称であること、壁を造っている小枝が密に組み込まれていることなどが重要である。左右対称性の高いあずまやを造るには、組み立て手順を理解し、対称性を判断する基準を持つという高度な認知能力を必要とする。そのような、オスの知性がメスの選択基準にあったのかも知れない。しかし、私たちが調べたオオニワシドリでは、左右対称性よりも、壁が厚く、壁と壁の間のアベニューが狭いあずまやほど交尾成功が高いことがわかった。オオニワシドリの場合は後に述べるように、あずまやが直接的にオスの求愛行動を左右し、メスの選択に影響しているものと考えられる。

あずまやには、その立体構造以外にも、表面の質的な特徴がある。アオアズマヤドリやマダラニワシドリは、木の実をつぶしたり、木炭を砕いて唾液と混ぜるなどして、あずまやを構成している小枝の表面に色を塗る習性が知られている。アオアズマヤドリの「ペンキ塗り」では、ペンキ塗りの頻度が高いあずまやほど交尾成功が高いことがわかっている。オオニワシドリでは、壁を構成する小枝は灰褐色と赤の二つの系統のものが用いられるが、この二色の小枝を組み合わせることで、どのような効果があるのかはわかっていない。どの種でも、メスはオスがいないときにあずまやを訪れるとあずまやのなかに入り、あずまやの壁にくちばしを当てるようにして、壁を点検しているような仕草を見せる。塗装面の化学的媒介物なのか、小枝のつまり具合か、壁の頑丈さか、どのようなものかはわからないが、メスはあずまやの点検をしているのだろう。

交尾成功の決め手　装飾物の質と量

装飾物は、種ごとに、集められる物質が決まっている。そして、そのうちの特定の物質の量が交尾成功に影響することがわかっている。アオアズマヤドリでは濃青色の物質で、特にインコの羽根のような手に入れにくいものが多いあずまやほど交尾成功が高いという結果が得られている。マダラニワシドリでは、あずまやの中のアベニューに置かれる緑色の木の実の量が重要で、量が多いあずまやほど交尾成功は高い。オスはこの木の実をくちばしにくわえて、メスのほうに突き出すようにする。

オオニワシドリでもオスは緑色の木の実をくわえて頭を激しく上下させながらディスプレイをするが、緑色の物質の量が交尾成功に影響するという結果は得られていない。ディスプレイのためには必要だが、入口付近に数個あれば十分という程度である。マダラニワシドリでも、装飾物の量が重要だとしても、多ければ多いほどいいかというとそうでもないようで、人為的にそれぞれのあずまやにある木の実の量を増やすと、オスは増やした分の木の実を排除する。木の実が多量にあると周辺にいるオスの侵入が増えて、その際に、あずまや壊しなどが起きる。そのために、装飾物過剰なあずまやはかえって不利になるようである。

アオアズマヤドリのオスは、薄い緑色に斑点のあるメスとまったく異なり、全身あざやかな群青色をしている。装飾物の濃い青はオスの羽衣の青色の効果を高めるか、または、羽衣の代替物としてメスにアピールするものであると考えられている。これに対して、マダラニワシドリやオオニワシドリは、羽衣の性的二型はなく、雌雄とも灰褐色を基盤にした地味な色をしており、緑色は羽衣には含まれていない。

なぜ、その装飾物が選ばれるのかという説明の一つに、周辺に稀なもの（いわゆる、「レア物」）を集めることはオスの質の指標となっているという考え方がある。たしかに、アオアズマヤドリの集める青い羽根は、アカクサインコの羽根でこれはどこにでも落ちているというわけではない。また、ニューギニアにいるパプアニワシドリの集めるフキナガシフウチョウの長い冠羽はこのフウチョウのオスが頭に一対だけ持っているものなので、非常に稀で、手に入れるのは困難である。レア物を持つパプアニワシドリの交尾成功が高いかどうかはわかっていないが、このフウチョウの羽根が見つかったのは調査された二四ヶ所のうち大きさがトップクラスのあずまや六ヶ所だったということなので、優れもののオスかも知れない。

一方、マダラニワシドリではむしろ周辺の環境中に稀でない物質が集められる。オオニワシドリでも、生息地は乾燥地帯でカタツムリの殻を大量に集めることは容易ではないが、代わりに、白い小石（漆喰の塊などもある）が大量に集められているあずまやもある。アオアズマヤドリでもインコの羽根が利用困難なところでは人工物が集められる。

なので、装飾物は必ずしも「レア物」ではないといえるかも知れない。それとも、プラスチックの発明が人間社会での価値観に変化をもたらしたように、ニワシドリの社会でも、昔の貴重品が今ではありふれたものとなったのだろうか。代替の人工物と自然物では交尾成功の違いがあるかどうかは興味深いところであるが、実験はなされていない。価値の違いはどうあれ、人工物の利用はニワシドリ社会に大きな革命を起こしたのではないかと思える。

装飾物の選好性

種ごとに集める装飾物の色が決まっていると述べたが、そのような色の選好傾向が、確かにオスが環境中から特定の色だけを選び出しているのか、環境中で利用できる色に限りがあるのかは、実験的に確かめられる。チャイロニワシドリのあずまやにさまざま色のポーカーチップを置いたところ、白と黄色が排除された。アオアズマヤドリは赤系統の色を排除する。オオニワシドリのオーストラリア東部に棲息する個体群で、さまざまに着色したチョークをあずまやに置き、選好性を調べた実験では緑、青、赤が取り込まれて、黄色が排除された。一方、私たちが研究したオオニワシドリの西部個体群では少し違う結果が得られている。

オーストラリア西部の北部準州のいくつかの地域で調べたところ、あずまやに置かれる装飾物で白や灰色のもの以外で多いのは緑だけで、赤、青、黄色のものは見られない。そこで、さまざまの色をあずまやの近くに置いたところ、取り込まれたのは濃い緑だけだった。おもしろいのは、おそらく色により好き嫌いの程度が大きく異なるのだろうか、オスの色物の処理の仕方に違いが見られた。あずまやから一メートルほど離れた場所に赤、青、緑、黄色のポーカーチップを置いたところ、青や緑は手つかずに最初に置かれた場所にあったが、赤と黄色はあずまやから遠くへと動かされていた（口絵3）。

ニワシドリはいつもあずまやの周辺の装飾物を置く場所（プラットフォームという）を掃除したり、装飾物の場所を少し入れ替えたりする。そこで、赤、青、黄緑、深緑、黄色のプラスチックをプラットフォームの上に置いてビデオで撮影したところ、赤は真っ先に、次いで黄色を取り除き、最終的には深緑だけが最初にプラットフォームに置いたままの状態で残った。その排除の場所も、赤や黄色はわざわざ数メートル以上離れた場所まで持っていき、青や黄緑はプラットフォームのすぐ外にぽいと放り投げる程度であった。

鳥類の色の好みについてはいろいろと研究報告があるが、嫌う色があるということを示した実験的な研究は稀である。なぜ、嫌う色があるかということに対しては、背景の色環境に近い物が排除されて、目立つ色が好まれると説明されている。

オオニワシドリのオスはディスプレイのときに、後頭部にある濃いピンク色の羽毛を広げてメスのほうに見せつけるようにする。このときに口には緑色の木の実をくわえているから、顔を挟んでピンクと緑の互いに補色関係にある色が上下に振られるようにメスには見える。補色同士ということはこの組み合わせがよく目立つということである。このような、ディスプレイの効果と緑の木の実（ソテツである）はどこででも手に入るということが、緑が装飾物として選ばれる理由だろう。緑のガラスはワインボトルのかけらで、これもオーストラリアで人が住んでいるところではどこでも見つかる。

嫌いなものの排除実験ではおもしろい行動が観察された。オオニワシドリは色の好みに個性があるだけでなく、幾何学趣味とでもいえそうな、ユニークな個体に出会った。他の個体は排除した色物を倒木の下などに隠すように置いたり、多数の色物を山と積んだりするが、この個体は同じ色を等間隔に並べる習性があるようで、排除された青プラスチックをほぼ一メートルおきに直線上に、赤を三〇センチメートル間隔、水色も同様でやはり直線上に並べていた（口絵4）。

図6・9　オオニワシドリの装飾物配置．上方があずまや．

装飾物の並べ方

オオニワシドリのプラットフォームを上から見ていると装飾物はでたらめに置いてあるのではなく，配置にパターンがあることに気づく．すぐに思いつくことは，色ごとに配置を変えているのではないかということである．プラットフォーム上では白と灰色の装飾物が広い面積を占めているが，灰色があずまやに近いほうに，白は灰色の外側に置かれている．その他の色物では，緑があずまやの入口の両側に，黒や茶色の装飾物は少なくて，プラットフォームの縁に散らばっている（図6・9）．つまり，色の層状分布があるということである．

偶然ではないことを確かめるために，これらの装飾物を全部取り去って，あずまやの近くに山積みにしておくと数日以内にプラットフォーム上に戻されるが，色の配置パターンは除去前とほとんど変わらず，灰色が内側，白色が外側，緑は入口の両側に配置された．この結果は，おもしろいのであるが，なぜ色の配置がこのようになるのかというのが，十分に説明はできない．緑が入口近くに置かれるのは，緑の装飾物が求愛ダンスのときに使われるので，オスがすぐに持ち上げることができる位置に置かれるということはわかる．でも，灰色と白色の位置が決まっていることの説明ができない．

一方，色の配置ではなく，装飾物の大きさがあずまやに近いほうから離れ

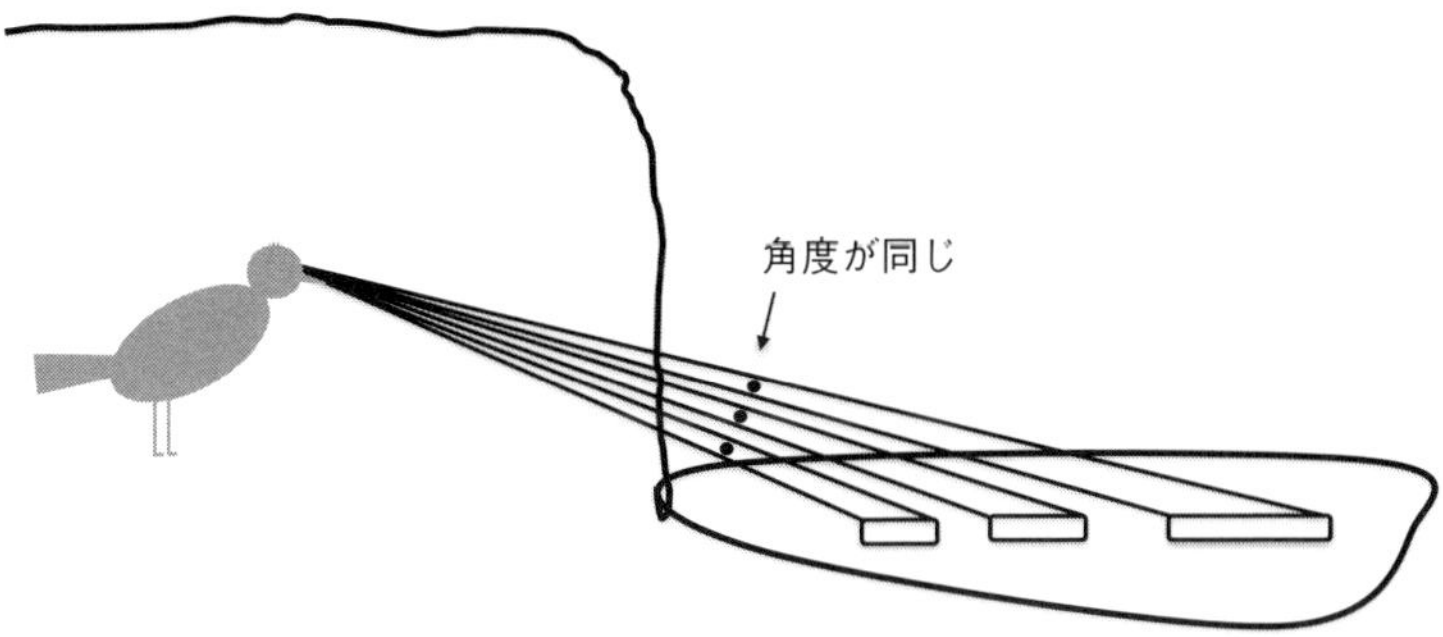

図6・10　あずまやから装飾物を見たときの遠近感の錯誤．手前から小さいものから順に並ぶとどれも同じ大きさに見える．

るに従って大きくなるように配置されているという研究結果もある。メスはあずまやのなかからオスのいる外側を見ることになるが、あずまやの壁が邪魔になるので見える範囲が限られる。その限られた視野のなかで、小さな物が近くにあり、大きいものが遠くに配置されていれば、メスがあずまやから見たときには、近くのものと遠くのものの大きさの違いが小さくなったように見えて、遠近感の錯誤が起きる（図6・10）。そのような状態でオスが入口付近で緑の装飾物を持ってディスプレイすると、装飾物やオス自身が実際より大きく見えて、メスのオス選好に影響するという解釈である。装飾物の配置を逆にしても、オスはすぐに以前のような配置に戻す。また、小さいものから大きいものへの配置が巧みなオスほど交尾成功が高かったという結果も報告されているが、この結果については再実験の結果で否定的な見解が示されている。

私たちの個体群では、小石とカタツムリの殻の両方を同程度に使ったあずまやでは、小石が内側、貝殻が外側に置かれるが、それは小さい灰色の小石が内側で、大きくて白い貝殻が外側にということなので、色が重要なのか大きさが重要なのかわからない（図6・9）。一方、ほとんど貝殻ばかりのあずまやでは大きさに違いはなく、灰色の貝殻ほど内側に置かれており、色のパターンのほうが重要なように見える（図6・11）。大きさのグラデーションという見方は、錯覚という実際に生じうる現象によって説明が可能

図6・11　オオニワシドリの装飾物配置．上方があずまや．左は白い貝殻だけ．右は白と灰色の貝殻，灰色はあずまやよりに．

な点は有利であるが、色にしろ大きさにしろ、はっきりと交尾成功に影響したという証拠が必要である。

あずまやの方向

あずまやのもう一つの構造的特徴として、壁の向きが一定の方向を向いていることがある。アオアズマヤドリでは多くが南北、マダラニワシドリでは東西方向を向いている。両種の違いは、先に述べたオスのディスプレイ位置の違いによる。解釈として有力なのは「最適照明仮説」というべきものである。オスは午前中の早い時間帯や夕方近くに頻繁に求愛活動をするが、これらの方向性を示すあずまやの入口や壁の横にオスが立ってディスプレイするときに、メスから見てオスへの光の当たり具合が最適で、ディスプレイしているオスをもっともはっきり見ることができるというものである。アオアズマヤドリの場合、もしアベニューが東西を向くようにあずまやが配置されていると、朝も夕方もオスは太陽を背に受けるかあずまやの影のなかに入ってディスプレイすることになり、メスからはよく見えないということになる。オーストラリア東部のオオニワシドリでは、北北西－南南東という方向が多いと報告されている。これも、最適照明仮説で説明できる（図6・12）。

ところが、もっとも北に位置するオオニワシドリの西部個体群では、北東－

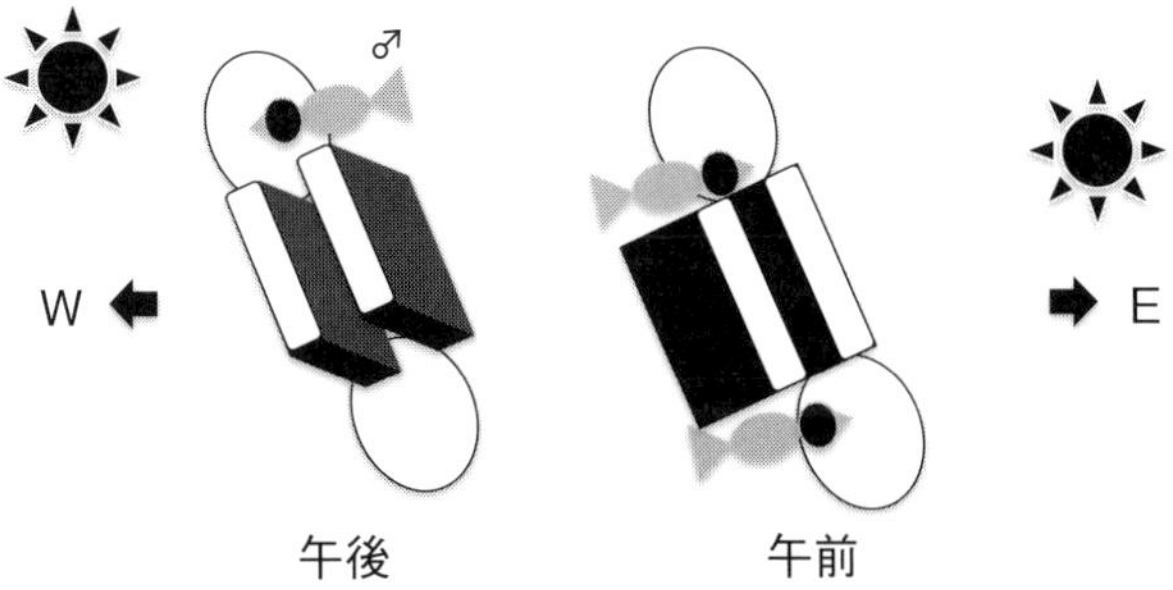

図6・12　オオニワシドリ東部個体群での最適照明仮説の説明．黒塗りつぶしは日陰部分．午前中は南北両方の入口で光条件良好．午後は北側のみ良好．

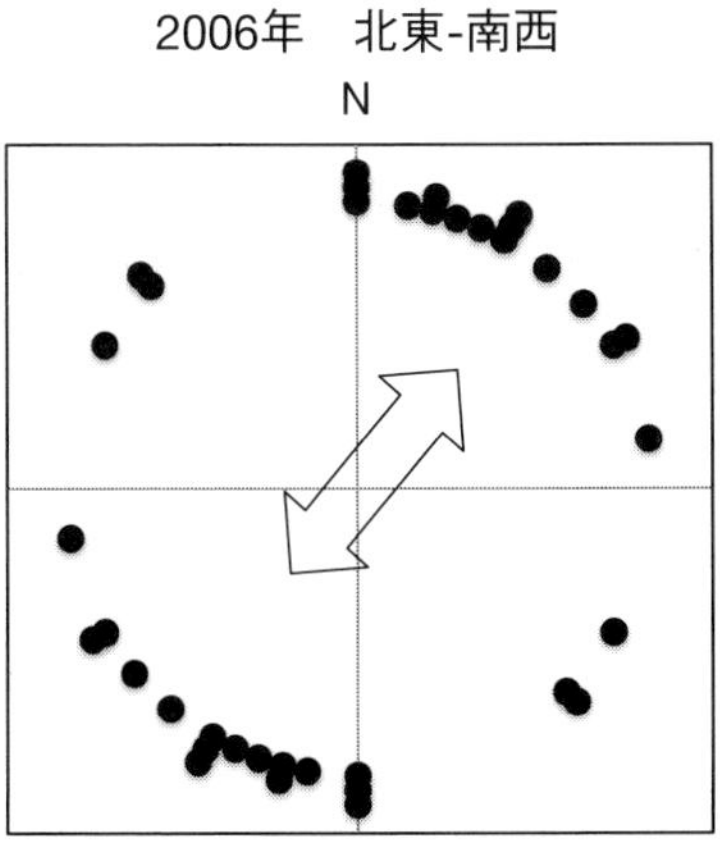

図6・13　オオニワシドリ西部個体群のあずまや方向（江口・勝野準備中）．

南西方向のあずまやが多い（図6・13）。これでは、朝方、オスは逆光のなかでディスプレイすることになり、最適照明仮説では説明できない。それまでの研究のどれも、方向と交尾成功との関係は調べていない。私たちは、この点を明らかにしたが、驚いたことに、東側を向いたあずまやのオスほど交尾成功が高いという結果になった。また、オスもただただ逆光のなかに入るままになっているというわけではなく、直射日光の方向に応じて、北側と南側の入口を使い分けていた。やや西向きのあずまやでは北側の入口で、南北向きでは北側でも南側でも同等に使い、東よりを向くあずまやでは南側の入口を主に使うというように、日光が当たりやすい位置でディスプレイをす

図6・14　磁石シロアリの塚.

るということである。このように、オオニワシドリ自身はそのあずまやで光条件が最適になるようにディスプレイの位置を選んでいる。ということは、あずまやの方向は最適照明以外の理由で決定されているということになる。それがなにかということは今のところわからない。

同じオーストラリア熱帯に磁石シロアリと呼ばれるシロアリの仲間がいる。このシロアリは、大きな平たい墓石のような塚を造るが、この塚の向きがほぼ南北方向を向いている。すなわち、平べったい部分が東西方向を向いていることで有名で、そのために「磁石」という名前がつけられている。このシロアリは氾濫原のような場所に集中して分布するので、磁石シロアリの生息地では、どれも同じ方向を向いた墓石が並んだ墓地のような景観を見せている（図6・14）。

南北方向を向く理由として、朝夕の気温の低い時間帯（乾燥熱帯では、夜は冷え込む）に急速に塚の温度を上げるために、直射日光の当たる面積を最大にし、逆に、高温になる日中の日射面積を最少にするような方向になっているためと説明される。このシロアリの仲間はオーストラリア北部の東から西まで近縁な種が棲息しており、それぞれ、平べったい、方向の決まった塚を造るが、おもしろいことに、地域によって方向が少しずつ異なり、これが、オオニワシドリのあずまやの方向とまったく同様に、東部では北西－南東方向に、西部では北東－南西方向にというように方向が決まっている。この、方向の地理的変異傾向の理由として、それぞれの地域で卓越する東風の強さと関係しており、風の強い東海岸では塚の東側面の温度を維持するために、日射を受ける時間が長くなるよう西に少し偏った向きに、西部地域では風が弱いので、温度が上がりすぎないように東向きに偏っていると説明されている。

オオニワシドリは日中の暑い時間帯には求愛行動はせずに、林内で採餌しているか休んでいる。磁石シロアリ同様に、温度調節と関係しているのではないだろうか？　あずまやは日射の遮蔽が少ない疎林のなかか、遮るもののない開けた場所に造られるので、朝方の直射日光があずまやの壁に垂直に当たればあずまや内の温度は高くなる。調査地内はあまり強い風は吹かないので、求愛活動の盛んな日の出後から午前中半ばまでは、あずまや内の気温が上がり過ぎないように、照明効果をあまり減じない範囲であずまやの向きが東寄りになるのではないかと考えているが、どうだろうか。

あずまや壊し、装飾物盗み

オオニワシドリのあずまやは特に装飾物の量が多く、多いあずまやではカタツムリの殻だけで二〇〇〇個を超え、装飾物全体では五〇〇〇個を超える。これだけのものを集めるオスの努力量は大変なものだろう。私たち自身は小枝の量を数えたことはないが、二〇〇〇本を超えるという報告がある。あずまやは毎年造り替えられる。すぐ隣には前年までのあずまやが残っているので、あずまやの壁は新しく集めてきた材料で組み立てられることがわかる。さすがに、装飾物のほうは前年のあずまやで使った物を再利用する。ある日、あずまやがバッファーロー（アジアから移入され、野生化した水牛）に踏みつぶされてしまったが、一週間後には一〇メートルほど離れた場所に再建された。壮大なあずまやを造るチャイロニワシドリやオウゴンニワシドリなどは毎年使用されてそのたびに材料が追加されているが、それでも大変な仕事量であることに違いはない。

このように、あずまや造りには多くの努力が必要であるが、そのことによりオスの死亡が高まるなど、コストがかかっているという証拠はない。オオニワシドリでは一週間で新しいあずまやを造ることを考えると案外楽な仕事かも知れない。しかし、それでも、自身で努力せずに他人を利用するか、他人の努力の邪魔をすることでも競争で有利に立てる。ニワシドリではあずまや壊しと装飾物盗みがその「真っ当ではない生き方」の例である。

アオアズマヤドリではあずまやにある濃青色の羽根を人為的に除去すると交尾成功が低下する。また、他のオスのあずまやから装飾物を盗む行動も観察されている。盗んだ装飾物は自身のあずまやで使用するのだろうが、そうでなくても、他のオスの交尾成功が下がるということは相対的に自身の交尾成功は上がるということである。あずまや壊しも起きる。他オスのあずまやを壊すことは自身のあずまやを立派にすることにはつながらないが、相対的に自身のあずまやの精巧さの順位が上昇することにはなる。

マダラニワシドリでもオオニワシドリでもあずまや壊しや装飾物盗みが起きる。私たちの調査地で、建築直後の、まだ装飾物のほとんどないあずまやの側に他のあずまやから持ってきた貝殻を置いたところ、すぐにプラットフォーム上に取り込まれた。ところが、翌日再訪して見るとそれが二〜三個に減っていた。そこで、設置したビデオを見ていると、一羽のオスがあずまやにやってくるとあずまやの持ち主が横にいるにもかかわらず、やおら、あずまやを壊し始めて、挙げ句の果ては貝殻を盗んでいった。あずまや壊しをしたオスのあずまやは未発見だったので、近くを探したところ、二〇〇メートルほど離れた場所にあずまやを発見した。そこには、造り始めのあずまやから盗んできた貝殻がたくさん置かれていた。

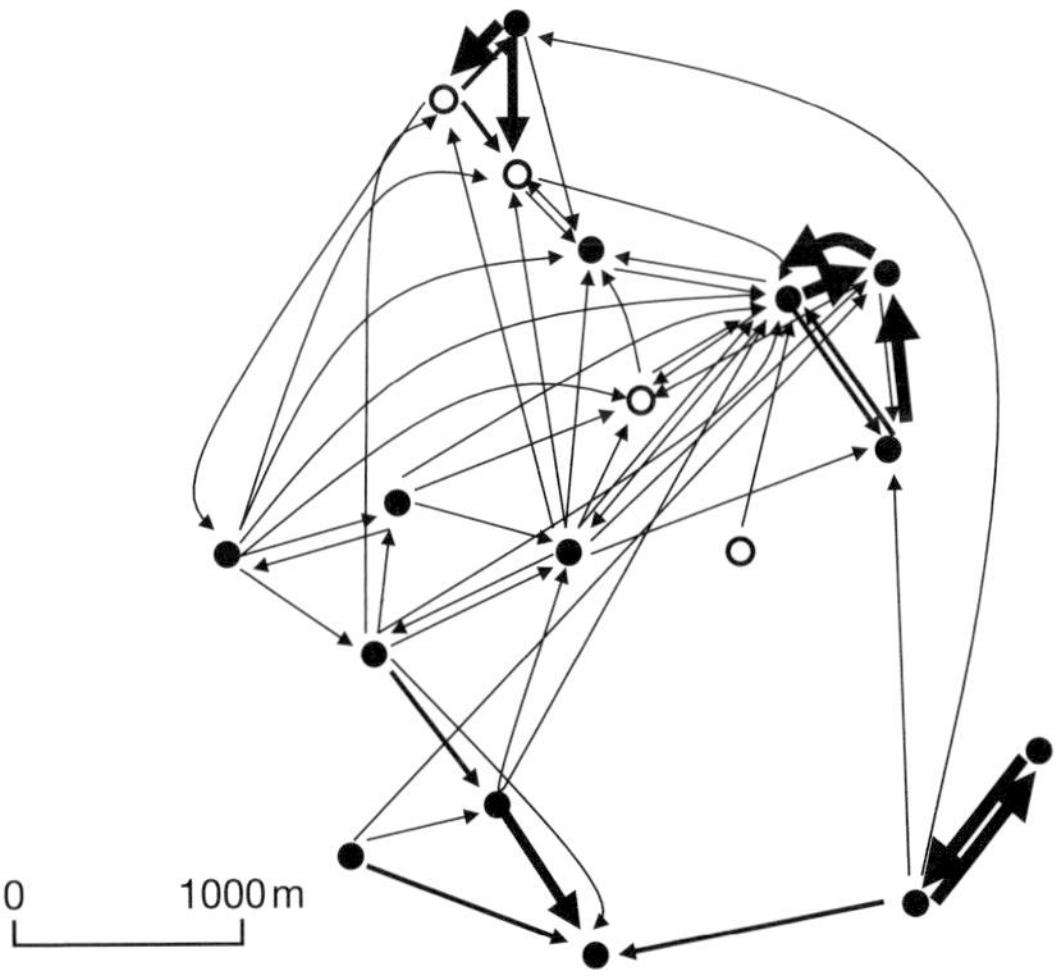

図6・15　オオニワシドリの装飾物の盗み―盗まれ関係（江口（2010）より．許可を得て転載）．丸印はあずまや，矢印の太さは貝殻の移動頻度を表す．白丸は発見が新しいために過小評価の可能性がある．

あずまや壊しや装飾物盗みの頻度は種によって異なり、マダラニワシドリやオオニワシドリでは比較的少なく、アオアズマヤドリやチャイロニワシドリでは頻度高いことが知られている。チャイロニワシドリでオスを一時的に除去すると数時間のうちにあずまやが完全に壊されてしまう。他オスによる干渉頻度の違いは、通常、隣接あずまや間の距離の大小による。私たちの調査地では、あずまや間は七〇〇メートル以上離れており、距離が五〇〇メートル以下のあずまや同士では頻繁に貝殻の盗み‐盗まれ関係が生じているが、距離が離れていれば貝殻の移動はほとんどない（図6・15）。

あずまや間距離の近いアオアズマヤドリでは装飾物盗みやあずまや壊しが起きるが、干渉する頻度の高いオスは干渉を受ける頻度も高いことが明らかになっている。それでも、あずまやの立派さや装飾物の量を維持するオスがいることは事実である。このようなオスはあずまや維持能力だけではなく、維持能力を担保するだけの他の面での能力（短時間で採餌できて、防衛に多くの時間を割けるなど）や遺伝的な質が高いと推察される。このことから、立派なあずまやや多数の装飾物はオスの質の高さを示す指標となり、メスはこの指標をもとにオスを選んでいるという「マーカー仮説」または「インディケーター仮説」と呼ばれる仮説が提唱されている。

オスは交尾以外にはまったく繁殖には関与しない。メスは交尾後にあずまやからそれほど遠くない場所に巣を造り、産卵後に抱卵、育雛、巣立ち後のヒナの世話という繁殖のための仕事をすべて単独で行う。メスがオスから受け取る恩恵はオスの遺伝的質だけだといえる。このような状況ではメスはオスの選択に慎重になると考えられる。構造が立派なあずまやや特定の装飾物の量がメスの選り好みに影響しているのであれば、メスはあずまやがもたらす情報をもとにオスの質を評価しているという推測が可能である。オスの質の違いというのは具体的に測定されたものはないので、あいまいな概念である。それでも、現時点ではあずまやを指標としてオスの質を評価して選んでいるという仮説がもっともありそうなものといえる。

ニワシドリの求愛ディスプレイ

あずまやの奇妙さに目を奪われて、そちらのほうにばかり関心がいってしまうが、あずまやは求愛の舞台なので、そこではオスによる求愛ダンスが披露される。あずまやはメスを引きつける役目を果たしているが、そこでなされる求愛ダンスがオスの評価に重要であるという考えもある。ニワシドリの求愛ダンスには、メスに向かって前進後退を繰り返しながら頭を激しく上下させるという多くの種に共通したパターンがある。このときにオスは装飾物をくわえていることもある。オオニワシドリには翼を広げた前傾姿勢のままメスに近づくというダンスもあるが、これは前に述べたように、威嚇姿勢でもある。どの種においても、求愛ダンスは激しさをともなっている。私たちが調べたオオニワシドリの求愛ダンスでは、緑の木の実をくわえて頭を上下させるときに、「チッチッ」という声を発するが、こ

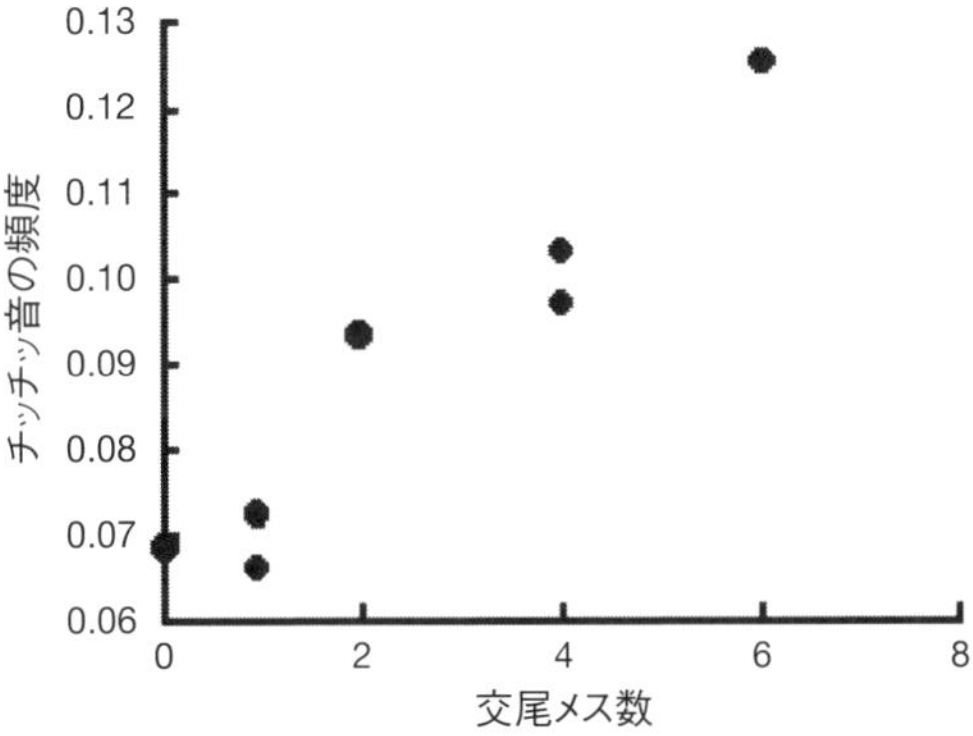

図6・16　オオニワシドリの音声ディスプレイと交尾成功（Okida *et al.*（2010）より．許可を得て転載）．

の声をディスプレイ中に頻度高く発するオスほど交尾成功が高いことがわかった（図6・16）。「チッチッ」音の頻度が高いということにもなる。メスは激しいダンスを上下運動がそれだけ激しいということにもなる。メスは激しいダンスをするオスを選んでいることになる。しかし、激しい動きはメスを驚かすことにもなる。驚いたメスはあずまやから立ち去ることもあるから、そうするとオスの求愛は失敗したことになる。

激しいダンスが好まれるのに、そのダンスがメスの立ち去りの原因になるとしたら、オスはジレンマに陥る。そこで、オスにはメスを立ち去らせないような工夫努力が必要になる。メスの反応を見ながらダンスのパターンなり激しさを変えるということである。観客の反応を見ながら演技に工夫を凝らす舞台俳優のようなものである。アオアズマヤドリのメスはオスのディスプレイの途中であずまやのなかでしゃがみ込む行動を示すことがある。観察では、しゃがみ込み行動がよく見られたメスほど、オスのディスプレイに驚くことが少なく、交尾まで進むことが明らかになっている。そこで、遠隔操作の模型を使ってメスのしゃがみ込み行動でオスのディスプレイがどのように変化するかを調べたところ、ディスプレイ中に模型メスがしゃがみ込むとオスはディスプレイの激しさを上昇させることがわかった。しゃがみ込みによって、メスはオスのディスプレイに驚いていないことをオスに伝えていると考えられている。

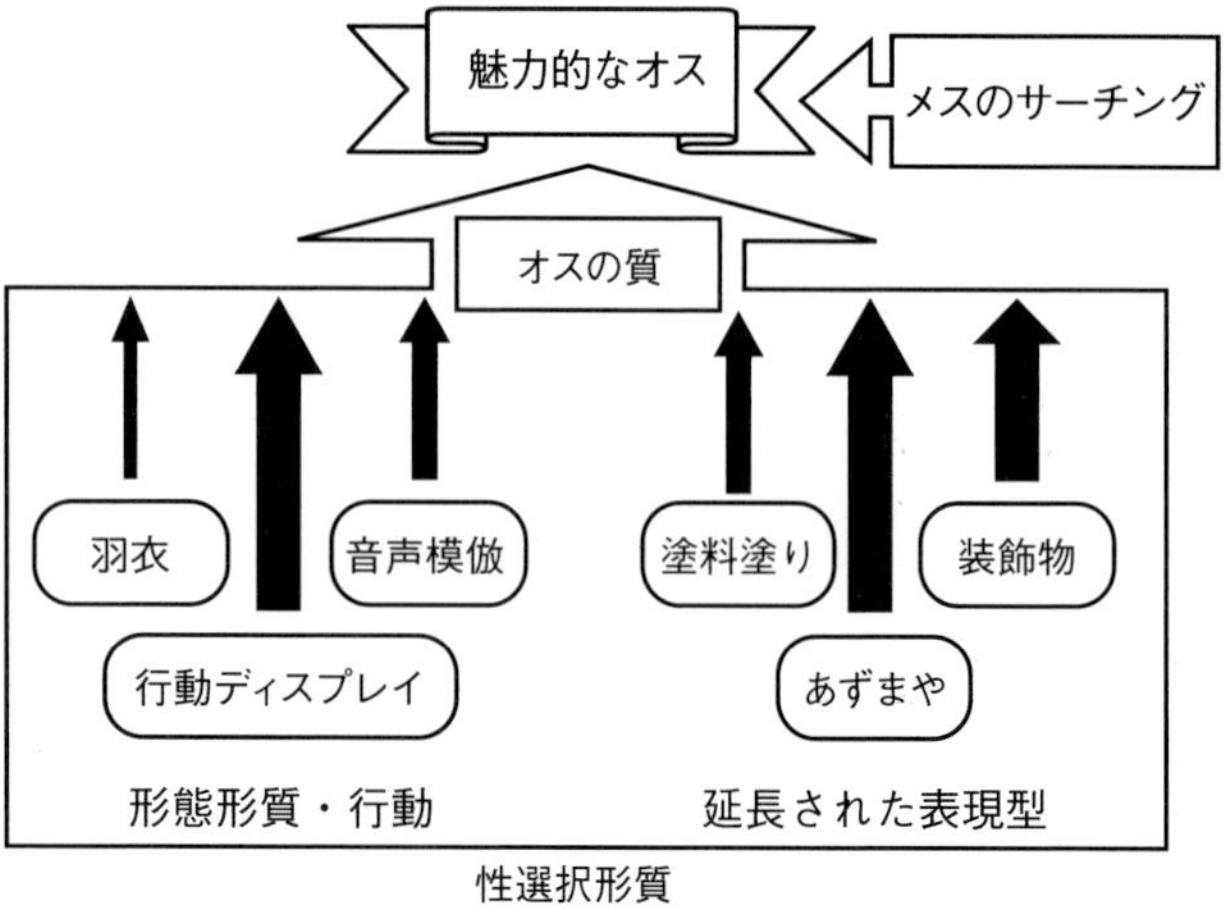

図6・17　ニワシドリ類の多要素ディスプレイを示す模式図（江口（2010）より．許可を得て転載）．ニワシドリのオスは形態，行動，あずまやを使って，多様なディスプレイを行う．メスはこの多要素ディスプレイによって，オスの質を精度高く評価できる．

オオニワシドリでは、メスがあずまや内でしゃがみ込むとオスは後ろに回って交尾姿勢に入る。このことから、メスのしゃがみ込みはオスを受容する合図だともいえる。

アオアズマヤドリのメスのしゃがみ込み行動は、装飾物が多く立派なあずまやで頻繁に観察される。立派なあずまやのオスはメスがあまり驚くことがないのでディスプレイの激しさを高める。このことは、メスは、まず、あずまやの立派さなどでオスを評価し、その次に求愛ダンスの激しさで最終的な評価をしていることを示唆している。一次試験は作品で、二次は面接でということだろうか。このような複数の求愛ディスプレイで行われる多要素ディスプレイはメスの選り好みの評価をより確実なものとするだろう（図6・17）。

激しい求愛ダンスという特徴は、現在のあずまやが持つ機能の一端をも説明する。メスはオスから遺伝子以外の利益を受け取ることはないので、オスを選り好みすると述べた。メスは交尾のためにあずまやを訪れるのであるが、そこで望まないオスから強制交尾されることは不利益にしかならない。初期のあずまやが強制交尾を避ける防御物となっていただろうということを先に述べた。防御物のある舞台を持つオスのもとだけにしかメスは訪れないとしたら、このような防御物を造ったほうがオスにとっても有利であろう。アベニュータイプのあずまやのなかに入って、あずまやの外にいるオスのディスプレイを見るということは、オスからの強制交尾のリスクを低くできる。そのようなあずまやの存在は、メスがすぐに退去しないということでオスに取っても意義があることにもなる。

オオニワシドリのあずまやはアベニュータイプのあずまやのなかでももっとも壁が厚く、頑丈で立派な構造をしている。私たちの研究で、壁が厚く、アベニューが狭いあずまやのオスほど交尾成功が高いことが明らかになった。アベニューは両側の壁の上辺部分が上を覆っているので、メスがアベニュー内でしゃがまない限り、オスはアベニュー内に入ってメスにマウントすることができない。交尾の決定についてはメスが主導権を持っているといえる。選ばれるあずまやはメスにとって強制交尾のリスクがもっとも低いものであろう。このように、オスはメスが安全にオスのディスプレイを観察できる観客席を提供することでメスの選択を求めているといえる。いわば、防御壁つきのプロレスのリングサイド席のようなものである。観客は激しい乱闘を望んでも自分が巻き込まれて怪我することは避けるだろう。そのような安全な席の需要は高いはずである。

メスによる最良オス探索

メスは交尾に受動的ではなく、あずまやや求愛ダンスを手がかりに積極的にオスを選り好みするが、選り好みのためには複数のあずまやを訪問する必要がある。このときに、メスはあらかじめ選ぶ基準を持っていて、その基準を満たすオスに出会ったら交尾するということではなく、なんヶ所かのあずまやを繰り返し訪問して最良のオスを選ぶというもののようである。

選択は三段階あって、まず、オスのいないときにあずまやを短時間訪れてあずまやの質を評価して、その次に、質の高い複数のあずまやを、実際にオスがいる状態で訪れて、ディスプレイを観察する。このときの観察は短時間で、すぐにあずまやを離れる。そして最後に、前の訪問から一週間ほど後に、前回訪れたあずまやの一部を訪れて、一個体ないし複数のオスと交尾する。前年に質の高いオスに出会ったメスは、翌年もそのオスと交尾するので、オス探索の時間は短くなる。多要素ディスプレイのなかでメスがどの手がかりに重きを置いているかはメスの年齢によって違いがあり、一〜二歳のメスはオスの激しいディスプレイに驚いてあずまやを離れることが多いので、装飾物の量で選ぶ傾向があり、反対に三歳以上のメスはディスプレイの違いでオスを評価する傾向が見られるそうである。このように、同じようにオスの質を伝える信号であっても、メスの繁殖経験によって、評価の手がかりが異なっていることがわかる。経験を積んだメスはオスの違いがわかる。

まとめ

ニワシドリのあずまや建築行動については、その情報の多くは数種の単一の個体群で得られたものに基づいている。最近では同種の異なる個体群での研究も増えてきて、従来の研究とは大きく異なる結果も多く見られている。地域的な違いは一種の文化と呼んでいいかも知れない。これまでの仮説が改められる可能性もある。しかし、なんといっても、まだまだ、研究されている種が少なく、特に、研究者が容易に近づけないニューギニアの高地に棲息するメイポールタイプのニワシドリではほとんど研究がない。しかし、ニワシドリの行動のおもしろさは研究者の興味を限りなく引きつけるので、数年後にはニワシドリの行動にまた新しい発見がもたらされるかも知れない。

第7章

親の手助け弟を世話し
―― 協同繁殖

ハシゴを使ってのハイガシラゴウシュウマルハシの巣点検.

鳥類では、親によるヒナの養育が不可欠である。ほとんどの場合、ヒナの養育はオス一メス一のつがいの二個体であるか、オスまたはメスの単独でなされる。ところが、ヒナの親ではない第三の個体が子育てに参加して、一つの巣で三個体以上、多い場合は一〇個体以上が子育てに参加している例もある。このような、自身の子ではないヒナへの養育が見られる繁殖様式を協同繁殖という。この定義が一般的であるが、鳥類は大きく開けられた口のなかに餌をつっこむという習性を持つことから、たとえば、コロニー内の他つがいの巣のヒナに餌を与えることが偶発的に生じることもあるし、まったく分類群の異なる動物への給餌は稀ならず観察される。そこで、さらに厳密にするため、個体群の一〇パーセント以上の巣でヘルパーが見られる種を協同繁殖種とすることで、偶発的な例を排除した定義が適用される。

協同繁殖とは

人間社会は協同社会なので、血のつながりのない子の養育が奇異の目で見られることはない。しかし、動物の世界は、自然選択のもとで進化的な利益がある形質が集団中に広がり、これが進化と呼ばれる。進化的な利益があるというのは、他の形質を持つ個体よりも多くの子孫を残すということであるから、子供を残さないという形質を次世代に引き継がせることはできない。社会性昆虫と異なり、脊椎動物の協同繁殖種で繁殖個体の手伝いをする個体（ヘルパーと呼ぶ）は、繁殖開始を遅らすということなので、まったく繁殖しないという形質を持っているわけではない。しかし、繁殖開始を遅らせれば、生涯に残す子孫の数は少なくなる可能性は高いので、このような形質が自然選択上有利であるとは考えられない。このパラドックスの解明が、鳥類の協同繁殖研究のテーマである。

理論的な解決は、ウィリアム・ハミルトンの「血縁選択説」で得られた。協同繁殖の典型は、非分散の子が親元に

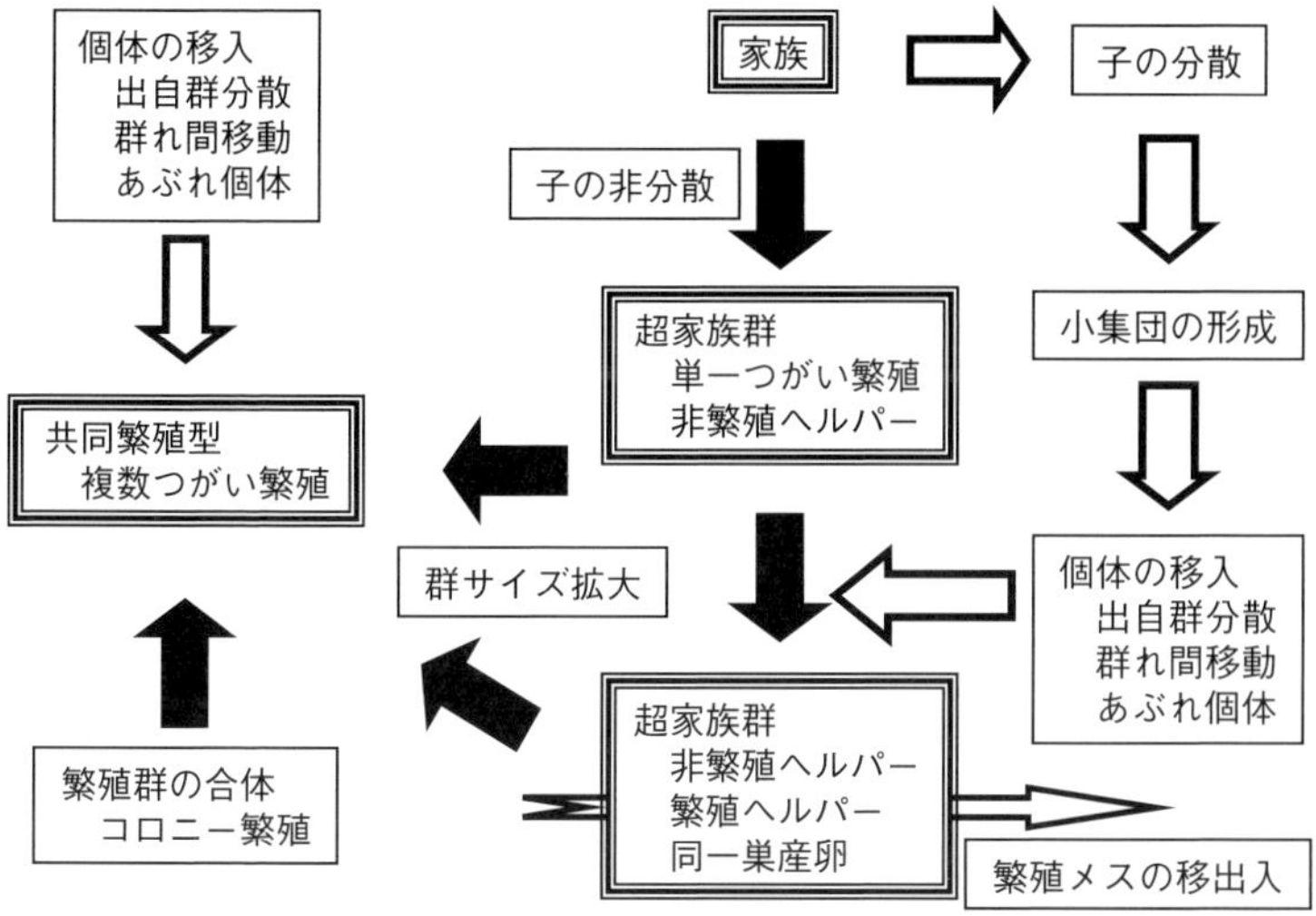

図7・1　協同繁殖の簡単な模式図．二重枠は協同繁殖の各様式，白抜き矢印は個体の移出入，黒矢印は群れ拡大や群れの合同を示す．

とどまって、兄弟の養育に携わるというパターンである。ヘルパーの養育手伝いによって、親が生産する子の数が増えれば、自身が繁殖しなくても、非分散、養育手伝いという形質は、血縁個体を通じて集団中に定着するということである。ヘルパーのほうは、自身が子を残すことで得る直接的な進化的利益ではなく、養育を手伝って血縁個体の繁殖成功を高めることで、血縁個体を通じた間接的利益を獲得していると説明される。たしかに、非分散の子が親の養育の手伝いをする種も多く、ヘルパーのいるつがいではヘルパーがいないつがいよりも多くのヒナを巣立たせる例も多く知られている。協同繁殖鳥類の野外研究は、ハミルトンの血縁選択説の実証を目的として進展したといえる。

協同繁殖が知られている鳥類種の数は、研究の進展とともに急激に増加している。一九八七年時点で、ジェラム・ブラウンは二二二種（全鳥類の二・五パーセント）の協同繁殖種を推計し、二〇年近く経った二〇〇四年には、一三〇種以上増えて、デビッド・リゴンとブレント・バートによる推計では三五八種に達した。その二年後に、アンドリュー・コバーンは生活史データが得られている全鳥類種について繁殖様式を調べ、その一一・九パーセント（確実なデータに基づくものは六一二種：近縁種からの推測を含めると八四科八五二種、九パーセント）が協同繁殖種であると認定している。二〇年で三倍ないし四倍に増えたことになる。特に、スズメ目では協同繁殖種が多く、繁殖様式の情報が得られている全四四五六種のうち五七七種（一三パーセント）を占めている。

協同繁殖のパターンもさまざまである。鳥類では、通常、子は次の繁殖時期までには親元を離れて分散独立するが、なかには子が親元にとどまり家族群を形成する種もいる。さらに、非分散の子が次の繁殖期を越えて親元にとどまり、親の繁殖を手伝う個体も現れる。協同繁殖で多いのはこのタイプである。しかし、非分散がヘルパーの起源とは限らない（図7・1）。スペインのハシボソガラスのヘルパーは非分散個体より移入個体のほうが多い。オーストラリアのスズミツスイは大きな群れを作り、ヘルパーの五割近くが繁殖つがいとは非血縁である。オーストラリアのオオツチスドリでは、群れ中に血縁をもとにした複数の「派閥」と呼ばれるサブグループが存在する。つまり、繁殖個体とは非血縁の個体がいるということである。同じく、オーストラリアのマミジロヤブムシクイでも、ヘルパーの半数以上は繁殖個体の少なくとも一方とは非血縁である。

非血縁ヘルパーが出現するのは、個体の移入が一般的であるが、それ以外にも、繁殖メスの頻繁な移動によっても生じる（図7・1）。この場合、ヘルパーオスにとっては、繁殖の機会が生じる。このように、群れが完全な血縁個体だけで構成されるという例は少ない。雌雄どちらの子が親元にとどまるかもさまざまである。多くは、オスがとどまり、両性ともがとどまる場合でもオスの比率のほうが高く、また、親元にとどまる期間が長い。両性がほぼ同等に親元にとどまる種は少なく、オーストラリアのハイガシラゴウシュウマルハシはその一例である。メスのみがとどまってヘルパーになる例は、セーシェルヨシキリやチャイロカケスなど限られた種にのみ見られる。しかし、分散する性の傾向は固定的ではないようで、二〇年以上研究が継続されているセーシェルヨシキリでは、研究初期には典型的なメスに偏った分散遅延が見られたが、最近ではオスが親元にとどまり、メスが分散する傾向が高まり、分散遅延の性差が見られなくなっている。これは、植生の遷移にともなう、なわばり間の質の格差が縮まったことによると説明されている。

協同繁殖のパターン

協同繁殖は親以外がヒナへの給餌に参加するという包括的な定義なので、協同繁殖種は多様な配偶様式を示す。この定義では、後に述べるように、ヘルパーも繁殖している例も含まれる。アンドリュー・コバーンは、ヘルパーの繁殖に注目して以下のように配偶様式を分類した（表7・1）。

可塑的多夫多妻と平等的一妻多夫では、非繁殖のヘルパーが存在せず、繁殖個体が同時に自身の子ではないヒナの世話もする（つがい外父性は想定せず）。一方、他のタイプでは多少とも非繁殖ヘルパーが存在する。非繁殖のヘルパーが存在する例だけを協同繁殖と定義する立場もある。配偶様式で分ければ、一夫一妻であるのが、ヘルパーつき一夫一妻と非固定的ヘルパー、一夫多妻ないしは多夫多妻であるのが、同一巣産卵一夫多妻、平等的多夫多妻、可塑的多夫多妻、複数メス繁殖で、一妻多夫であるのが、平等的一妻多夫、偶発的一妻多夫、隠れレックである。ただし、一つの類型のなかでも異なる様式が混在しており、さらには、種内、個体群内でも偶発的に異なる様式が出現することもあり、厳格な定義で分類できるものではない。以下に、各様式について簡単に説明する。

①『**ヘルパーつき一夫一妻**』(true monogamy with helpers)：一夫一妻つがいに非繁殖の血縁個体がついて手伝いをする、協同繁殖の典型であるが、ここでは、繁殖に失敗した個体がヘルパーとなり、血縁個体の繁殖を手伝う『転向ヘルピング』（redirected helping）も含んでいる。転向ヘルピングはエナガやチャカタルリツグミなどで知られ

表7・1　協同繁殖種における配偶様式の分類（Cockburn (2004) を改変）.

配偶様式	名前	配偶個体の数 ♂	配偶個体の数 ♀	営巣形態[1]	繁殖個体間の血縁度[2] ♂	繁殖個体間の血縁度[2] ♀	ヘルパーの性	代表種名
一夫一妻	ヘルパーつき一夫一妻	1	1	S	−	−	♂	ヨーロッパハチクイ エナガ
		1	1	S	−	−	♂	チャカタルリツグミ
		1	1	S	−	−	♂/♀	フロリダヤブカケス ワライカワセミ
		1	1	S	−	−	♂	ホオジロシマアカゲラ
	非固定的ヘルパー	?	1	S	L ?	−	♂	ミドリイワサザイ
		?	1	S	L ?	−	♂	マミジロヨシキリ
		?	1	S	L ?	−	♂	ヤツガシラ
一夫多妻	同一巣産卵一夫多妻	1	2<	J	−	H	♀	セーシェルヨシキリ
	平等的多夫多妻	2<	2<	C	L	L	♂/♀	ウシハタオリ
		2<	2<	J	H	H	♂/♀	ドングリキツツキ アマゾンカッコウ
		2<	2<	J	V	V	♂/♀	セイケイ タスマニアオグロバンバン
	複数メス繁殖	2<	2<	P	H	H	♂	ガラパゴスマネシツグミ
		2<	2<	P	H	H	♂	メキシコカケス
		2<	2<	P ?	L	L	♂	シロツノミツスイ
		2<	2<	P	H	H	♂	スズミツスイ属
	可塑的多夫多妻	2<	2<	P	L	L	♂	ヨーロッパカヤクグリ イワヒバリ ヒバリツメナガホオジロ
		2<	2<	P (C)	L	L	♂	オオハナインコ
一妻多夫	平等的一妻多夫	2<	1	S	H	−	♂	ガラパゴスノスリ オオトウゾクカモメ
	偶発的一妻多夫	2<	1	S	H	−	♂	サボテンミソサザイ属
		2<	1	S	V	−	♂	マミジロヤブムシクイ
		2<	1	S	L	−	♂/♀	アラビアチメドリ オオツチスドリ
	隠れレック	2<	2<	S (P)	H	H	♂/♀	ムラサキオーストラリアムシクイ
		2<	2<	S	M	−	♂	ルリオーストラリアムシクイ

[1]：J＝同一巣産卵；C＝コロニー産卵；S＝単一メス繁殖；P＝複数メス個別産卵
[2]：H＝高；M＝中；L＝低；V＝バラツキ大

ている。

②『**非固定的ヘルパー**』(unattached-helper systems)：ヘルパーがいくつかのなわばりを移動して手伝いを行うタイプである。ただし、これらは異なる配偶様式の寄せ集めで、オスヘルパーが複数の巣で給餌することだけが共通点である。表に挙げられた三例は、社会形態、配偶様式がそれぞれ異なり、手伝い行動の目的が将来のつがい相手の獲得か、手伝いの対象となるメスへの求愛かという点でさらに細分される。ミドリイワサザイでは、ヘルパーが養育したヒナと後に繁殖し、ヤツガシラでは、給餌行動は繁殖中のメスへの求愛行動と考えられている。

③『**同一巣産卵一夫多妻**』(joint-nesting polygyny)：一夫多妻のメスが同一巣に産卵して、他のメスと共同でヒナの養育をする様式と定義されている。ただし、この様式はセーシェルヨシキリでしか知られていない。本種のヘルパーメスは自身が繁殖することもあり、その際には、母親の巣に産卵して、自身の子と母親の子（自身の兄弟姉妹に当たる）の世話をする。しかし、ヘルパーメスは群れ外オスとの交尾により自身の子を受精させているので、なわばりオスがなわばり内の複数のメスと交尾するという通常の意味での一夫多妻ではない。

④『**平等的多夫多妻**』(egalitarian polygynandry)：両性とも親元にとどまりヘルパーとなる。群れ内に複数の繁殖オス、メスが存在し、オス同士は平等に父性を分かち合い、メスは同一巣産卵やコロニー営巣によって繁殖を分配する。しかし、このタイプはヘルパーメスが繁殖し、繁殖個体間に順位の差はないという共通点以外はかなり異なる配偶様式を示す。

ドングリキツツキがこのグループの典型で、メスは特定のオスとつがい関係を持たず、複数のオスと交尾し、複数メスが同一巣に産卵する。メス間に順位の差はなく、オス間には順位があるものの、優位オスは繁殖を独占できない。メス間では協同ばかりではなく、対立があり、卵落としや卵の埋め込みなど繁殖の妨害もある。ミゾハシカッコウや近縁のアマゾンカッコウなどは、複数の一夫一妻つがいが群れを形成し、同一巣に産卵する。ウシハタオリは巣が集合したコロニーで繁殖するが、一つの巣に複数のオスがいて、父性を共有している。また、ニュージーランドにいるセイケイは、血縁ヘルパーも繁殖しており、近親交配を避ける傾向が見られない。

⑤『**複数メス繁殖**』(plural breeding)：二〇個体ほどの群れを形成するが、繁殖単位は一夫一妻つがいで、つがいはそれぞれ自身の巣を造り繁殖する。オスが非繁殖のヘルパーであるが、移入も多いので非血縁ヘルパーの繁殖もある。つがい内やつがい個体とヘルパー間の血縁はさまざまで、その違いによりさらに四つに分類される。メキシコカケスでは群れ内でのＥＰＣの頻度が極端に高い（ＥＰＰは一かえりのヒナ（ブルードと呼ぶ）の六三パーセント、ヒナの四〇パーセント）。また、ニュージーランドのシロツノミツスイでは、群れ外のつがいオスやあぶれオスが強制交尾によりＥＰＣを達成する（ＥＰＰはブルードの八〇パーセント、ヒナの三五パーセント）。一方、クロガオミツスイやスズミツスイでは、ＥＰＣはなく、非血縁ヘルパーは将来の繁殖地位獲得目的で給餌すると考えられている。

⑥『**可塑的多夫多妻**』(flexible polygynandry)：ヨーロッパカヤクグリに典型的に見られる様式である。オス間に順位があり、優位オスは劣位オスを交尾から排除するので、父性獲得に差が生じる。一方、メスはオスの育雛給餌の協力を引き出すために、複数オスと交尾する。この社会形態では、配偶様式は安定せず、同性他個体の排除ができるかどうかによって、一夫一妻、一夫多妻、一妻多夫、多夫多妻のすべての配偶様式が出現する。

⑦『**平等的一妻多夫**』(egalitarian polyandry)：父性のシェアの程度がオス間で等しく、たとえば、ガラパゴスノスリはメス一個体と互いに非血縁の一～五個体のオスからなる一妻多夫グループで繁殖するが、オス間に順位はなく、どのオスもメスと交尾し、子の世話をする。

⑧『**偶発的一妻多夫**』(contextual polyandry)：通常は一夫一妻の一つがいに、つがいと血縁関係のある非繁殖ヘルパーがついたタイプであるが、移入オスの出現で一妻多夫になる。表７・１に挙げた例ではいずれも一妻多夫の出現

頻度は低く、形式的な分類では、「ヘルパーつき一夫一妻」に含まれるが、雌雄の社会的関係と実際の（遺伝的）配偶関係との違いの大きさが重要であるとして、このタイプが設定されている。マミジロヤブムシクイでは、血縁ヘルパーはあまり手伝わず、非血縁ヘルパーのほうがよく手伝う。

⑨**『隠れレック』（hidden leks）**：オーストラリアムシクイ類ではヘルパーがいる群れでは優位オスは子の世話の頻度を下げ、その努力の多くを群れ外のメスとの交尾に割く。EPCはメスにより誘導される側面もあり、繁殖の大部分は群れ外オスとの交尾の結果による。主に息子が親元にとどまりヘルパーとなるが、繁殖メスが入れ替わると、ヘルパーと継母との交尾が生じる。メスはヘルパーとの交尾によってヘルパーの給餌頻度の上昇を引き出す。

以上のように、協同繁殖の様式はさまざまである。さらには、個体群によって社会形態が大きく異なることや、同じ個体群内でも複数の形態が同程度に見られるという種もある。たとえば、ハイガシラゴウシュウマルハシはつがいに非分散の子がヘルパーとなる、ヘルパーつき一夫一妻の配偶様式であるが、サイズの大きな繁殖グループでは、複数のメスが同一巣に産卵して繁殖することが観察されており、この場合は一夫多妻ないし多夫多妻ということになる。

おもしろい協同繁殖

協同繁殖種は多様な配偶様式を持っているが、群れの形成や維持に関わる行動やヘルパーの手伝い行動、さらには、繁殖メスの生活史戦略などいろいろと興味深い行動が知られている。

① 信号としての給餌行動

ヒナへの給餌行動は、他個体への信号であるという考えがある。目的は二つに分かれ、一つは、群れに滞在するためであり、いわば、「共益費」をちゃんと支払っていることを優位個体に示すものである（「共益費仮説」"pay-to-stay" hypothesis)。もう一つは、自身の能力を群れメンバーに示すことで、将来の配偶者を獲得するか分散の際の集団形成を容易にすると考えられている（「宣伝仮説」"social prestige" hypothesis)。

これらを示唆するような観察はいくつかの種で得られている。アラビアチメドリではヘルパーは給餌の際に他のメンバーの注意を引くように声を発する。優位オスはヘルパーの給餌を妨げるように巣から排除するので、手伝い行動は繁殖成功を高めないが、群れのメンバーに自身の社会的地位を宣伝する目的であると説明されている。シャカイハタオリでも、給餌行動は信号だと考えられている。本種はコロニーで繁殖するので他個体が近くにいるときにヒナへ給餌する機会が多い。巣へきて餌をヒナに渡すまでの時間は、ヘルパーは繁殖個体よりも長く、周辺に個体が多いほど長く、大型餌ほど長く、雨天で餌が少ないときほど長くなることが知られている。ヘルパーは、周りにいる個体（「聴衆」という）に対して、自身の給餌の状況を長々と見せつけているわけである。これらの事実は給餌行動がヒナの養育だけではなく、周辺他個体への信号であることを示唆している。

給餌行動が信号の役割を持つとしたら、餌を与えるまでに時間がかかるだけではなく、信号の用が済むとヒナに餌を渡さなかったり、一度渡した餌を取り戻すなどして、ヘルパー自身が食べることもあり得る。このような現象は偽給餌（false feeding）と呼ばれて、ワライカワセミ、アラビアチメドリ、ハシボソガラスなどで知られている。しかし、観察者の影響を受けたために給餌が中断したとか、ヒナへ餌が渡されないのは、ヒナが満腹状態であるために、餌を受け取らなかったものであるとか、偽給餌とされる行動は周りに他個体の存否に関わらないなどということから、これらの行動は、必ずしも、偽給餌であるとはいえないといった批判もある。また、信号ではなく、ヘルパーの空腹度合いとヒナの餌ねだりのトレードオフの結果であるとも考えられている。ヒナがあまり腹をすかしていないようなので自分で食べてしまったという、つまみ食いである。

偽給餌とされる観察例のなかで、オオツチスドリの行動は興味深い。ヘルパーは、通常、繁殖個体より若齢であり、採餌やヒナへの給餌など経験不十分である。そのために、年長者に比べると養育を手伝うコストは大きいと考えられる。オオツチスドリはヘルパーがいないと繁殖はほとんど成功しない絶対的協同繁殖種であり、抱卵やヒナの養育に費やすエネルギーは大きく、ヘルパーは抱卵終了時点で体重を大きく減らす。ヘルパーは自分自身の成長のためにも採餌する必要があるので、給餌手伝いは大きな負担となる。

本種では時間の切れ目なく抱雛が行われるので、ヘルパーが訪巣したときには必ず他個体が巣にいる。巣にいる個体は餌がヒナに与えられるまで巣にとどまっているので、常に聴衆がいることになる。ヘルパーは、他個体が巣にとどまっている間は、ヒナの口元に餌を当てがっているが、なかなか離さず、巣にいる個体が飛び去った後に、餌を自身で食べてしまう。この行動が偽給餌に当たる。ヒナに人工給餌した場合には偽給餌の頻度は低下するので、ヒナの餌ねだりの低下が偽給餌を引き起こしているわけではない。

自身で餌を食べることは、成長や体調維持のため、採餌に費やしたコストを補うものであるが、巣で餌を見せることの行動は、騙し行動の一種で、自身の給餌能力を他個体に対してアピールするものであると考えられている。オオツチスドリは分散するときに血縁個体同士で集団を作り、新しい群れに加入し、そこで繁殖地位を乗っ取る。将来集団を形成するメンバーへのアピールだと考えられている。また、巣にとどまっている繁殖個体はヘルパーの行動を監視しているようなものであるが、他個体がまだ巣の近くにいるときにヘルパーが餌を食べてしまうと、ヘルパーへの攻撃が見られる。

マミジロヤブムシクイでは、繁殖メスが非血縁のときにヘルパーの給餌貢献が高まり、その一方、繁殖メスが遺伝的母親のときは半数以上の群れで手伝い行動が見られない。本種では、手伝い行動そのものが繁殖成功を高めないので、間接的利益を望めない。また、ヘルパーがメスと非血縁の場合は、優位オスと父性を分かち合うので、手伝い行動は交尾を求めるためのメスへのアピールと考えられる。

② 産み分けでヘルパーを得る

適応的性比調節の考えに立てば、協同繁殖種においては、母親は親元にとどまって手伝う性のほうを多く産むと期待される（「恩返し仮説」）。実際に、スズミツスイ、ホオジロシマアカゲラ、ハシボソガラスなど、オスがヘルパーとなる種では、オスに偏った性比が、逆に、メスがヘルパーとなるセーシェルヨシキリではメスに偏った性比が実現している。

しかし、協同繁殖種の場合、なわばり内に滞在する個体は餌資源をめぐる競争者にもなるので、なわばりの質に応じて、性比調節の方向も異なってくる。セーシェルヨシキリでは、質の高いなわばりのメスは娘を産む傾向があり、質の低いなわばりのメスは分散する息子を産む傾向がある。また、ヘルパーのいないメスは娘を産むが、ヘルパーの数が多いメスは息子を産む傾向がある。これは、ヘルパーの必要性に応じているといえる。

スペインのハシボソガラスも恩返し仮説の予測通りに息子を多く産むが、母親は産卵順と繁殖回数に応じて調節する。本種は年一回繁殖するが、失敗するとやり直し繁殖を行う。一回目の繁殖ではオスに偏った性比に、やり直し繁殖ではメスに偏った性比になる。しかも、産卵順によって孵化するヒナの性比は偏り、一回目繁殖では第一卵目はオスの比率が高く、以下、順にメスの比率が高くなる。やり直し繁殖ではこの逆で、第一卵目はメスの比率が高く、以降はオスの比率が高くなる。二回目のやり直し繁殖もこれと同様の傾向を示し、かつ、全体的に大きくメスに偏る。

このような、ヒナの性比と産卵順との傾向は、産卵順に応じた巣立ち成功確率の違いに起因すると考えられている。ヒナの巣立ち可能性はどの繁殖でも第一卵目、二卵目がもっとも高い。このため、一回目繁殖ではオスの巣立ち可能性が高く、やり直し繁殖ではメスの巣立ち可能性が高くなっている。本種はオスがメスよりも体サイズが大きく、よりコストのかかる性だと考えられている。やり直し繁殖開始直後は、前回の繁殖のためにメスが疲弊して体調が十分でない。一回目繁殖でうまくいけば、ヘルパーになるオスが多く得られるが、失敗してやり直し繁殖になると、メスの体調に合わせて、安上がりで分散する性であるメスを産んで繁殖を確保するものと考えられている。

しかし、恩返し仮説の予測に合わない例もいくつか知られている。セアカオーストラリアムシクイはオスが非分散でヘルパーとなるが、ヘルパーは親の繁殖成功や生存にほとんど貢献しない。ヘルパーのいない母親では性比は偏らずほぼ一対一であるが、ヘルパーのいる母親ではオスの比率は三割程度で分散するメスを多く産む。すでになわばり内に非分散の子がいる場合には、なわばり内での非分散の息子同士および繁殖個体との資源競争を避けて、息子の生存、繁殖可能性を高めるために分散するメスを産むものと考えられる(「局所的資源競争仮説」)。

南アフリカに棲息するツキノワテリムクはオスのほうが非分散でヘルパーになる傾向が強い。しかし、本種では、繁殖直前に雨の多い年は子の性比はメスに偏り、雨の少ない年はオスに偏るというように、環境条件によって性比が決まる。雨が多いと母親の体調は良く、少ないと悪い傾向がある。このことから、体調が良い場合はメスを産む傾向があるといえる。本種ではオスに比べるとメスのほうが繁殖成功の個体間のバラツキが大きく、体調の良い母親は高い繁殖成功が望める質の高い娘を産むことで孫の代の高い適応度を獲得していると考えられる。このように、本種の性比調節はヘルパーを得る方向ではなく、メスの体調によって決まっている。

③ 群れ外交尾が多いオーストラリアの協同繁殖種

協同繁殖種では群れ外の非血縁のオスによる交尾が多いことも最近明らかになっている。特に、群れ外受精ヒナの割合はオーストラリアに生息する種で多く、半分以上が群れ外のオスが父親である。これらの種では、ヘルパーは血縁のないヒナの養育をしていることになる。

ルリオーストラリアムシクイでは群れ外のオスによるＥＰＰの頻度が非常に高い。平均すると、巣にいるヒナの四分の三ほどは群れ外のオスにより受精されており、群れの優位オスが群れ内のヒナの父親である割合は四分の一ほどで、残りの数パーセントは群れ内のヘルパーオスとの交尾による。本種は一夫一妻つがいに複数のオスのヘルパーがついたグループを構成する。オスは出自なわばりにとどまりヘルパーとなるが、メスは分散する。すべてのヘルパーオスはヒナへの給餌にかなりの貢献をするが、ヘルパーは繁殖成功を高めない。また、ヘルパーと世話をしている子との間の血縁は低い。これは、メスが群れ間移動や死亡のために入れ替わることにもよるが、ほとんどの場合、ヒナの父親は群れ外の非血縁オスだからである。このため、ヘルパーは血縁と無関係に給餌する。

ヘルパーの給餌は繁殖成功を高めないが、ヘルパーの貢献が大きくなるのに反比例して、優位オスの給餌努力は低下する。優位オスの給餌頻度の低下はヘルパーの給餌によって完全に補われている。このヘルパーの働きによって育雛義務から解放され、優位オスは群れ外へと盛んに出ていきEPCの頻度を高める。また、ヘルパーオスの給餌は、メスの相手かまわずの交尾をもたらす。ヘルパーはヒナとの血縁と無関係に給餌するので、メスはオスの給餌行動を引き出すための交尾を行う必要がない。そのため、メスはヒナの世話を期待できない群れ外のどのオスとでも交尾することができる。

このように、群れ外交尾に出かけたオスは、一方では、つがい相手のメスのへEPCを被ることになる。仕事に忠実なベビーシッターを雇ったようなもので、優位オスはヒナを養育することなしに、ほとんど、群れ外交尾で子を残し、メスも同様にほとんどつがいオス以外との交尾で子を残す。本種にとっては、つがいという絆は有名無実である。

ヘルパーオスにとっては群れにとどまりヘルパーとなることになんの利益があるのだろうか？　ヒナとの血縁度は低いので間接的利益はないに等しい。しかし、一方、ヘルパーオスも直接的利益を得ている。ヘルパーオスはヒナの一割ほどの父親である。群れの優位オスが目立つ婚姻色をしているほど、ヘルパーの交尾成功は上昇したという報告がある。目立つ婚姻色はオスの性的信号であり、このようなオスほど群れ外交尾に出かけて留守がちである。ヘルパーが優位オスに寄生しているといえる。

しかし、群れ外交尾がオスの繁殖戦術の主流であるから、優位オスにならない限り繁殖成功は低いままである。群れで最年長にならない限りは優位オスとして繁殖はできないので、ヘルパーは順番待ちの列に並ぶ。オスの繁殖地位の獲得は、地位を継承するか、隣の空いたなわばりに移出するか、移入したメスとつながりを持ち、出自なわばりを分割するかのどれかであり、ヘルパーとして他群に移出したり、あぶれ個体となったりしても、地位を獲得することは難しい。そのために、オスは出自群にとどまり、ヘルパーとなって順番を待つ。このときに、手伝い行動をしない個体は優位オスからの攻撃を受けるので、怠けることはできない。

ルリオーストラリアムシクイの群れ外交尾の頻度は高いが、協同繁殖種のカササギフエガラスの南西部オーストラリア個体群ではこれよりさらに高い群れ外交尾頻度が記録されている（ヒナの八割ほどは群れ外のオスが父親）。両種に見られるような、社会的親と遺伝親とのこれほどの食い違いの大きさは他の種に例を見ない。カササギフエガラスでは両性とも分散せず親元にとどまり、そのために、メンバー間の血縁度は高い。メスは自身の巣に産卵し、オスは群れなわばりのなかのどの巣へも給餌するが、メスは自身の巣にしか給餌しない。群れ内のどの個体も性成熟に達しており、高い群れ外交尾は群れ内の血縁の高い個体同士の交尾を避けるためであろうと考えられている。

両種ほどではないが、ムラサキオーストラリアムシクイではヒナの四割ほどがEPCによるもので、その大部分で群れ外オスが父親となっている。ヘルパーオスもヒナの一〇パーセントを受精させており、群れ内、群れ外、ほぼ半々である。ニュージーランドのシロツノミツスイはヒナの三分の一ほどが群れ外オスによる受精である。マミジロヤブムシクイでは、群れ外交尾ヒナの割合は全体で一割ほどであるが、ルリオーストラリアムシクイとは逆に、ヘルパーのいないつがいで高く、ヘルパーつきつがいで低い。

オーストラリアムシクイ類のなかの変わり種が、ホオグロオーストラリアムシクイである。本種ではEPPは知られていない。ヘルパーは血縁度の高いヒナによく給餌し、繁殖成功を高め、かつ、繁殖個体の労働を二〇～三〇パーセント軽減することで生存率を高めている。これらの事実は、本種では手伝い行動が直接的利益ではなく間接的利益を高めていることを示唆している。

一般に群れ外交尾は稀である。メキシコカケスではヒナの四割がＥＰＣの結果であるが、その九割以上は群れ内オスによる。セーシェルヨシキリでは群れ外オスによる受精ヒナの割合はやや高く四割近くである。群れ外オスは、通常、非血縁個体であり、子の世話をするわけでもないので、群れのメンバーが群れ外オスの存在により利益を受けるというわけではない。セーシェルヨシキリでは、群れ外交尾をするオスは群れ内のメスとも交尾をしており、群れ外交尾はボーナスである。一方、群れ外交尾をするメスはヘルパーメスであり、同じ群れのオスは通常父親であるから、ヘルパーメスが分散せずに繁殖するためには群れ外のオスとの交尾しかない。このように、ヘルパーメスは群れ外交尾により分散独立以前に適応度利益を得ている。

ヘルパーの得る間接的利益

協同繁殖の様式は多岐にわたっており、このため、繁殖個体、ヘルパーの双方にとっての協同繁殖の意義は様式ごとに異なると考えられる。協同繁殖が多様な様式を包含するのは、もともと、「第三者が世話をする」ということに注目した、幅広い定義に起因する。遺伝学的血縁判定に基づいた研究の結果が示すのは、一つのグループ内の付加個体には繁殖個体と非繁殖個体の両者が含まれる例が多くの種で見られるということである。そのため、同じ行動ではあっても、第三者が繁殖個体であるか、非繁殖個体であるかによって手伝い行動の意味は大きく異なる。

協同繁殖の研究はもともと血縁個体が手伝い行動によって得ている間接的利益の評価を目的として発展してきた。手伝い行動によって包括適応度が上昇し、その上昇分が自分自身の繁殖による利益を上回れば、親元にとどまり親の手伝いをする行動は間接的利益だけで進化する。しかし、分散繁殖と非分散手伝いの包括適応度の比較を行った研究では、非分散手伝いの利益が分散繁殖の利益を上回ることが示された例は少なく、シロビタイハチクイなど数例に過ぎない。遺伝的寄与を評価したマミジロヤブムシクイの例では、とどまって手伝う場合（遺伝的寄与＝〇・四）より独立繁殖したほうが有利である（＝一・二）。しかし、独立して繁殖すれば適応度は高くなるが、分散してのなわばり獲得は容易ではない。独立分散を妨げる要因があるか、コストが非常に大きいために、子は親元にとどまらざるを得ないという状況が一般的で、手伝い行動は次善の策（best-of-a-bad-job）と考えられる。

間接的利益が手伝い行動の進化に寄与するためには、（1）繁殖成功を向上させる、（2）手伝いが血縁個体だけを対象にしている、という条件が必要である。ヘルパーの存在が繁殖成功を高めるということは多くの種で報告されている。シロビタイハチクイでは、血縁個体をよく養育することで（平均血縁度＝〇・三三）、遺伝的寄与を高めていることが示されている。兄弟を養育した場合には、ほぼ一個体のプラスになる。ガラパゴスマネシツグミやエナガでも、ヘルパーは血縁個体に偏って給餌することが知られている。また、セーシェルヨシキリでは、繁殖能力の低下した繁殖個体が孫の世話をする祖父母ヘルパーの例が知られるようになった。この場合は、将来の繁殖可能性はほぼゼロなので、ヘルパーになることで間接的利益を得ていることになる。

しかし、一方、最近の研究では手伝い行動そのものが繁殖成功を高めていない例も多く報告されるようになっている。これまでヘルパーが繁殖成功を高めたという研究に対しては、単にグループサイズと繁殖成功の相関関係を見いだしただけで、因果関係を特定したものではなく、手伝い行動そのものではなく、群れ効果が働いただけである、または、なわばりや個体の質が関与している可能性があるなどさまざまな問題が指摘されている。

マダガスカルのアカオオハシモズは息子が親元にとどまる、このとどまった息子（付加個体と呼ぶ）には、親の手伝いをするものとまったくしないものがいる。付加個体がいるつがいでは付加個体のいないつがいよりも、ヒナの巣

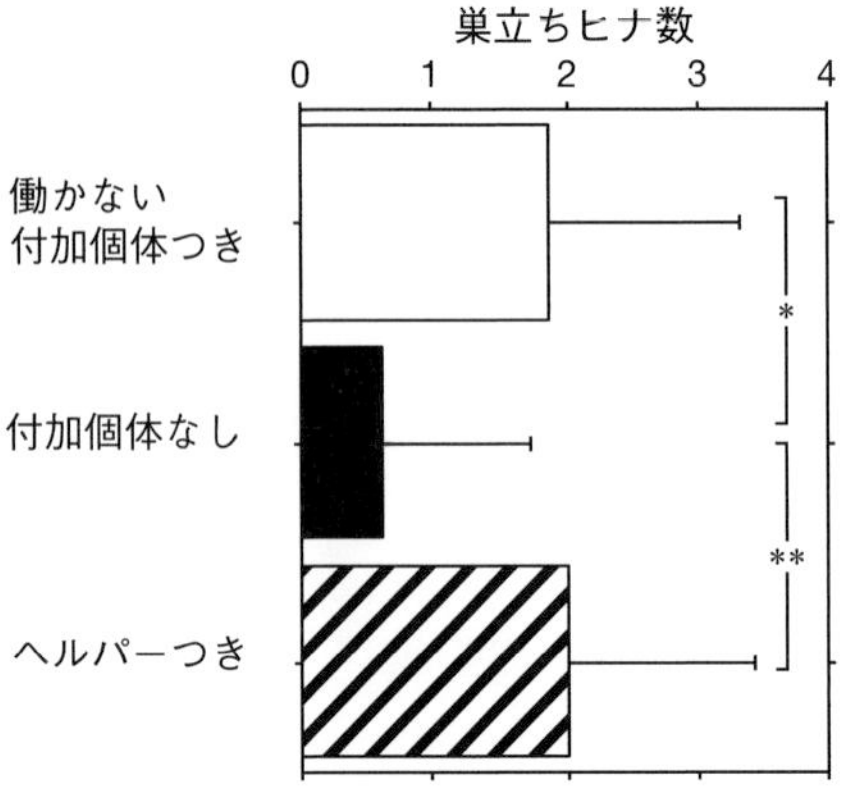

図7・2　アカオオハシモズの繁殖成功．付加個体が手伝わなくても巣立ち成功は高い（江口原図）．

立ち成功が高い（図7・2）。しかし、付加個体が手伝うつがいと手伝わないつがいで巣立ち成功に差はないので、付加個体の手伝い行動が繁殖成功を高めているわけではない。また、同じつがいで、付加個体の数が異なる年の間で比べても、繁殖成功に違いはないので、群れサイズの効果もないということになる。さらに、数年間付加個体なしで繁殖したつがいと、前年までは付加個体がいたが当年度には付加個体なしで繁殖したつがいの間で比べると、後者のほうで繁殖成功は高かった。これらの事実は、ヘルパーの働きが繁殖成功を高めているのではなく、なわばりの質が高いつがいは多くの子を育てあげ、これらのうち息子が親元にとどまるので、付加個体の数が多いというように、これまで考えられて来た原因と結果が逆である。純粋にヘルパーの効果が確かめられた例もあるが、このように、効果がないと考えられる事例も多い。

血縁度が低いほどヘルパーがよく給餌する例があることも知られている。ハイガシラゴウシュウマルハシでは両性ともがヘルパーとなる（図7・3）。オスヘルパーはヒナとの血縁に関係なく給餌を行うが、メスヘルパーの二歳以上の個体では、ヒナとの血縁が低いほどよく給餌していた（図7・4）。二歳以上のメスは群れを移動することが多く、オスに比べるとヒナとの血縁は低い傾向がある。しかし、メスへ

図7・3　ハイガシラゴウシュウマルハシ.

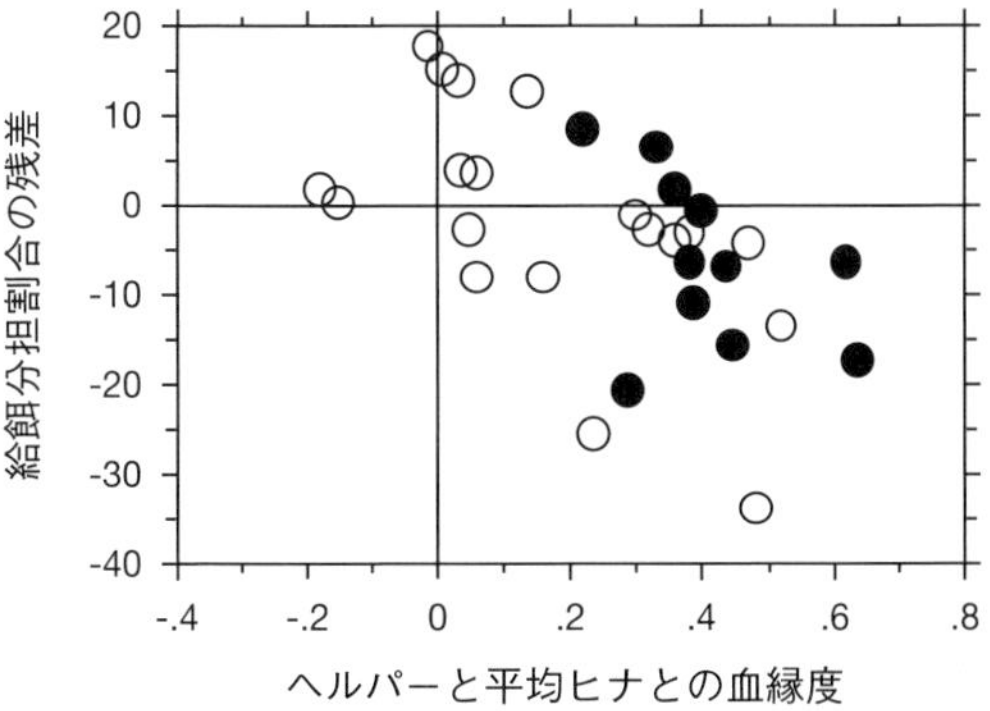

図7・4　ハイガシラゴウシュウマルハシのメスヘルパーの給餌貢献とヒナとの血縁度の関係（江口未発表）. 黒丸：1歳（傾向無し），白丸：2歳以上（有意な負の相関）.

ルパーの給餌手伝いは、共益費でもなく、将来の配偶者育てでもなく、どのような適応的意義があるのかわからない。

マミジロヤブムシクイでもヒナとの血縁度が低いほど、ヘルパーの給餌貢献度は上昇する。それに加えて、本種ではヘルパーの貢献は繁殖成功を必ずしも上昇させないことが報告されている。さらに、ルリオーストラリアムシクイの例は極端で、ほとんどすべてのヒナが、群れ外のオスにより受精されており、給餌にもっとも貢献するヘルパーオスとの血縁は低い。ヘルパーは間接的利益が低いかなきに等しくても積極的に給餌を行うのである。

複数年生存して繁殖する種では、単一年の繁殖成功と同時に翌年までの生存確率を高めることも重要である。へ

表7・2　マミジロヤブムシクイにおけるヘルパーの存在と群れ外オスによるEPP頻度との関係（Whittingham *et al.* (1997) より作成）.

	群れ外オスによる受精			
	ブルードの%	全ブルード数	ヒナの%	全ヒナ数
ヘルパーなし	42% (8)	19	24% (12)	50
ヘルパーつき	13% (4)	32	6% (5)	87

ルパーの手伝いは繁殖個体の労働を軽減し、生存確率を高めると期待される。ヘルパーの給餌参加により、繁殖個体の給餌貢献割合が低下することは多くの種で知られている。しかし、生存率を評価した研究は少なく、それらの研究で明確な傾向が得られたものはさらに少ない。ルリオーストラリアムシクイでは、ヘルパーオスの給餌手伝いにより、繁殖メスの翌年までの生存確率が顕著に高まる。メスの生存が高まる理由としては、一つはヒナの養育に関わる労働が軽減されることであり、さらに、本種ではヘルパーがいる巣ではメスが産む卵の大きさが小さくなる傾向があり、メスは卵生産に費やすエネルギーや栄養分を自身の個体維持に配分していると考えられている。ヘルパーの給餌手伝いがあるので、あらかじめ、卵に多くの栄養分を付加しておかなくてもいいということである。エナガでは、ヘルパーがいるとオスの給餌貢献が低下し、オスの生存は高くなる。一方、繁殖メスは給餌をあまり低下させないので、生存率や将来の繁殖力の向上は見られない。

労働軽減とは逆の現象を示す種もある。スペインのオナガでは、ヘルパーがいる群れのほうで、繁殖個体の給餌頻度が高くなる。ヘルパーの給餌頻度は繁殖個体より低いが、悪天候など条件の悪いときにその影響を緩和する効果がある。繁殖個体はヘルパーの存在によって養育中のヒナの価値が上がる（巣立ち失敗の可能性が低くなる）ので、現在の繁殖に多くを投資すると説明される。

さらに、血縁個体への寄与として、ヘルパーの存在による群れ外交尾の防止が考えられる。マミジロヤブムシクイではヘルパーのいる群れでは群れ外オスによるつがい外父性頻度が低いという傾向がある（表7・2）。これを群れのオスの視点から見ると、自身の父性のシェアが増える点で適応的であり、ヘルパーは血縁個体を助けているといえる。しかし、群れ外オスの視点から見ると、群れサイズが大きく、ヘルパーの繁殖地位獲得への順番待ちが多い群れより、群れサイズが小さく自身の子が繁殖地位を獲得する可能性の高い群れのメスと交尾することが適応的であると考えられる。ヘルパーの能動的な行動であるのか、単に、群れサイズが影響しているだけなのか判断できない。

ヘルパーの得る直接的利益

血縁識別もなく血縁個体の繁殖成功も生存率も高めない種でも、子の分散遅延と手伝い行動は多く見られる。そこで、ヘルパーは間接的利益ではなく、ヘルパー自身の生存や将来の繁殖可能性を高めるような直接的利益を獲得しているのではないかと考えられるようになった。ヘルパーが得る直接的利益には、分散遅延に関係したものと、手伝い行動に関係したものとがある。

独立分散には危険がともなうし、なわばりがいつも空いているとは限らない。マダガスカルのアカオオハシモズは、オスが親元にとどまり、メスが一年目に分散する。浅井芝樹さんが調べた本種の個体群性比では、孵化時の性比（オスの割合）には有意な偏りはないが（〇・五六）、一歳以上の性比は有意にオスに偏る（〇・六二）。これは、巣立ち個体の翌年の繁殖期までのメスの死亡率がオスに比べて非常に高いことによる（〇・二六対〇・六二）。このように、分散する個体には大きなコストがかかっている。ルリオーストラリアムシクイでも、分散によるメスの死亡は巣立ち個体の四〇パーセントに達し、これがオスに偏った性比を生じさせている。これらの事実は、親元にとどまること自体で子は利益を得ていることを示す。

良質のなわばりがないために繁殖できない場合でも、親元にとどまる代わりに分散して放浪個体となる戦略もある。

放浪個体の適応度は放浪中の生存と高質のなわばりとつがい相手を効果的に見いだせるかどうかにかかっており、質の悪いなわばりに定着しても高い繁殖成功を達成できる可能性は低い。また、放浪することの生存へのコストも大きい。シロクロヤブチメドリの放浪個体は警戒のため採餌時間が低下するので体重が減少する。また、出自群から分散して直接他の群れに加入した場合には繁殖者となれるが、放浪から他群に加入した場合はヘルパーとなる。

質の高いなわばりで育った個体は分散するよりも親元にとどまるほうがよい。出自群から空きなわばりの探索に出れば、近くになわばりの空きができたときにいち早く占有することができる。一般に、オスが親元にとどまる場合は、なわばりは出自なわばりの隣かすぐ近くに確立されることが多い。シロクロヤブチメドリも、繁殖者になれなくても出自群でとどまって周辺なわばりの空き状況をモニタリングしている。ホオジロシマアカゲラのオスには、出自群にとどまる個体と、放浪する個体がいるが、前者のほうでなわばり獲得可能性が高く適応度がより高い。

しかし、逆に、放浪を空きなわばりや交尾機会のモニタリング手段としている種もいる。チャイロカケスのオスは造巣、産卵期によく放浪するが、これは交尾機会をモニタリングしているものと考えられ、後に、訪れたことのある群れに移出する。マツカケスでは、オスはつがい相手を捜すために分散放浪するが、つがい相手を獲得できなかったオスは数ヶ月後に群れに戻り、そこでつがい相手を見つけるか、手伝わない非繁殖個体となるか、ヘルパーとなり親の手助けをする。

親元にとどまったオスは、親のなわばりを相続するか、その一部に住み着き拡張していく（budding）ことも可能である。親のなわばりの一部を占有してなわばりを確立することは、分散して他の地域になわばりを求めるよりも生涯繁殖成功を高めることがセーシェルヨシキリで確かめられている。オスは巣立ち後一年目に分散してなわばりを持つか、ヘルパーとはならずに親のなわばりの一部に住み着く（まったくの居候）。親元にとどまったオスは次第になわばりを拡張し、つがい相手を獲得して繁殖を達成する。

分散遅延が起きる事情は、多くの場合、子の側にある。しかし、子の滞在はなわばり内の餌資源の枯渇を生じるおそれがある。セーシェルヨシキリでは、質が低いなわばりでは、子はなわばりから追われる。ルリオーストラリアムシクイでは、親は子の滞在を許す代わりに手伝い行動を促すことがある。同様な、手伝いを促すための親による攻撃はシロビタイハチクイでも知られている。このような場合は、手伝い行動は滞在のための費用と見なせる（共益費仮説）。

以上は、分散遅延に関する直接的利益であるが、手伝い行動そのものにも直接的利益がある。しかし、証拠はなかなか得にくいこともあり、直接的利益を確認できた例は少ない。

ヘルパーとして繁殖の手伝いをすることは養育の技術を向上させる利益があるといわれる（修業仮説）。セーシェルヨシキリでは、ヘルパーとなって繁殖の手助けをしたメスと手伝いをしなかったメスでは、自身が初めて繁殖したときの造巣の技術に大きな差が見られる。雑な造りの巣は繁殖途中で壊れる可能性が高く、技術の上達程度は繁殖成功を左右する。

なわばりや繁殖地位の獲得は、乗っ取りという形をとることがある。ガラパゴスノスリやアラビアチメドリでは新しいなわばりや繁殖地位はしばしば乗っ取りによってなされる。ガラパゴスノスリの繁殖群はメス一個体と複数のオスからなる。なわばりの乗っ取りは単独ではなくオスのグループで行われる。これらのオスは非血縁で、オスは父性を分かち合い、平等にヒナの世話を行う。オオツチスドリでもグループの形成は繁殖地位の獲得には必要で、血縁グループの支援を受けたオスが繁殖地位を獲得する。同様に、チャイロカケスのオスも血縁グループを形成し、なおかつ、血縁者が地位を確立している群れに移出する。本種では一妻多夫が通常見られるので、オス同士は父性を分けている。

ミドリモリヤツガシラではヘルパーオスが独立するときに同性グループを結成して分散し、メスグループと出会い、繁殖群を形成する。この同性グループはヘルパーが給餌をしたヒナである。このヘルパーのなわばり確立後に、かつて世話を受けたヒナがヘルパーの子を世話するという互恵的なつながりである。分散せずに出自群で繁殖地位を継承する場合は必然的に自身が世話をしたヒナによる養育の手伝いを受けることになるので、このような互恵的な関係は多くの協同繁殖種に当てはまる。ホオグロオーストラリアムシクイでは、ヘルパーは繁殖地位を継承する可能性があればヒナの養育貢献が高い。これは、将来のヘルパーを育てていることになる。しかし、年長者が多く、ヘルパーの繁殖地位獲得の可能性が低い場合は、あまりヒナの養育をしない。かなり打算的である。

非血縁ヘルパーの場合は、給餌しているヒナは将来の配偶者となることがある。ミドリイワサザイやセアカオーストラリアムシクイではこの事実が知られている。

さらに、非繁殖ヘルパーと思われていた個体が繁殖することで直接的利益を得ている例が多くの種で知られるようになった。セーシェルヨシキリはメス（繁殖つがいの娘）がヘルパーである。ヘルパーの多くがなわばり外のオスと交尾して子を残している。これらのオスからの養育協力は得られないことから、卵は自身の母親と同じ巣に産み込まれ、ヘルパーの兄弟姉妹と一緒に養育される。メスが非分散の種では、父親と入れ替わった移入オスか群れ外オスと交尾して、出自群内で繁殖が可能で、その場合、多くは優位メスとの同一巣産卵になる（カンムリサンジャクやチャイロカケスなど）。前に述べたように、オスが非分散の種では、入れ替わりなどで群れ内の繁殖メスが非血縁となった場合にＥＰＣが見られる。マミジロヤブムシクイでは、ＥＰＣの可能性が高いほど給餌頻度が高い傾向がある。

まとめ

結局、鳥類の協同繁殖では、非分散の利益がまず大きく、血縁を通じた間接的利益は副次的だろうと考えられる。

非分散自体は親にとっても利益となる。すなわち、群れることで、血縁個体の繁殖地位を維持したり、生存率を高めることができると考えられる。たとえば、ハイガシラゴウシュウマルハシでは、ヘルパーのいない群れほど、翌年消滅する危険が高い。同様なことは、ヘルパー自身の利益にもなるので、群れにいることは、大樹の陰にいることになる。また、群れることに利益があれば、外部から移入して群れに加わる非血縁個体もいる。そこで、繁殖個体と血縁があるかどうかで、手伝い行動の利益が異なってくるだろう。

親元にとどまった個体は、分散を遅らせてとどまることで、なわばりや繁殖地位獲得の可能性を高め、手伝い行動によって、包括適応度の増加というプラスアルファー効果を得る。また、とどまるための「手数料」（共益費仮説）、子育ての経験を積む（修業仮説）ことも考えられる。一方、移入個体は非血縁個体の世話をすることになるが、群れに加入することで、集合効果による生存確率の向上や繁殖地位獲得の可能性の向上が得られ、手伝い行動によって、とどまるための「手数料」を払えば、独立するときの仲間やヘルパーを作る、将来の配偶者を育てるなどの利益が得られ、さらに、ヘルパー自身も群れ内で繁殖することも可能である。ヘルパーの繁殖は、群れ内のヒナの父性のシェアということで、優位個体のコストになるが、群れの維持という点で利益があり、優位個体は劣位個体が繁殖することを一定程度容認するという戦略的妥協を迫られているといえる。従来、協同繁殖においては、血縁者びいきを基盤にした血縁選択的な側面が強調されてきたが、群れ機能を基盤とした互恵的関係にも注目する必要がある。

第8章
デキる奴はモテる
―― 認知行動と個性

カレドニアカラスの「金床」．大型カタツムリの先端を石に
打ちつけて壊し，中身を食べている．

野外で、鳥類の「賢い」行動に出会うことも多くある。私自身の体験だけでも、ルアーフィッシングするササゴイ（川岸からゴミなどを水面に落として、寄ってくる魚を捕らえる）、二枚貝のオキシジミを空中から岩場に落として堅い殻を割るハシボソガラス、捕獲のために播いたドッグフードをせっせと畑の土のなかや石の隙間に貯食するカササギやハシブトガラス（と書いて窓の外に目をやると、隣の農家の屋根でハシブトガラスが瓦の隙間に餌を押し込んでいるのが見える）など、いろいろとある。鳥類の生活に必然的に見られることから特別に注意を引かない造巣も、巣の形態に注目すれば、実に巧妙に造られていることに気がつく。造巣も鳥類の知的行動の一つといえなくもない。これらは行動が人間じみているので「賢い」と思ってしまうのである。鳥類独特の行動であっても十分に「賢い」のであるが。

賢い行動

観察者に知的だと思わせる行動の多くは、道具使用に関係している。道具使用といえば、チンパンジーのシロアリ釣りであるとか、ナッツ割りなど、ヒト科霊長類などに限られているように思われているが、多くの動物で、程度の差はあるが、道具使用と考えられる行動が知られている。鳥類ではさまざまな種類の道具使用例が、野外での観察と飼育下での例を含めて二〇〇例以上報告されている。

道具使用で注目されるのは採餌に関係した行動である。道具使用の範囲は広く、巧妙さの程度もピンからキリまである。道具使用は、「動物の体の一部ではない物体を用いて、自身の周りの生物や物体に使用して目的を達成すること」と定義される。さらに、「真の道具使用」と「境界性道具使用（または、「始原的道具使用」）」に分けることもある。前者は道具が岩盤や樹木などの基質から取り外されて、動物が保持して使用する場合であり、後者は基質そのままの状態で使用される場合である。巻き貝を岩場に落として殻を割れば境界性道具使用であり、巻き貝の上に石を落として殻を割れば真の道具使用である。境界性道具使用には、ベイトフィッシング（餌や餌以外のものを水面に落として魚をおびき寄せる）、餌落とし（岩場や固い地面に貝やナッツなどを落として殻を割る）、餌を岩や地面にたたきつける、餌を岩の隙間や樹皮の間に入れて固定して処理をするなどがある。

境界性道具使用

パン、昆虫、枯れ葉やゴミ（発泡スチロールなど）を水面に落として魚をおびき寄せて捕らえるベイトフィッシングは、サギ類の多くの種で世界各地で観察されている。ササゴイもパンや昆虫などの餌を使うか、枯れ葉や小枝のようなゴミをルアーとして使い餌を捕らえる。釣りの成功率は釣りをする場所の特性によって、ほとんど成功しない場合もあれば、試行の六割以上の成功を収めるなど、大きなバラツキが見られる。樋口広芳さんが熊本市の水前寺公園で観察した例では、良い釣り場に恵まれた個体では餌や擬餌を落としてから数秒以内に捕らえている。ルアーよりも昆虫やビスケットのような餌のほうが成功度は高いようである。魚が近づかないときには、餌を替えたり、一度落とした餌を拾い上げて場所を替えるなど、当てずっぽうに餌を置くのではなく、それなりの工夫が見られる。サギ類以外では、トビ、カモメ類、カワセミ類などでベイトフィッシングが観察されている。

餌を岩や地面にたたきつけて無力化したり、貝殻を割ったりする行動は多くの鳥類に見られる。カワセミやシジュウカラは捕らえた小魚や大きなイモムシを止まり木にたたきつけるが、たたきつける対象はどこにでもあるので、このような行動は特に知的なものには見えない。その対象が限られていると、たたきつける対象とそうでないものとの区別が必要になる。ウタツグミはカタツムリを石にたたきつけて殻を割る。このような石の周りには殻が散らばり、

「ツグミの金床」と呼ばれる。金床になるような石は少なく、ウタツグミは子育て中でも巣から遠く離れた金床へ出かけてカタツムリを割る。人手で育てたヒナは巣立ち直後は、カタツムリをつつくか、持ち上げて放るだけだが、次第に打ちつける対象が限られるようになり、巣立ち後三週間以内には、小石など硬い基質に向かってたたきつける行動が見られるようになる。

ブラジルのオオアリモズには、以前はカタツムリを石にたたきつけて殻を割る行動は観察されていなかったが、一九八〇年代にアフリカマイマイが移入され個体数が増えたことから、このカタツムリを捕らえて石にたたきつける行動が見られるようになった。ウタツグミ同様に金床として使われる石は決まっている。これは自然界で道具使用が生じて急激に広まった例である。

餌の下ごしらえということであれば、ナッツなど乾いた餌を水に浸す行動なども知的な部類に含まれるだろう。この行動は、コクロムクドリモドキなど二〇種ほどの鳥類で知られている。イモに塩味をつけるために海水で洗うというニホンザルの行動がもてはやされるのであれば、鳥の浸し行動も同等に注目されてよい行動だと思うが。野外では観察例が少ないが、飼育下に置くと急速に行動が広まるそうである。

キツツキ類はクルミなどのナッツの殻を取り去るために、木の股などに挟んで処理することが知られている。森さやかさんが観察した北海道のアカゲラは、チョウセンゴヨウの実を木の隙間に挟み込んで固定して、頑丈なくちばしでたたき割って中身を取り出す。固定する木は決まっていて、処理場の下には殻が山積みになっていることもある。クルミの殻を割るときはでたらめにたたくのではなく、果実の縫合腺の部分をたたくことで効果的に殻を開くことができる。中国での観察では、アカゲラは縫合腺が水平になるように木の股に固定する。人為的に縫合腺を垂直にするなど位置を変えても、すぐに水平に戻すことが確認されている。木の股を万力のような固定のための道具として用いているのである。

ドングリキツツキは枯れ木にたくさんの穴を開けて、ここにドングリを一個ずつ押し込んで、食料貯蔵庫にするが、同時に、殻を除去するときの金床としても使用する。果実や他の餌を樹皮の隙間や岩の割れ目などに固定して割ったり、殻を除去したりする行動は、チャガシラヒメゴジュウカラやシジュウカラの仲間など多くの鳥類で知られている。

干潟や漁港の近くの広場にいくと、カラスやカモメが貝をくわえては飛び上がり、地上に落とす行動を繰り返すのが見られる。これは、堅い貝殻を割るための採餌行動の一つである。餌落としは落とす基質を選ばねばならないので、餌を止まり木にたたきつけるよりは少し高度な行動になる。生態学の教科書にも掲載されているヒメコバシガラスは、海岸で拾ったバイ貝を岩場に運んで空中から落として殻を割る。高い位置から落とせばほぼ確実に割れるが、飛び上がるためのエネルギーは大きくなり、一方、低い位置から落とせば何度か飛び上がりを繰り返さないといけない。カラスを観察するとさまざまな大きさのなかから、もっとも大きな貝を選び、その貝をほぼ五メートルの位置から落としていた。人為的な模倣実験をすると、この高さから落とすことで総高度（要した飛行回数での高度の総計）が最少になることがわかった。ヒメコバシガラスはもっとも消費エネルギーが小さい高度から落としていることになる。

どのような基質に、どのような高さから餌を落とすかは、餌の性質（殻が頑丈か、比較的割れやすいか）、基質の分布、周辺個体の数（横取りされる危険）などで決まる。二枚貝は巻き貝と比べて殻が薄く、殻が割れなくても落下のショックで殻を開くことがある。カモメ類は巻き貝は遠くても硬い基質に、二枚貝は近い砂地のようなより柔らかい基質に落とす。また、周辺他個体が多いと、餌が遠くへ転がって、横取りされないように、低い位置から落とすようになる。二枚貝を干潟に落として殻を開くカモメは、最適エネルギー効率から予測されるよりも低い高さからより多くの回数で落とす。これは、低い位置から落とすことで横取りの危険を減らすと考えられている。また、毎回落とす高さが一定ではなく、回が増える毎に高さは低くなる。これも、貝が開く可能性が高くなるほど、低い位置から落として横取りを防ぐ戦術と考えられている。

落とす高さや基質の選択も経験によって最適な解決に近づく。若鳥は成鳥と比べると落とす高さや基質の選択がまちまちであるが、成長するにつれて基質を選び、一定の方法で落とすようになる。空中からものを落とす行動は、他個体を観察して身につけると考えられる。しかし、この行動の模倣は、目的まで理解しての模倣ではなく、行動そのものを機械的に模倣しているだけである。その後は自身の試行錯誤の経験を積むことでより効率的な餌落とし行動に向かうと考えられる。

巻き貝と二枚貝のような外見の違いと質の違い（開きやすさなど）が一致する場合は、経験からの学習はすみやかに進展する。しかし、外見は同じでも殻の開きやすさが異なる場合は前の経験は次の試行に生きない。福岡市の和白干潟にやってくるハシボソガラスは潮干狩り客が放り出したオキシジミを食べるが、殻が堅いので岩場や岸の道路まで運んで落として殻を割る。しかし、森田詩織さんの観察によると、硬い基質まで運ばずに貝を拾った干潟の砂地に空中から落とす個体も多い。砂地は柔らかいので、なかなか殻は開かず、そのうちにあきらめるか、離れた道路まで運んで落とすかのどちらかになる。これは、ただただ、試行錯誤を繰り返しているだけようにしか思えない。

しかし、オキシジミの状態の季節変化を考えるとこの行動も理解できる。二～三月頃に砂地に落としていた行動も季節が進むと見られなくなり、どの個体も硬い基質へ落とすようになる。季節が進み、一一月以降になると、波の作用で砂上に現れる貝が多くなる。このような貝は弱っており、砂地でも二回ほど落とせば殻を開かせることができる。このため、冬期には干潟で貝落としをする個体も出現する。冬期は殻が開きやすい貝が多く、春から夏にかけては殻が開きにくい貝が多いという季節的傾向があり、カラスはそのたびに経験学習するが、外見はどの貝も同じなので、学習の結果が適切な行動につながるまでに時間的なずれが生じていると考えられる。

岩場やアスファルトの道路は広いので、狙って落とす必要はない。実際、通常見るカラスは空中で放り投げるように貝を放つだけで落とす場所を狙っているようではない。ニューカレドニアに生息するカレドニアカラスは殻の堅い

図8・1　カレドニアカラスのナッツ落とし（描画：勝野陽子）.

ナッツを割るために、直径一メートルくらいの岩の上にナッツを落とす。本種は降雨林に棲息しているが、林内は灌木が生い茂り、岩が露出しているところも限られ、必ずしも平らではない。確実に岩に当てるためには岩の上に決まった方法で落とさないといけないが、カラスは空中から放るのではなく、決まった枝の決まった股の部分にナッツを当てがってから四〜五メートル下にある岩の上に落とす（図8・1）。この方法で、カラスはナッツの当たる位置をほぼ直径二〇センチメートルの範囲内に集中することができる。

適度な高さの枝の下に邪魔になるものがなく、直下に岩がある場所というのは調査地内では限られている。そのような場所を探した後に適度な高さの枝を試行錯誤により選び出したものと考えられる。さらに、枝の上に立って、くちばしではさんだナッツを直接岩に落とすのではなく、枝の股に当てがってから落とすことで、ナッツが岩にあたる位置を正確に繰り返すことができ、さらに、当たった後の跳ね返りの方向を予測できる。この方法で、ナッツを見失うリスクを低くすることができる。このように、限られた条件に設定することは試行錯誤以上の知的な能力が必要ではないかとも思える。また、このような最適な落とし場所は共同で使用される。他個体の行動から学ぶ社会学習も落とし方の習得に関与していると思われる。

真の道具使用

基質そのものではなく、そこから取り去った物体で操作を行うことが真の道具使用であるが、野外での観察例はそれほど多くない。エジプトハゲワシが石をダチョウの卵の上に落として割る行動はそのもっとも単純な例である。ハワイ諸島のハリモモチュウシャクシギはアホウドリの卵に小石をぶつけて穴を開け、くちばしを差し込んで中身をすする。本種は海鳥の卵捕食者として知られており、小さな卵はつついたり、地面に落として殻を割ったりして食べるが、アホウドリの卵は大きく殻が厚いので小石を使うと思われる。チャガシラヒメゴジュウカラはマツの樹皮のかけらを他の樹皮の内側に差し込んで、梃子を使うようにいろいろな方向に力をかけることで樹皮をはがし、その下に潜む餌動物を捕らえることが観察されている。道具は樹皮がはがれると同時に地面に落とされるので繰り返し使用されることはあまりないが、たまには、一つの道具で三〜四回樹皮はがしを続けることもある。

道具を使う鳥として早くから名が知られていたのは、ガラパゴス諸島のキツツキフィンチである。本種はサボテンのとげや小枝を使って朽ち木のなかのイモムシをつつき出す。また、とげや小枝が長過ぎた場合には、短く折り取って使用するので、ある程度、道具作成の能力がある。

道具使用の出現頻度は生息環境によって大きな違いがあり、乾燥した地域で、餌動物が樹皮のなかに潜んでいる乾季に多く見られ、餌の半分は道具を使って獲得する。一方、湿度の高い地域では、道具使用は見られず、コケや落ち葉の下の餌を探す。この道具使用が見られない地域の個体を飼育下で道具を使用せずには餌が得られない状況において観察したところ、半数では道具使用行動が見られなかった。さらに、道具使用が見られなかった個体を道具使用個体と一緒に飼育して道具使用を観察されたところ、一〇個体中九個体は道具を操作するようになるが餌をうまく獲得することができなかった。一方、同じ地域のヒナで実験を行ったところ、道具使用行動の観察の有無にかかわらず、すべてのヒナが道具使用を上達させた。キツツキフィンチの道具使用行動には社会学習は必要ないが、ヒナの特定の時期に試行錯誤によって習性が形成される必要があることを示している。若いときの勉強の成果は一生残る。

カレドニアカラスの道具製作と道具使用

道具使用と製造のチャンピオンは、カレドニアカラスである。本種はこの二〇年間に野外と飼育下での実験で道具使用行動について数多くの研究がなされている。カレドニアカラスはニューカレドニア本島の広い範囲に棲息しているが、特に、潜孔性甲虫の幼虫が潜む朽ち木が多い降雨林で密度が高い。このような環境では、カラスはこの幼虫を引き出す道具を作って採餌する行動を発達させている。本種が作る道具には、鈎のない小枝、鈎つきの小枝、それに、とげのあるタコノキの葉を切り出して作った銛型の道具という複雑さの異なる三種類がある（図8・2）。主食となる甲虫の幼虫はあごが発達していて、小枝が差し込まれると先端にかみつくので、鈎のない小枝でも幼虫を引き出すことができる。鈎付き小枝や銛型道具には折り返しの鈎がついているので、鈎なしよりも捕獲効率が良い。

小枝を使う場合は、小枝の中心より少し手前をくちばしの先端で保持して、後端部近くを頭の片側に接しながら、反対側の目で調節しながら先端部を穴のなかに挿入する（図8・3）。左右どちらの目を先端部の調節に用いるかは、個体によって決まっている。観察した事例ではほぼ半々に分かれる。カレドニアカラスのくちばしはカラス科の他種と比べると非常に直線的で（図8・4）、目は他種に比べて、大きく両側に飛び出している。このような頭部の構造的

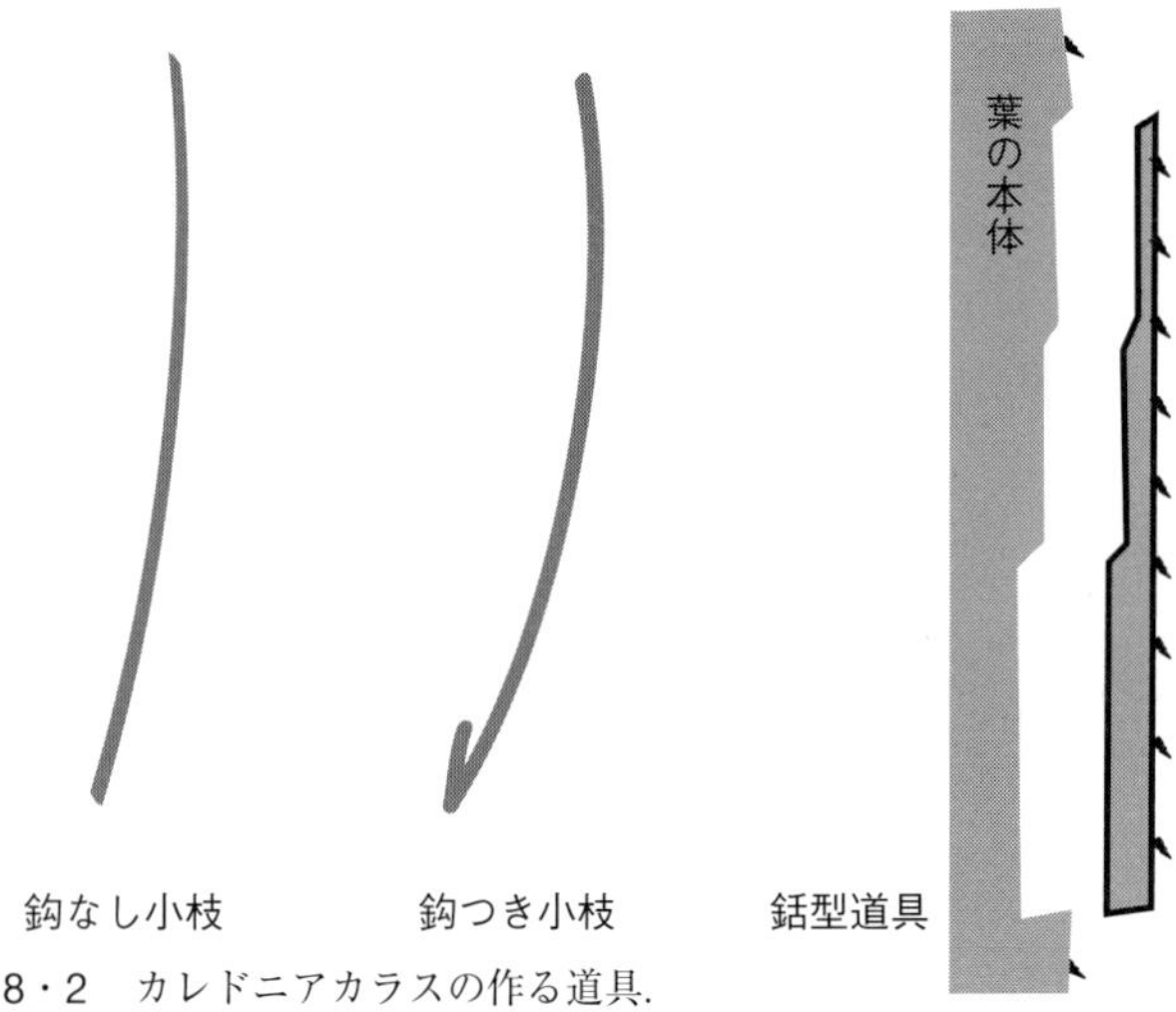

図8・2　カレドニアカラスの作る道具.

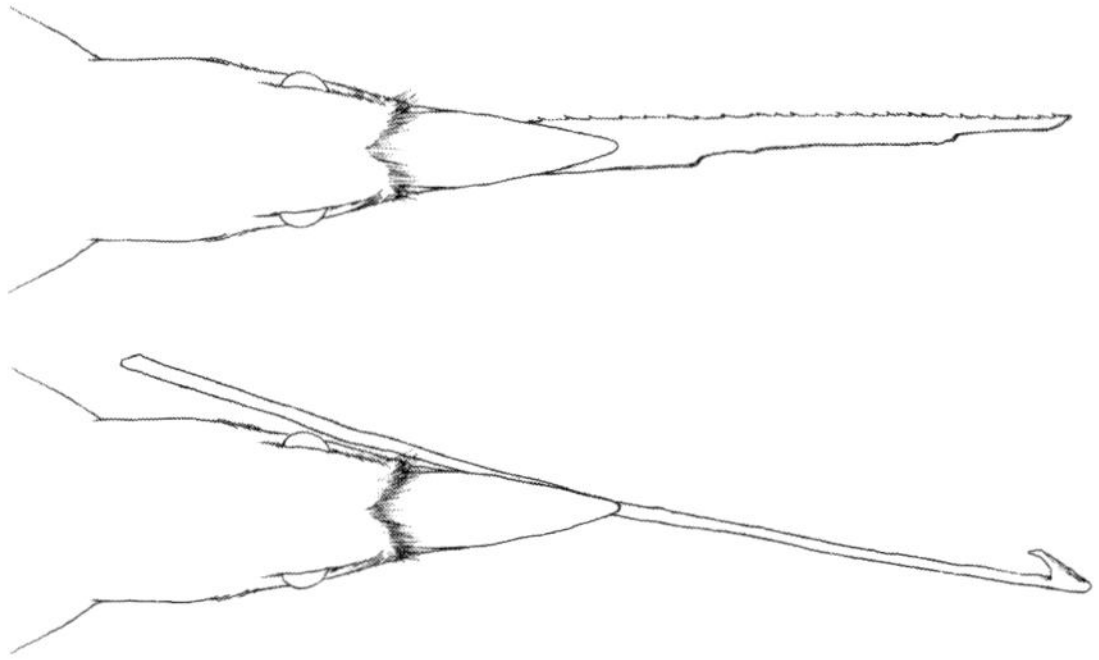

図8・3　道具の使い方（描画：勝野陽子）. 上：銛型道具, 下：鈎つき小枝.

特徴は、くちばしが視野を妨げないように片方の目で先端部の状態を見ることを可能としている。銛型道具は後端をくちばしの先端でくわえて、そのまま先端部を穴に押し込む（図8・3）。

カレドニアカラスの場合、道具使用も注目を浴びるが、複雑な構造の道具を製造する能力の高さが鳥類のなかで群を抜いており、その知的能力の程度は人間の幼児にも匹敵する。鈎つきの小枝の場合、脇枝を引きはがすことで鈎部を残すか、脇枝の付着部の上下で本枝部分を切り取ることで得られ

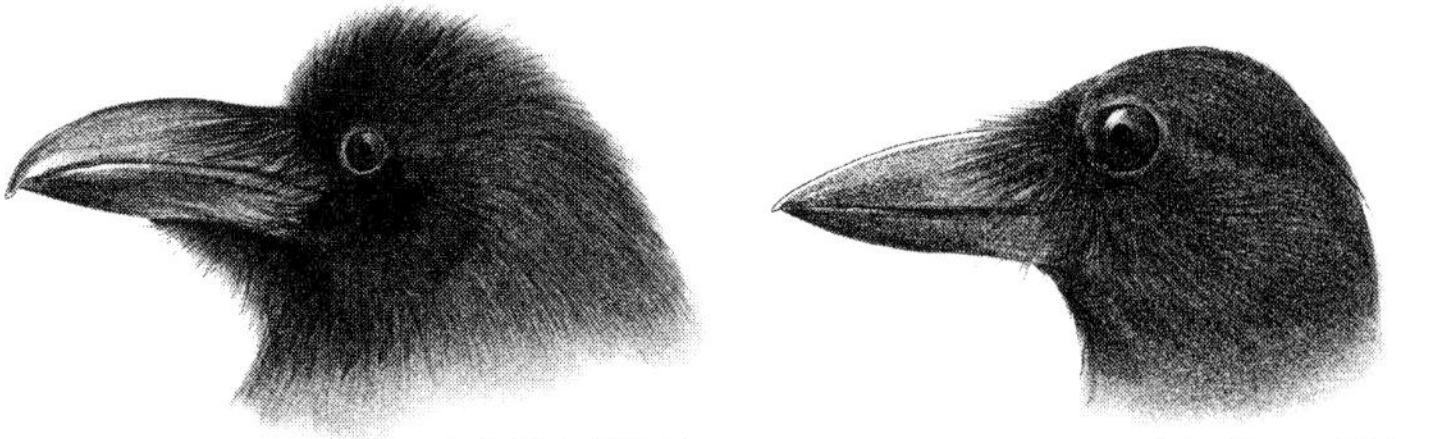

図8・4　カラスのくちばし形態の違い（描画：勝野陽子）.

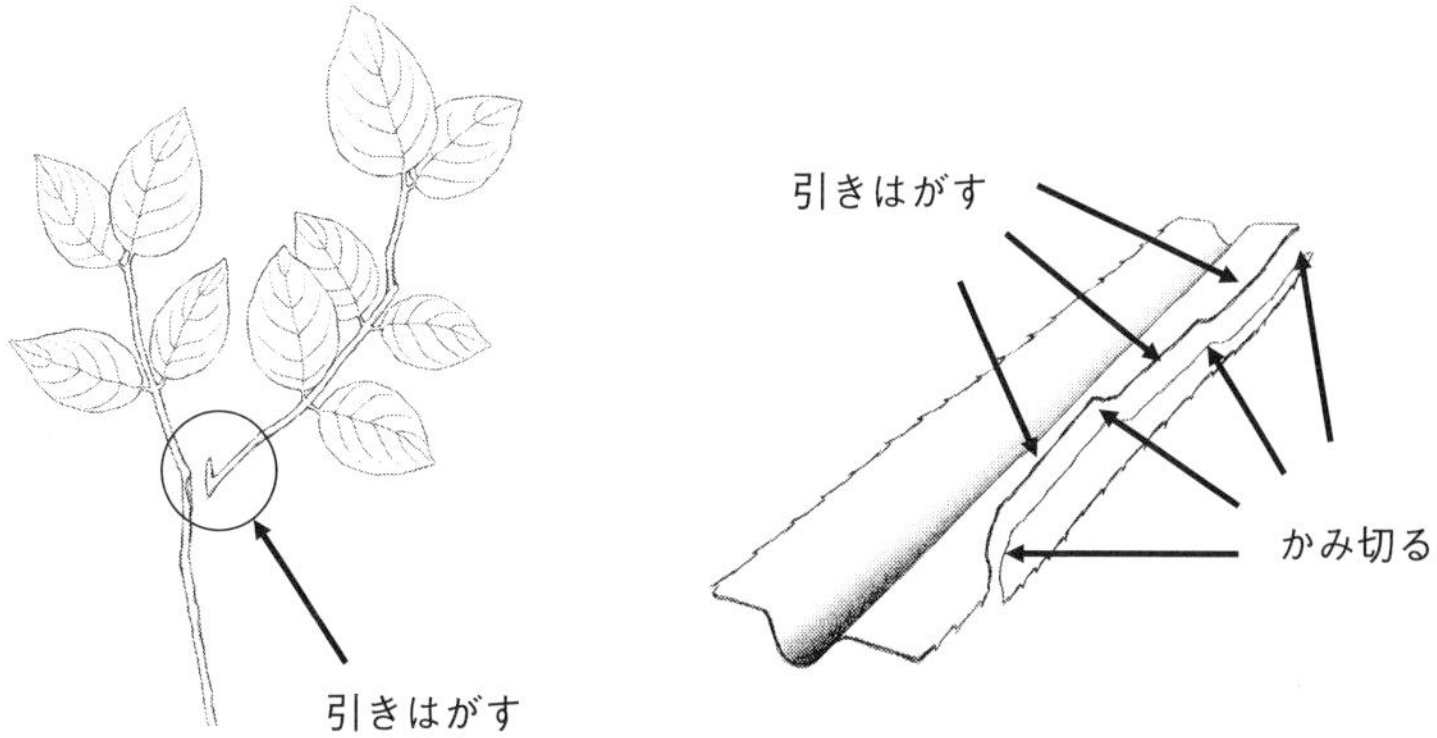

図8・5　道具の作り方（描画：勝野陽子）. 左：鈎つき小枝. 右：鋸型道具. タコノキの葉からかみ切り，引きはがしを繰り返す.

る（図8・5）。道具はこの後に鈎部の方向にカーブするようにたわめる。

鋸型道具の場合はもっと製作過程が複雑である。この道具は、タコノキのとげのある葉の縁を階段状に切り取って加工する。とげは葉の先端部のほうに向かっているので、先端側を太く、基部の側を細く切り取っている（図8・5）。切り取るのは、ほとんどが、幹のほうから見て葉の左側部分である。縁を切り取るために、カラスは頭を幹のほうに向けて葉の上に立ち、三段のステップ状の道具であれば、最初に細い先端部をかみ切り、そこから引っ張って縁の部分を裂き、切れ込みを入れて二段目を引き裂き、また、切れ込みを入れた後に、広い後端部の切れ込みを入れて、そこから引き裂いて、葉の本体からはがし取る。切り取り、引き裂く行動、どちらを細くするかの見極めなど、正確な判断と作業が必要である。

　人間社会の工業規格のような、銛型道具を作る規格のようなものが存在すると考えられている。銛型道具の道具の長さ、段の数など地域間に変異がある。簡単なものから複雑なものへと文化の発展段階に地域差があるのではないかという考えもある。

　タコノキの葉は、右回りに登っていくように幹についている種と左回りについている種がある。たとえば、右回りのタコノキだと、葉の上で作業するときに、葉の右側から切り取ろうとすると、隣の葉が邪魔になって作業がしにくく、左回りだと左側からの切り取りが困難になる。このような、葉のつき方の違いが葉のどちらから切り取るかに影響しそうなものであるが、どちらのタイプのタコノキからも左側の縁からの切り取りが圧倒的に多い。このことから、カレドニアカラスには人間や類人猿に見られるような個体群レベルでの側性化（利き手の偏り）があると考えられている。

　このように、完成度の高い銛型道具であるが、野外での使用観察例は少ない。実際、銛型道具の形態についてのデータは、道具が切り取られた後のタコノキの葉に残っている痕跡か、作成途中で放棄されて、葉についたままになっている道具から取られている。餌場となる朽ち木にビデオを設置して得たデータでも、ほとんどが、鈎なしか、鈎つきの小枝型道具である。銛型道具でどのような場所でどのような餌を取っているのかも明らかではない。どこか、携帯電話のガラパゴス化を思い起こさせるような技術の進歩である。

　時間と技術を駆使した道具は採餌のたびに作るよりも、必要なときにいつでも使えるように持ち回るか、すぐに取り出せる安全な場所に置いておくのが合理的だと思われる。小枝型道具を作って使用した飼育個体で観察した結果では、多くの場合で餌を取り出して食べている間は足で押さえているか、穴に刺したままにしていることがわかった。

しかし、一方で、朽ち木にセットしたビデオでの観察結果では、餌を獲得した後に道具は地面に落とすか、穴に刺したままで、道具は現場にそのままに置いたまま移動することが多いこともわかっている。小枝型道具はしばしば餌場となっている朽ち木の側に放置されていて研究者によって回収されている。このような放置された道具は、次に餌場へやってきた個体によっても拾われて使用される。しかし、鉛型道具は野外で回収されることはほとんどないので、観察で確認されてはいないが、手間のかかる道具は一度の使用で棄てられることはないのかも知れない。

道具使用に関しては、生得的であり、若鳥は他個体の行動を観察しなくても、道具に関心を示し、くちばしにくわえて、穴につっこむような動作を見せ、巣立ち後二ヶ月半以内には道具を使って餌を取り出せるようになる。さらに、道具製作も短期間の内に習得し、鉛型道具も、基本的な形はタコノキの葉を材料として与えられれば、訓練なしに製作できるようになる。ただ、人間や道具を使う他個体の行動を見たほうが道具使用の技術の向上は早い。カレドニアカラスの社会は家族群からなり、若鳥は二歳以上になっても親元にとどまっている。採餌は家族単位で行うので、若鳥は親鳥を通じて道具使用や道具製作を学習することが可能である。また、餌場に置き去りにされている道具からも情報を得ることができる。

真の道具使用はなぜ少ないか

キツツキフィンチの例に見るように、それほど複雑でもない、とげを折り取ってイモムシをつつく行動が出現するかどうかは、生息環境で道具を使った採餌がそれぞれの個体にとって重要であるかどうかで決まる。他のもっと効率良い方法で獲得できる餌があれば道具使用は進化しない。カレドニアカラスでは、道具使用が採餌行動のなかでどれほど重要かについてはよくわかっていない。鳥に超小型ビデオを取りつけた研究では、道具使用は全採餌場面の二割ほどしか占めていなかったことが報告されている。一方、安定同位体を用いた食性の分析では、朽ち木潜孔性昆虫が

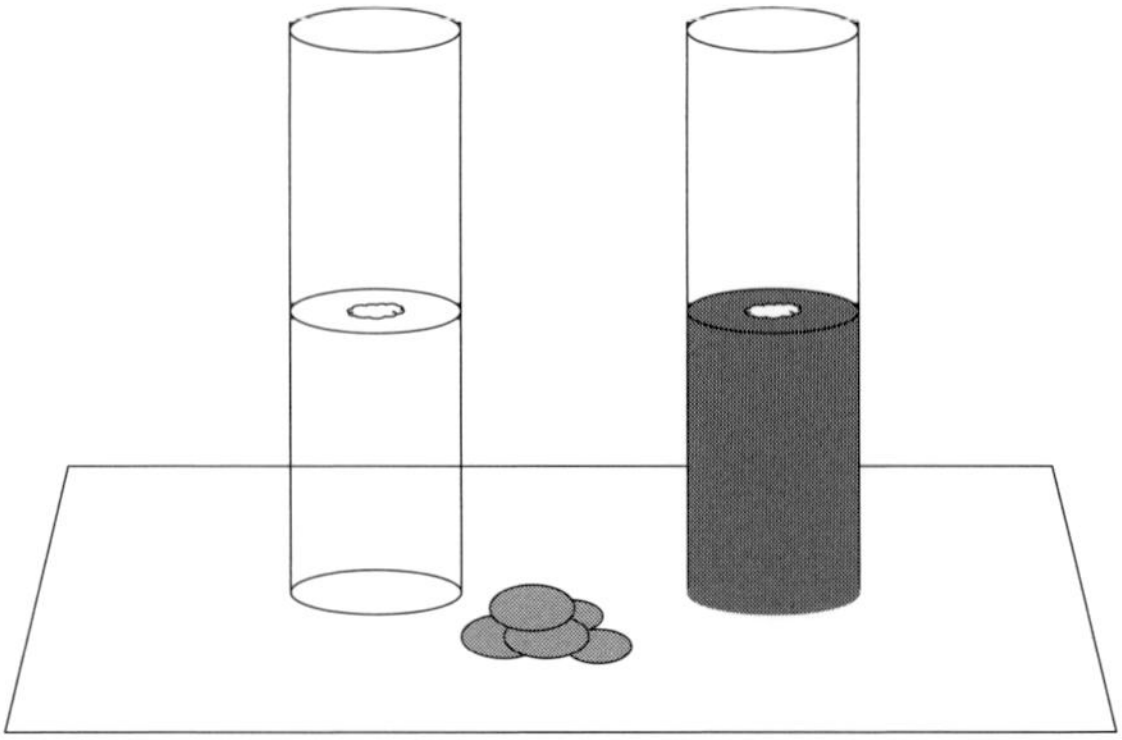

図8・6　水に浮かべた餌を採る．左の容器には水，右の容器には砂またはおがくずを入れて，表面に餌を置いている．中央は小石の山．

重要な餌となっていることを示している。キツツキフィンチもカレドニアカラスも島嶼に生息する鳥類である。島嶼は大陸に比べると生物相が単純で餌生物相も多様度が低いと考えられる。そのような環境で、朽ち木潜孔性昆虫は太くて栄養的にも収益性が高く、このような餌を効率良く摂取する手段として、キツツキのような穴をうがつ形態を持たない種が、道具使用を進化させたと考えられる。

野外で道具使用が確認されている種は非常に少ないが、これは、道具使用が他の方法に比べて野外では収益性が低いという生態的な要因が大きく影響していると思われる。道具使用が発現するような認知能力の基盤がないということを意味しない。野外では道具使用の実例が知られていないにもかかわらず、飼育下ではカレドニアカラスに負けないくらいの高度な道具使用行動を示す鳥類もいる。カラスやインコの仲間は、他の鳥類に比べて、体の大きさに対する脳の大きさが大きい。ミヤマガラスやシロビタイムジオウムなどは、飼育下で訓練なしに道具を作り使用することが知られている。たとえば、鳥小屋のなかのシロビタイムジオウムは檻の木枠から切れ端を一〇センチメートルほどかじり取って、この箸のような道具をくちばしにくわえて、檻の木枠上に置かれたナッツを引き寄せる。

飼育下での認知行動の研究は、人間に至るまでに認知行動がどのよう

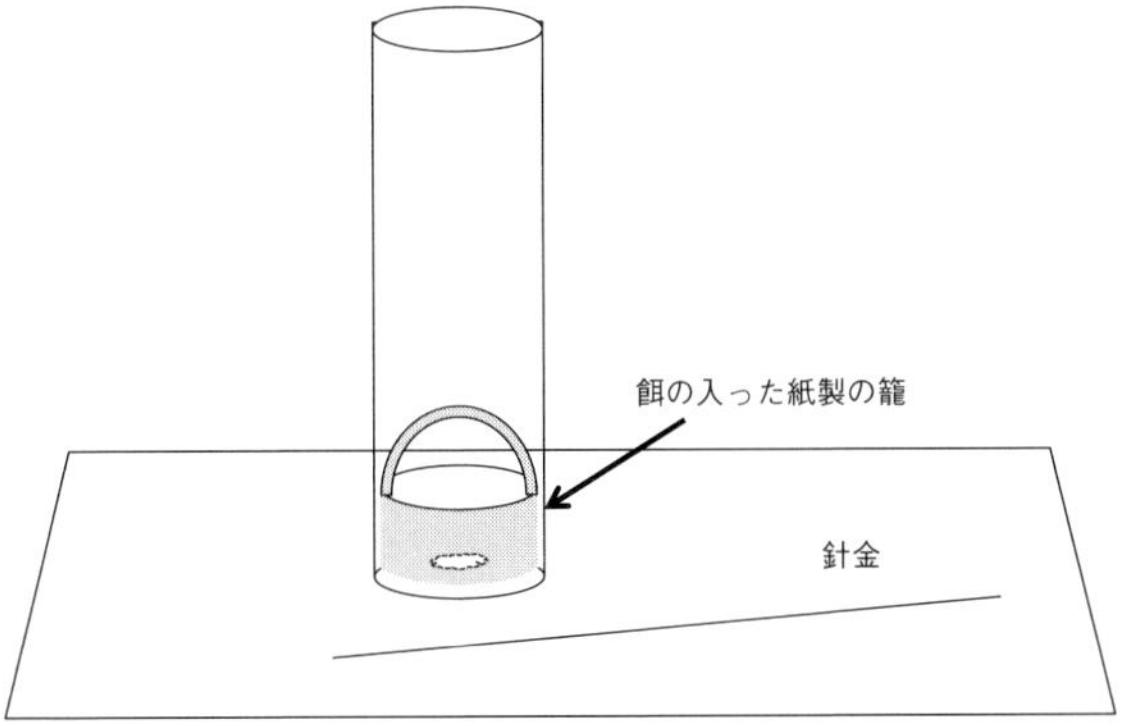

図8・7　籠を釣り上げる．ガラスの容器に餌の入った紙製の籠を入れて，容器の側にまっすぐな針金を置く．このままでは籠を釣り上げることはできない．

に進化したのかを解明する方向に進んでいる。その材料としてカラス類を対象とした研究が進められ、次々に新しい発見が生み出されている。カレドニアカラスやミヤマガラスを用いて、さまざまの課題を与えてクリアさせる問題解決テーマもその一つである。イソップ寓話に、口が細く長い水差しに入った水を飲みたいカラスが、小石を一つずつ水差しのなかに落とし入れて水位を上げて水にありついたという話がある。この寓話に従った課題をカレドニアガラスとミヤマガラスに与えたところ、両種とも小石をガラス容器のなかに落としこんで水位を上げて、水に浮かぶ餌（ミールワーム）を獲得した（図8・6）。一方が水を入れたパイプで、他方が砂やおがくずを入れたパイプで、それぞれ表面に餌がある場合、砂のパイプに小石を入れても役には立たないが、カラスは迷わずに水の入ったパイプのほうに小石を入れた。細かい実験設定は、それぞれの種を用いた実験で異なるが、どちらの実験でも、迷うことなく課題をクリアしていった。実験に用いた個体は同じような条件下で訓練したことはなく、同様な状況を経験したこともないので、カラスが洞察に基づいて問題を解決していると考えられる。

また、カレドニアカラスもミヤマガラスも道具作り実験の対象になった。これは、垂直に立てた透明なプラスチックパイプの底に餌を入れた小さな籠を置き、まっすぐな針金を一本だけ与えたもので、被験個体は針金を折り曲げ、折り曲げたほうをつっこんで、籠の取っ手に引っかけて取り出した（図8・7）。カレドニアカラスは、そのままではパイプのなかに入らない屈曲した薄いアルミの金具を与えられると、パイプに入るように形を修正して籠を引き上げた。その他に、いろいろな新しい未経験のテストが与えられたが、そのいずれをも成功し、試行錯誤の結果正しい方法に到達するのではなく、洞察に基づいているとしか考えようがないように振る舞っている。

貯食行動

カラス類やシジュウカラ類は餌を地中や岩の割れ目などに隠し、後に取り出して消費する貯食行動が知られている。貯食行動には、隠す餌の種類や場所などについての記憶に基づいた取り出し行動がともなうので、高度に知的な行動であるといえる。位置に関係した記憶（空間記憶）は脳のなかの海馬という器官に蓄積され調節される。貯食をする鳥類の海馬は貯食の習性のない鳥類よりも大きい。また、貯食してこれを利用する秋から冬にかけては海馬の体積が大きく増加することが、一冬に数万個の種子を貯食するアメリカコガラなどで知られている。ハイイロホシガラスは貯食した三万個ほどのマツの種子を六ヶ月にわたって消費するので非常に長期間の空間記憶の維持が必要になる。

どこに隠したかだけではなく、いつ、どのような餌（腐りやすいか、長持ちするか）を隠したかという記憶も蓄えられる。アメリカカケスは数は少ないがさまざまな種類の食物を貯食するので、それぞれの食物ごとの記憶が必要になる。本種は、食物間の賞味期限の違いを区別でき、腐りやすい食物は早めに消費し、また、賞味期限を過ぎた食物は取り出さないが、長持ちする食物は貯食後かなりの時間が経過して取り出す。

群れで生活する社会的な種では、周辺の個体が隠された食物を見つけ出して横取りするリスクがある。そのため、どのような状況で隠したか（周りに他個体がいたかどうか）という記憶も重要になる。カラス類では、貯食者自身だけではなく、貯食を目撃した個体もその場所を記憶しており、後に隠し場所から食物を取り出すことが知られているが、群れる習性のないヨーロッパシジュウカラでは、そのような、観察に基づく空間記憶の維持は見られない。このような、貯蔵餌の横取りの危険があると、それに対抗する行動が進化する。

周辺に他個体がいると、陰になった場所に貯食する、回収の際は貯食場所へは遠回りをしていく、観察者に気づくと観察者が注意をそらすか、見えなくなるまで貯食を再開しない、また、見られたことに気がつくと、観察者がいなくなった後に場所を移し替えるなどといった行動が知られている。もっと巧妙には、観察者の前では貯食のまねをするか、小石など餌以外のものを隠す行動さえ見られる。また、アメリカカケスでの観察によれば、盗みの経験をした個体は自身が盗みに遭う危険も予測できており、観察者から見られたときには隠し場所を移動させたが、自身が盗みをした経験のない個体では移し替えは観察されなかった。最後に、盗食者のほうもうまく隠された餌を盗み出すための行動を進化させている。たとえば、ワタリガラスでは貯食場所とまったく異なる場所を探すふりをして貯食者の判断を誤らせることが知られている。

鳥類の個性または行動シンドローム

動物の認知行動の研究は比較認知科学の方向に進んでいる。しかし、生態学研究者の興味は、野外で観察される認知行動がどのような適応的な意義を持つかということである。飼育下の実験では、できの良い個体がいる一方でできの悪い個体もいる。このような認知行動の個体差は野生個体群にも存在するはずなので、その個体差が適応度、つまり、繁殖成功や生存可能性などに本当に影響しているのかどうかが気にかかる。知能の高い個体は配偶者獲得でも、子育てでも、寿命においても他の個体よりも優れた結果を残しているのだろうか。このような観点から、最近では、動物の個体のある行動と他の行動との関連性が注目されるようになった。言い換えると、動物のそれぞれの個体にはそれぞれ個性があり、類似した個性を持つ個体は似たような行動をとり、また、ある行動で似たような傾向を示す個体同士は他の行動でも似たような傾向を示すのではないかということである。性格（personality）や気質（temperament）ということもできる。

動物の「性格」の指標としては、「勇敢さ、図太さ」（boldness）、「攻撃性」（aggressiveness）、「リスクテイキング」（risk-taking：人間でいえば、過ちを恐れないこと。動物では危険を恐れないこと）、「探索行動」（exploration）、「新しもの好き―新しもの嫌い」（neophilia-neophobia）などが用いられてきた。動物の個性研究は、当初、霊長類やマウスを使った室内実験研究を主体に発展した。鳥類ではヨーロッパシジュウカラでもっともよく研究されているが、ほとんどが室内実験に基づくもので、他の種の野外での研究はほとんどない。これまでの研究で、この行動形質が、個体内で再現性があり、遺伝的であることが明らかになっているが、「性格」が野生個体群の生態学的特性にどのような影響を与えるのか、また、「性格」の多型がどのように維持されるのかという側面からの研究はまだ少ない。

性格研究のカバーする範囲も、上述した「性格」の指標と採餌行動、対捕食者行動などとの関係の解明に限られている。しかし、この「性格」の概念をさらに拡大して、さまざまの異なる行動はそれぞれつながりがあって、個体内では一貫していると考え、これらの互いに相関する異なる行動のセットを、「行動シンドローム」（behavioural syndromes）と定義して、その一貫性の意義を解明しようという流れが現れている。これにより、一見、非適応的な行動は他の行動とつながって出現していると説明することが可能である。

図8・8　アオアズマヤドリの問題解決テスト（描画：勝野陽子）．透明プラスチックの覆いを外して，なかにある赤いプラスチック片を除去する．

頭の良い個体は繁殖成績も良い

実際に、行動間のつながりが見られるかどうかは、識別した個体について、複数の行動を観察して、行動間の相関の有無を確認することで得られる。認知行動の観点から見ると、問題解決能力と他の行動とのつながりを解明した研究がある。アオアズマヤドリはオスがアヴェニュータイプ（一対の壁）のあずまやを造り、求愛ディスプレイをする。メスとの交尾成功に関連するのは、あずまやの立派さとあずまやの周りに置かれる青い装飾物の量である。そこで、アオアズマヤドリのオスに問題解決テストを課して認知能力を評価して、知能程度とあずまやの特性や交尾成功と関連があるかどうかを確認する。

アオアズマヤドリはあずまやの周りに青を主体とした飾りものを並べるが、一方、赤いものを嫌い、あずまやの近くから遠ざける。この習性を利用して、赤いプラスチックを装飾物の置かれるあずまやの入口付近に置き、透明プラスチックのカバーをかぶせて、処理の時間を計った（図8・8）。カバーを除去しないと赤いプラスチックは除去できない。オスはすばやく赤プラスチックを除去したが、処理時間が短いオスほど交尾成功が高かった。この結果は、問題解決能力が高い個体ほど交尾成功も高いことを示している。

交尾成功はあずまやの立派さとも関係しているので、問題解決能力の高いオスはあずまやも立派でメスに選ばれる。メスは、あずまやの質を手がかりに、問題解決能力の高いオスを選んでいるといえる。実際に、アベニュータイプとメイポールタイプの系統それぞれに、複雑なあずまやを造る種ほど脳サイズが大きい傾向があることが報告されている。ただし、同じ問題解決課題を課したマダラニワシドリでの結果では、問題解決能力と交尾成功に一定の傾向は見られなかった。まだ、研究例の積み重ねが必要ということである。

ヨーロッパシジュウカラを使った別の研究では、繁殖中の巣箱の入口にひもを引けば開けられる扉をつけて親の進入を妨げて、ヒナに給餌する際に、親がひもを引いて扉を開けるまでの時間を問題解決能力として、巣立ち成功との関係を調べた。遅いつがいでも、四分以内には巣箱に入れたので、この実験自体がヒナの成長や巣立ち率に影響することはないと考えられる。少なくとも親のどちらかの問題解決能力が高い巣では、産卵数が多く、卵の孵化率が高かった。この結果は巣立ち成功に反映して、問題解決までの時間が短かったつがいほど産卵数の違いの影響を除いた巣立ちヒナ数が多かった。制限時間内に問題を解決できたつがいはできなかったつがいよりも給餌頻度は高かったが、解決できたつがいのなかでは、解決に要した時間との一定な関係は見られなかったので、問題解決能力と養育能力とのつながりは明瞭ではない。そのため、繁殖成功の違いがなぜ生じるのかは明らかではない。

しかし、問題解決能力も単に生まれついてのものだけではなく、体調などの個体の生理的条件や群れ生活などの社会的条件によっても影響される。たとえば、新規な開拓を促進する条件に関して相反する二つの仮説があり、一つは貧弱な生理状態にある個体は必要に迫られて新たな資源を開発するというものと、これと逆に、良好な生理状態にある個体ほど高い認知能力を発揮できるので新たな問題を解決しやすいというものである。体調の異なるイエスズメに問題解決テストを課すと、外部寄生虫に寄生されるなどして体調の劣る個体よりも、体調の優れた個体のほうがすばやく問題を解決できることがわかった。やはり、体調不良だと勉強にも身が入らず、頭の動きも鈍くなるだろう。

社会条件については、いくつかのレバーを引けば餌が下に落ちて食べられるようになる給餌器を野外に設置して訪れるヨーロッパシジュウカラやアオガラのどのくらいの割合が餌獲得に成功するか測定したところ、同時に訪れた群れサイズが大きいほど問題を解決できた割合が高かった。これは、どこかで似たような経験をした個体は問題を短時間で解決できるので、そのような個体が混じっている可能性が高い大きな群れでは、他個体の社会学習によって問題解決の可能性が高くなると考えられている。まさに、三人寄れば文殊の知恵である。

問題解決能力は他にもいくつかの種で調べられている。マヒワのオスの翼には黄色い斑紋があり、この斑紋はメスによる選り好みの手がかりになっている。やはり、いくつかの爪楊枝で餌の出口をふさいでいる給餌器を使って、問題解決までにかかる時間を測定したところ、黄色い斑紋の大きいオスほど早く解決する傾向が見られた。つまり、魅力的なオスは頭も良いということである。メスであれば、才色兼備ということになるが。

また、闘争能力と新規な問題の解決能力との関係はヨーロッパシジュウカラで調べられている。冬期の餌台にやってくる個体の餌台占有時間の長短を闘争能力の指標として、別に給餌器を使ったテストで評価した問題解決能力との関係を見たところ、闘争能力の高い個体ほど問題解決能力が低いことがわかった。天は二物を与えず。闘争能力の高い個体は冬期の餌の確保や繁殖期のなわばり占有などを通じて適応度を高めることができるが、闘争能力に劣る個体は頭を使って別の道を探る方向に進んでいると解釈されている。天は万物に生きる道を与えている。

認知能力以外の性格と行動との連関

新しいものが出現したときに、すぐに近寄って探索行動を始めるかどうかは、勇敢さの指標としてよく用いられる。シロエリヒタキのオスでは、新しい環境への探索をよくする勇敢な個体は、臆病な個体よりより攻撃性が高く、実験的に提示されたデコイへの攻撃を早く開始する。また、勇敢な個体は、人間が近づいてもすぐには逃げずに、危険を冒しがちである。さらに、攻撃性の高い個体ほどリスクを冒す傾向がある。すなわち、新しい環境をより頻度高く探索する個体は潜在的捕食者の接近に対してより危険を冒しがちであるということになる。

本種では、オスがメスに対して行う巣場所の誇示は配偶行動の重要な部分を占めるので、新しい巣場所を積極的に探索するオスはつがい形成の成功を高めると考えられる。しかし、危険を冒す性格は生存率を下げることにもつながる。一方、臆病な個体は、これとは逆に、メス獲得には苦労するが、危険を冒すことが少ないので長生きして繁殖を続けることができる。性格の異なる個体は異なる方法で変化した環境に対処して、それぞれの繁殖成功を達成しているといえる。

生物の生活史は、寿命によって異なり、長生きする種ではゆっくりと繁殖する（スローライフ：産卵数少なく、繁殖開始年齢が遅いなど）が、短命の種では精一杯で繁殖する（ファーストライフ：産卵数多く、繁殖開始が早いなど）。このような繁殖戦略の違いは、種内でも見られる。すなわち、太く短く生きるか、細く長く生きるかが、個体の性格によって決まっている。しかし、どちらか一方の性格が常に有利で選択されるということではなく、ある性格が多数派になれば少数派の性格が有利になるという頻度依存的選択の結果、どちらの性格も残っていくと考えられる。

集団採餌する種では、特定の個体が移動の先頭に立つことが知られている。先頭に立つかどうかは、個体の経験、順位、やる気などが関与していると考えられている。カオジロガンでは、体の大きな個体は順位が高く、オスはメスより順位が高いが、性格に関する形質（探索性、活動性、勇敢さ）に性差はない。勇敢な個体（新しいものへ近づく傾向が強い）は先に餌場へいくことが多く、到達時間も短く、餌場へ到達できることが多く、餌を獲得する可能性も高い。しかし、順位や体サイズなどは、先頭に立つかどうかや到達時間などとは関係しない。つまり、群れ内の地位が高いかどうかに関係なく、また、たとえ体は小さくても、図太い個体は群れをリードし、餌場にたどり着く可能性が高く、到達にかかる時間は短い。新しいものに興味を示す個体は、リーダーになる素質があるということか。

勇敢さに欠ける個体でもあきらめることはない。自分の勇敢さとは別に、勇敢な個体と一緒の個体は餌場へ到達できることが多かった。たとえ自分に勇気がなくても、図太い個体と一緒にいれば餌にたどり着く可能性が高くなる。餌場の情報を持っている個体でも、それを使えるかどうかは他のメンバーの性格に依存しているということだろう。良い友達を持つことは大切である。

シロエリヒタキでは勇敢な個体は攻撃性が高く、オスのメス獲得に重要であったが、カオジロガンでは、勇敢さは活動が活発であるかどうかや順位とも関係しなかった。シロエリヒタキの場合は、オスがなわばりを防衛する。このような種では、勇敢さは攻撃性と一体であるが、群れを作る種では攻撃性ではリーダーになれず、攻撃性とは関係なく、新しいものが出現したり、新しい環境に置かれたりしたときに、それを率先して探索する勇敢さが必要ということかも知れない。これこそ、リーダーには持っていてほしい性格である。

まとめ

野外では真の道具使用や道具製作という行動が観察される例は非常に少ない。これは、他の方法に比べて、このような行動のほうが高い収益性を持つという状況は、かなり限られた環境にしか存在しないということだろう。しかし、認知行動といえるような行動はそれほど稀ではなく目撃できる。このような行動と他の行動や生活史との関連を解明することは、これからの鳥類行動生態学に実り多い進展をもたらすと考える。自然下での認知行動の研究はまだほとんど手つかずの状況である。

第9章

ライバルこそが頼り

── 他種の利用または搾取

マダガスカルのバオバブの木．中央枝分かれ部の左にチョウゲンボウが止まり，右枝上方にハシナガオオハシモズの巣がある．

情報化時代で、そのうえ、競争化の時代。より多くの情報を持つこと、そしてなにより競争相手の情報を持つことほど、競争を有利に導く手段はない。動物でも情報が重要なのは同じこと。同種、異種にかかわらず、他個体の情報や資源を搾取する行動が動物にはよく見られる。人間と違うのは、搾取とはいっても、搾取する相手の利益にはほとんど関係しない場合が多いが、なかには、相手の不利益になる場合もあり、もっと稀には利益になる場合もある。この現象に関係した興味深い鳥類の行動を紹介する。

共生的営巣

関東平野にはオナガがありふれた鳥として棲息しているが、オナガはルースコロニーと呼ばれる、つがいが互いに接近して営巣する繁殖分散を示す。ウミネコやシャカイハタオリのようなコロニー繁殖の鳥のようにびっしりと接近した巣ではないが、雑木林のなかに造られた巣の間は四〇メートル以下で、近いもの同士では一〇メートル程度という例もある。そのオナガが猛きん類のツミの巣の近くに営巣するという例がある。ツミは自巣の五〇メートル以内に接近したカラス類などを攻撃するが、オナガはツミの巣から数十メートルほどの位置に巣を造る。オナガは集中して営巣するので、植田睦之さんが調査した地域では、ツミの巣一つ当たりに六巣ほどのオナガの巣が存在し、調査したツミの巣の九割以上で、近くにオナガの巣が造られていた。オナガの繁殖中の巣の観察や擬巣を使った実験の結果では、ツミの巣が近くにないオナガの巣では四日目までにはほぼすべての巣で捕食が起きたが、ツミの巣の近くではまったく捕食は起きなかった。

オナガの主要な捕食者はハシブトガラスで、ツミは繁殖期間中には巣に接近するハシブトガラスを攻撃することから、オナガはツミの巣防衛行動のおかげでカラスの捕食を免れている。しかし、ツミの繁殖が終了すると防衛行動はなくなり、カラスによる捕食が急増した。さらに、ツミの巣に近く営巣したオナガの巣は、ツミの巣から離れた巣よりも葉層による隠蔽度が低く、オナガはツミの巣近くでは、必ずしも巣を隠すような場所で営巣してはいないことを示している。ツミは小型の鳴きん類を主食とするがオナガを捕食することはほとんどない。また、ヒナや卵がツミに襲われることもない。ツミがオナガの営巣によって利益を得ているという観察はないので、オナガはツミの巣防衛行動により一方的に利益を得ているといえる。

このような、捕食者や攻撃的な種の近くに他の鳥類が営巣することを共生的営巣と呼ぶが、これまで、世界中で九二種がハチやアリおよび攻撃的鳥類の巣の近くに営巣していることが知られている。スズメ目が圧倒的に多く、カモ目とチドリ目がこれに次ぐ。頼りにされる種としては、チドリ目（主にカモメ類）とタカ目鳥類とハチが多い。日本でも、ツミとオナガ以外にも、スズメがサシバやハチクマの巣の近くに営巣するという報告がある。これらの猛きん類は小鳥を主食としないが、オオタカは鳥類を主要な餌とするので、本種の近くに営巣する小鳥類の例は知られていない。

多くの例を参照しても、防衛種が防衛される種から利益を得ていることが明らかになった例は非常に少ない。私自身は、マダガスカル南部で、一本の大きなバオバブの木に、マダガスカルチョウゲンボウ、ハシナガオオハシモズ、シロガシラオオハシモズの三種が営巣している例を見ている（扉写真）。ハシナガオオハシモズは捕食者等の接近に気づくと、「カラカラカラ」という大きな威嚇か警戒のための声を発する。この声は防衛種と見られるチョウゲンボウにとっても利益になるのではないかと考えるが、証拠は得られていない。

オオツリスドリとハチ

オオツリスドリはメキシコ南部からペルーにかけての中南米に分布する。名前の通り、植物で編んだヘチマのような巣を川沿いの木の枝からぶら下げる。一本の木に何つがいも営巣するので、遠目には果実が実っているように見える。本種の営巣コロニーの中心にハチの巣が造られていることがある。一方、オオツチスドリにはオオコウウチョウが托卵することがある。これら二種とハチの巣、さらには寄生性のハエの存在が、これらの生物間に複雑な種間関係をもたらしている。

オオコウウチョウはカッコウのように寄主が宿主の卵やヒナを排除することはなく、巣内で宿主と寄主のヒナが同居する。通常、宿主は寄主を攻撃して托卵を防ぐ行動を示す。しかし、オオツリスドリの場合は、托卵を防ぐ行動を示すかどうかはコロニーにハチの巣があるかどうかで決まる。ハチの巣のあるコロニーでは托卵を防ぐが、ハチの巣のないコロニーでは托卵を防ぐ行動は見られない。オオツリスドリの繁殖成功を調べてみると、ハチの巣のあるコロニーでは托卵を受けた巣のほうで巣立ち成功が低下する。ところが、ハチの巣のないコロニーでは托卵を受けた巣のほうが巣立ち成功は高かった。

この違いが生じる理由は寄生バエの存在による。このハエは、ヒナの体表面に卵を産みつけ、かえった幼虫はヒナの皮膚を食い破って成長する。このため、ヒナの死亡が高まる。オオコウウチョウのヒナはオオツリスドリよりも早く孵化して、成長が早く、巣のなかで活発に動く。そして、オオツリスドリのヒナの体表についているハエの卵や幼虫を餌として食べてしまう。これにより、托卵を受けた巣のヒナのほうが托卵を受けなかった巣のヒナのほうより生存率が高く、巣立ち成功も高くなる。このコロニーではオオツリスドリは托卵を防ぐような行動を示さない。

一方、ハチの巣のあるコロニーでは、理由はわからないが、ハエの寄生がない。そのために、托卵を受けると巣立ち成功は低下する。このコロニーではオオツリスドリはオオコウウチョウを攻撃して托卵を防ぐ。このように、ハチは重要な存在である。サルはオオツリスドリの潜在的捕食者であるが、ハチはどう猛な習性を持つので、ハチの巣があるコロニーではサルによる巣の捕食は少ないと考えられている。もともと、ハチを防衛種としたオオツチスドリとの共生的営巣から始まったと思われるが、オオツリスドリの積極的なハチの巣周辺への営巣なのかどうかはわかっていない。

異種誘引または情報寄生

生態的地位が似ている種同士は、同じ資源をめぐって競争する可能性が高く（競争的排除）、生息場所ないし微少生息場所を違える方向に進化は進むと考えられている。これを生息場所分離（「すみわけ」といわれることも多い）という。しかし、競争関係にあると考えられている種同士が、かえって、生息場所を接近させる例も少なくない。

ミネソタ州の湖のなかにある小さな島のいくつかで、留鳥であるアメリカコガラやムネアカゴジュウカラなど樹上性昆虫食鳥類の生息密度を除去や移動により操作した後に、渡り鳥の繁殖定着数を比較したところ、個体数を増やした島で渡り鳥の定着数が多くなることが確かめられた。特に、操作した鳥類と生態的地位が似ている樹上性昆虫食種の増加が顕著であった。また、留鳥の増加にともなって、定着数が減少した種はいなかった。このことから、種間競争の重要性はこの実験の場合は当てはまらない。逆に、上の結果は、渡り鳥が留鳥の密度を手がかりに、最適な繁殖場所を選択したことにより、生息場所が接近したと考えられている（「異種誘引仮説」）。

特定の留鳥と渡り鳥との間の異種誘引については、樹洞営巣性で樹上性昆虫食者の、北欧のシジュウカラ類とマダラヒタキ類との間の関係がよく調べられている。渡り鳥であるマダラヒタキの渡来前に、ヨーロッパシジュウカラとアオガラの繁殖個体を除去した区域と増やした区域の間で、ヒタキの繁殖開始日、ヒナ数、ヒナの体重などを比較したところ、シジュウカラ類のいる区域のほうで繁殖開始が早く、ヒナ数が多い傾向が見られた。また、別の実験で、シジュウカラ類の巣からの距離が異なる巣箱へのマダラヒタキの選択傾向を調べたところ、ヒタキはシジュウカラ類の巣に近いほうの巣を選び、ヒナの体重や体サイズが遠い巣よりも大きかった。このように、競争的排除の予測からはずれて、マダラヒタキは競争者に近い場所で繁殖することにより適応度を高めていることが明らかになった。

ヒタキの適応度上昇のメカニズムとしては、二つの仮説が考えられる。一つは、留鳥の密度が高い地域は資源が豊富な環境であり、また、質の高い場所に巣が造られると考えれば、密度や営巣場所は生息場所の質を評価する手がかりとなるというもので、この結果、渡り鳥は留鳥の密度の高い地域や巣の近くを選ぶ。もう一つは、留鳥と、日常、社会的に接触していれば、採餌場所や捕食者などの情報を取得する機会があり、その結果、ヒナの養育や捕食者回避が向上したという考えである。

留鳥は渡り鳥に比べると生息地への親密度が高く、生息場所の情報を多く持っている。また、渡り鳥より半月ほど繁殖開始が早いので、渡来したマダラヒタキは、営巣場所決定のための情報を、シジュウカラ類の繁殖情報から得ることが可能である。渡り鳥は繁殖可能期間が限られており、繁殖成功は日が進むにつれて急激に低下する。そのため、留鳥に比べると生息場所の評価に多くの時間を費やすことができない。留鳥からの情報は、渡り鳥の繁殖に大きく貢献するだろう。

マダラヒタキがシジュウカラ類から情報を得るメカニズムに関する二つの仮説を検証するために、巣箱占有後に、巣箱の位置を移動させて、互いに遠く離れて繁殖する巣と接近して繁殖する巣を設定して比較する野外実験が実施された。この結果は、両種の間で異なり、マダラヒタキではシジュウカラと隣り合わせでも単独の場合でも繁殖成功やヒナの体重などに違いはなかったが、シジュウカラはマダラヒタキと隣り合った巣では繁殖成功は低下した。巣箱の移動はマダラヒタキの営巣場所選択が生じた後に実施し、隣り合わせと単独への割り当てはランダムに行ったので、シジュウカラ類の巣に近い巣が質の高い場所とは限らない。

結果は予測通りで、マダラヒタキのほうに処理による繁殖成功の違いは生じなかった。また、その後のシジュウカラとの人為的な接近が、繁殖成功を高めなかったので、留鳥からの社会的接触に基づく情報の取得が繁殖を向上させることはなかったと考えられる。巣の位置が営巣場所の質の情報として使用されるというメカニズムのほうの可能性が高い。

シジュウカラの繁殖は巣のある環境に影響されるとしても、それぞれの巣の場所の質をマダラヒタキ類はどのようにして評価しているのだろうか？　マダラヒタキのオスは渡来直後に営巣場所を探すが、シジュウカラが占有している巣を訪れて、のぞき込むことがある。シジュウカラはマダラヒタキの接近に気づくと激しく追い払い、ときには、後者の死亡を引き起こすこともある。また、繁殖開始後にも、マダラヒタキはシジュウカラの巣を訪れる。シジュウカラの各巣は平均して一日一回はマダラヒタキの訪問を受ける。マダラヒタキの来訪頻度とシジュウカラの巣の特性との関係を見ると、弱いながらも、給餌回数が多い巣をよく訪れる傾向が見られている。

マダラヒタキによるシジュウカラの巣の訪問は、シジュウカラの繁殖情報の収集だと考えられている。渡来直後の訪巣では、シジュウカラの多くは産卵中であり、産卵数を営巣場所の質の指標とすれば、どの巣の近くに営巣すべきかの判断が可能となるだろう。一方、その後の訪巣では、マダラヒタキはすでに繁殖に入っており、取得した情報をその年の営巣場所選択には使えない。翌年の営巣場所選択の際に用いるのだろうと推察されているが、これを示す証拠はない。

営巣密度ではなく、シジュウカラ類の巣そのものから情報を得ているのではないかと示唆する状況的な証拠は、繁殖の有無と巣箱の特徴とのつながりを社会的に学習するという事実から得られている。シジュウカラとアオガラが営巣を始めた巣箱の入口に丸か三角のどちらかのマークをつけ、その隣に、繁殖巣と反対のマークをつけた空の巣箱を設置する。次に、マダラヒタキの渡来直前に、これらのカラ類のなわばり内に、それぞれのマークをつけた巣箱を二個隣り合わせて設置して、ヒタキが丸と三角のどちらのマークの巣箱で繁殖を開始するかを調べた。繁殖巣のマークの種類は、同じ調査プロットでは統一した。

その結果、渡来初期にはマダラヒタキは両方のマークの巣箱を同等に選択したが、繁殖期が進むにつれて、シジュウカラが繁殖した巣と同じマークのついた巣箱を利用するようになった。地域を違えて、シロエリヒタキでも同様の実験を行ったが、両種でまったく同じ傾向が見られた。このことは、他個体の行動に従って自身の行動を変化させる、社会的学習は異種間でも成立することを示している。巣箱のマークは繁殖成功に影響する特徴ではないが、マダラヒタキ類は、シジュウカラ類の巣箱選択傾向を巣箱ごとにモニタリングして、選択された巣箱と同じ特徴を持つ巣箱を選択したといえる。

さらに、この実験の延長で、シジュウカラの卵数を減らした巣（五卵）と増やした巣（一三卵）で同様にマークをつけて、その後渡来したマダラヒタキに巣箱の選択をさせたところ、五卵の巣のある区域ではシジュウカラと同じマークの巣が選ばれることは少なかったが、一三卵の巣の区域ではシジュウカラと同じマークの巣を選んだ場合が多かった。つまり、産卵数の少ない巣のある場所は、あまり良い環境ではないと判断されたことになる。この結果は、マダラヒタキがシジュウカラの巣をモニタリングして、産卵数によって巣の場所の質を評価していることを示している。

卵覆いは情報隠し？

マダラヒタキ類は留鳥のシジュウカラ類の繁殖をモニタリングして営巣場所を選択する。両者の間では、渡り鳥の

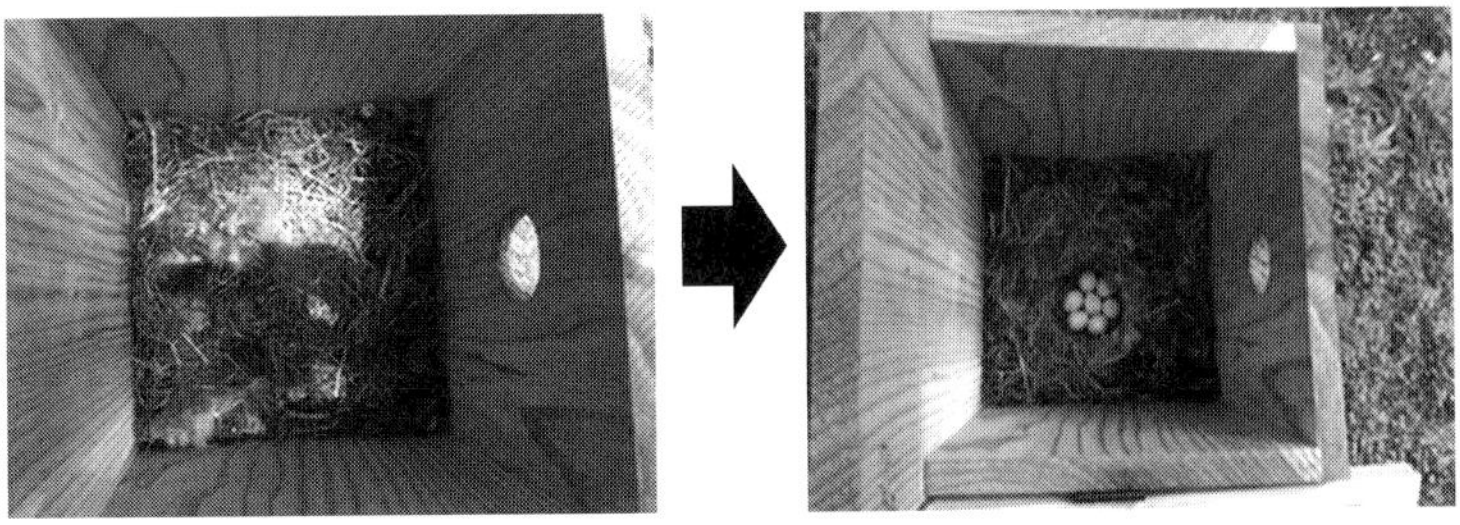

図9・1　日本のシジュウカラに見られる卵覆い．左が産卵期（卵4個）で右が抱卵期（卵7個）．どちらも同じ巣．（撮影：石井絢子）

マダラヒタキがシジュウカラに接近して繁殖することで利益を得ている一方では、留鳥のシジュウカラは不利益を被っていると考えられる。シジュウカラに不利益があるとするとマダラヒタキ類の情報収集を妨げて、自身の巣の近くでの繁殖を防ぐような対抗的な行動が生じると予測される。シジュウカラのマダラヒタキへの激しい攻撃はその一つかも知れないが、繁殖巣からの他種の撃退は、捕食防止の目的でも起きるだろう。

シジュウカラ類には産座の上に羽毛や獣毛などを置いて卵を覆う行動が知られている（図9・1）。卵覆いは産卵期間中だけに見られ、抱卵期には見られない。卵覆い行動については、これまで、いくつかの仮説が提出されてきた。カイツブリの仲間やチドリ類で見られる卵覆いは、親が巣を離れたときの捕食と卵温の低下を避けるためであると考えられている。捕食者から卵を隠す機能があるという仮説は、シジュウカラは樹洞性で、もし、捕食者が巣への進入を果たしたら、卵覆いは機能しないと考えられるので支持されない。卵温が下がるのを防ぐという仮説は、胚の成長が始まって卵温の低下がより深刻な影響を与える抱卵期に卵覆いが見られないことから否定される。

オーストラリアのハイガシラゴウシュウマルハシにも卵覆いの習性がある。本種はドーム状の巣を造るがそのなかに産み込まれた卵の上に枯れ草を置く。小型CCDカメラで巣の内容をチェックするときに、枯れ草に隠された卵を見逃すことがたびたびあって、結局は四メートルくらいの高さの巣までハシゴで登って手を突っ込んで確かめないといけなかった。本種の場合は、強烈な直射日光による卵温の上昇を防ぐことに、卵覆いの機能があるのではないかと考えているが、この巣を乗っ取って卵を産み込むアオツラミツスイには卵覆いの習性がないので、日光遮蔽仮説も怪しい。

卵覆い行動でおもしろいのは、第4章で紹介したツリスガラのメスによる卵覆いである。本種は、メスが産卵した後に、雌雄のどちらが抱卵に入り、その後の養育の仕事を担うかをめぐって性的対立が存在する。オスは産卵途中でメスを遺棄して、新しく他のメスと交尾することで一夫多妻的に繁殖しようとする傾向があり、メスは逆にタイミングを見て、オスによる遺棄の前にオスを遺棄して、新しい未婚のオスを探す。

オスは第一卵が産卵されるやいなやメスを遺棄する傾向があるので、いつ産卵が起きているかをオスに知らせないことがメスの戦略となる。メスは第一卵を産むとすぐに卵を覆い、二卵、三卵と増えるにつれて、卵覆いは少なくなる。卵覆いがなかった巣ではすべてオスの遺棄が生じたが、卵覆いのあった巣の三割近くではオスがヒナの養育を行った。産卵が始まるとメスは巣に近づくオスを攻撃するようになり、オスが巣に入ることを拒む行動が見られる。また、卵覆いをしたメスの一部はオスを遺棄して一妻多夫的に繁殖していた。これらの事実は、メスによる卵覆いは、オスに対して産卵時期を隠し、オスの遺棄を防ぐと同時に、一妻多夫的に繁殖するためのメスの戦略であることを示唆している。夫婦間での駆け引きには凄いものがある。

シジュウカラについては、卵覆い行動は競争種のマダラヒタキ類への情報の漏出を防ぐ機能を持つという新しい仮説が提出されている。先に述べたように、マダラヒタキはシジュウカラの巣をのぞいて、そこにある卵数の多少で、その巣のある場所の質を評価している可能性があることが示されているので、産卵期に限られた卵覆いは、シジュウカラによる情報隠しの可能性もある。

この仮説を検証するために、産卵中で卵覆いが見られるシジュウカラの巣の近くで、競争種のマダラヒタキと生態的地位が異なるレンジャクの剝製とさえずりの再生音を提示して、その後に卵覆いのためにシジュウカラの巣へ持ち込まれる獣毛の量が多いか少ないかを調べた。結果は予測通り、マダラヒタキの提示後のほうがレンジャクの場合よりも、シジュウカラは多くの獣毛を運び込み、産座の広い範囲を覆った。この結果は、シジュウカラが競争種のマダラヒタキによる自身の繁殖情報（産卵数）の取得を妨げて、自巣の近くでの繁殖を防いでいることを示唆している。

異種間社会学習

社会学習は同種他個体の行動を観察することにより、自身の行動を変えて技術を向上させることであるが、異種間の情報を取得して学習することもある。よく知られている例は、シジュウカラ類などの作る複数種群（通常、「混群」と呼ばれる）内での採餌場所の模倣である。日本では秋から冬にかけてシジュウカラ類を中心とした混群ができるが、熱帯の森林性鳥類は通年混群を形成する。混群はもともと同種同士で小さな群れを作って採餌する種の群れに、他の種の群れや単独個体ないしつがいが加入してできる。同種個体で形成される群れと同様に、採餌効率の向上と捕食者回避が、混群形成の主要な利益である。これらの利益があることから、通常は単独かつがいで生活する種が、採餌移動など捕食の危険が高くなる場合に混群に参加する。混群を形成する種のうち、もともと群れを作る種は中核種、中核種に付き従って混群に参加する種を追随種と呼ぶ。

群れのなかでは他個体の行動を模倣して自身の行動を変化させることがある。特に顕著なのは採餌行動の変化である。森林性鳥類では、主要な採餌基質（樹木の種類、地表、空中など）や採餌位置（地面からの高さ、樹木の部位など）は種ごとに異なっている。種の形態に応じて、種それぞれにもっとも効率良い採餌基質や採餌位置で採餌することによる採餌ニッチの分離が起きていると考えられている。しかし、追随種のなかには、混群のなかでその種の本来

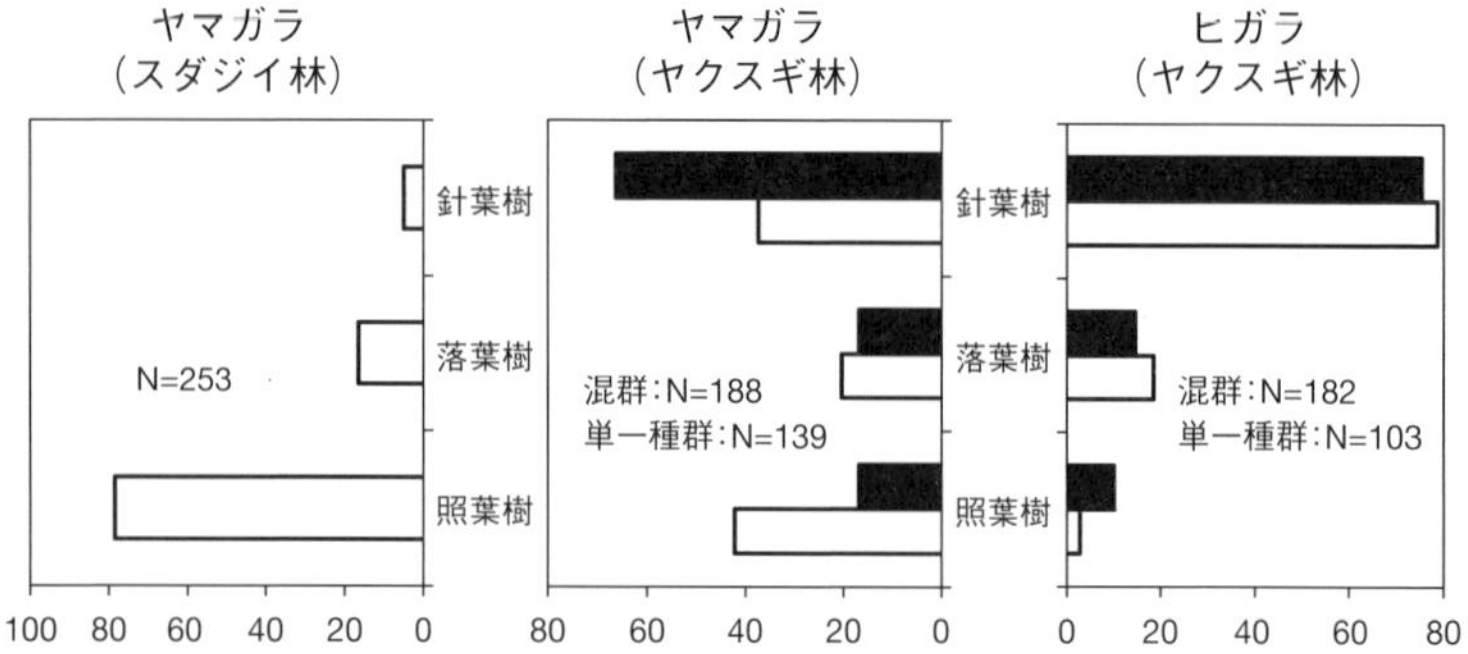

図9・2　屋久島に棲息するヒガラとヤマガラの採餌基質選択（江口未発表）．白棒：単一種群，黒棒：混群．

の採餌ニッチではなく、他種の採餌ニッチに近い採餌行動を示すものもいる。採餌高が中核種のそれと近くなることは多くの例が知られている。エナガは群れを形成することが多く混群での中核種となるが、エナガのいる混群では他の種の採餌位置がエナガの採餌位置に収れんする。

基質や採餌部位の収れんも起きる。屋久島にはシジュウカラ類としては、ヤマガラとヒガラの二種しか棲息しない。ヤマガラは、本来、常緑広葉樹林（照葉樹林）に適応し、一方、ヒガラは針葉樹林に適応している。屋久島のヤクスギ帯は、本土ではモミやツガ、アカマツなどの針葉樹林の分布する標高に相応する。この林でヤマガラとヒガラが共存して、混群を形成している。ヤマガラは混群外では広葉樹で採餌することが多いが、ヒガラとの混群内では針葉樹でもよく採餌する。一方、ヒガラは混群内外で同じように針葉樹で主に採餌する（図9・2）。ヒガラはヤマガラより群れを形成することが多く混群の中核種といえる。追随種のヤマガラがヒガラの採餌行動を模倣して、そのために、採餌ニッチがヒガラに近くなったと考えられる。

マダガスカルの落葉広葉樹林に棲息する鳥類が作る混群では、アカオオハシモズが中核種となり、他の六種ほどが追随種として参加する。日野輝明さんの観察では、追随種ではいずれも、単独種群の場合より混群でのほうが採餌速度が高くなったが、アカオオハシモズだけは混群内外で採餌速度に違いは見られなかった。追随種が混群に参加することで利益を得て、一方、中核種のほうにはあまり利益はないように見える。

混群に参加する鳥のほとんどは樹木の幹、枝、葉についている昆虫やクモ類を捕食するが、飛翔性の昆虫を空中で捕らえて採餌する、サンコウチョウのような種も混群に参加する。マダガスカルの混群では、マダガスカルサンコウチョウやマダガスカルオウチュウなどの飛翔性昆虫食鳥類が追随種として混群に参加する。この両種は、他のメンバーの採餌行動に驚いて空中に飛び出した蛾などの飛翔性昆虫を捕らえる。一方、これら両種とも、捕食者の接近に気がつくと警戒や威嚇の声を挙げる。特に、オウチュウの警戒声は大きく、混群のメンバーは捕食者の接近に気づいて警戒するようになる。このように、混群メンバー間には互恵的な社会関係も存在する。

居候または他者依存

マダガスカル西部の落葉広葉樹林に固有種のムナジロクイナモドキという、ハトよりやや小さい地上採餌性の鳥がいる。本種は数羽の群れで地上を歩きながら採餌する。西部のアンカラファンチカ自然保護区でアカオオハシモズの観察をしていると、採餌中のクイナモドキの群れに気がついた。しばらく観察していると、少し離れた地面近くの枝に止まっているアカオオハシモズ一羽に気づいた。このアカオオハシモズは、クイナモドキの近くの地面に降りて餌を捕らえた。それで終わりかと思えば、このアカオオハシモズはその後もクイナモドキの移動についてまわり、ときどき、クイナモドキの側から飛び出した餌に飛びついては捕らえていた。

また、さらに、この二者以外に、一羽のテトラカヒヨドリ（日本のヒヨドリに形態は似ている）がつきまとっていて、飛び出した蛾類を空中で捕らえては食べていた。このように、アカオオハシモズもテトラカヒヨドリもクイナモドキの採餌行動を利用して採餌機会を高めていた。現代の日本でいえば、トラクターやコンバインについて回って、飛び出したカエルやバッタを効率良く捕らえるサギやカラスも同じである。

中南米やアフリカの熱帯地域には、大きなアリのコロニーが帯のような列を作って採餌移動する光景が観察される。軍隊アリやサスライアリと呼ばれるアリである。「インディージョーンズ・クリスタルスカルの王国」、古くは「黒い絨毯」といった映画では、黒い川の流れのようなアリの群れが人を襲う、背筋が凍るような場面を描き出している。軍隊アリの一種の *Eciton burchellii* のコロニーは一五〇万個体からなり、一日に千平方メートルの範囲を動き回るそうである。このアリは落葉層に潜む昆虫や小動物を狩るが、幅は二メートル～一五メートルの帯が長々と続くので、帯が通り過ぎた跡には動物はいなくなる。また、アリは潜んでいる動物を追い出すことになるので、逃げ出した動物を狙って鳥が集まる。実際、アリの行進の側に粘着性のトラップを仕掛けると、アリがいない場合に比べて、重量にして六～七倍の餌動物が捕らえられる。

このように、アリの行進の側で採餌すれば、手がかりなしに探し回って採餌するよりも、多くの餌を獲得できるので、軍隊アリやサスライアリのいる地域には、アリの行進に追従して餌を捕らえる「アリ追従ギルド」と呼ばれる採餌ニッチを持つ鳥類がいる。特に、南米にはアリドリ類と総称されるアリ追従の分類群が棲息する。アリへの依存の程度は種によってさまざまだが、アリモズ属鳥類はほとんどアリ追従だけで餌を捕らえる絶対的アリ追従者である。

アリは帯状の列で行進するといっても広いジャングル内では、一〇〇ヘクタール当たりにコロニーは五個くらいの密度の低さなので、当てもなく探しても容易に見つかるものでもない。絶対的アリ追従者は、毎日追従するアリの行進を見つけなければ、餌が手に入らない。アリの発するにおいや音でコロニーの位置を知るのではないかとも考えられるが証拠はない。ところが、最近、*E. burchellii* に追随するアリモズは巧妙な手段でコロニーの位置と出撃時期を予測することがわかってきた。

軍隊アリやサスライアリの仲間は固定した巣を持たず、地表や木のうろ、なかには浅い地中に、働きアリが互いにつながって塊となった「ビバーク」と呼ばれる移動性の「巣」を作る。卵、幼虫、サナギなどはこのビバークの中に保持されて、コロニーの移動とともに移動する。鳥はこのビバークを見つけ出して、コロニーの位置を知り、アリの行進の最前線（この場所が最大の採餌効率をもたらす）を見つけ出す手がかりとする。しかし、それほど話は簡単ではない。

E. burchellii は、地表にビバークを作るが、繁殖ステージによってビバークの性質が異なり、存在の予測可能性も変化する。本種には遊動期（一四日間）と静止期（二〇日間）という二つの時期が交互に訪れる。遊動期には、ビバークのなかには幼虫がいて、アリは餌獲得のために毎日狩りに出かけるが、広い範囲を狩り廻るため、ビバークも毎晩移動する。移動距離は一〇〇メートル～二〇〇メートルである。一方、静止期には、女王が産卵し、幼虫はサナギになる。餌の需要が低いので狩りに出る頻度は非常に低下し、期間の両端を除いては、狩りに出ない日もある。

このように、鳥にとっては、遊動期は狩りの予測は時間的には可能だが、空間的には予測不可能で、逆に、静止期には空間的には予測可能で、時間的には予測不可能になる。このため、毎朝、ビバークをチェックするといった決まり切ったチェック方法では採餌場所の予測ができない。また、特に、静止期には一つのコロニーだけに依存すると餌を取れない日が出現するので、複数のコロニーを把握していないといけない（三コロニーあれば、毎日行進に出会える）。

本種に追従する鳥は、行進に追従した後の午後にビバークをチェックし、翌朝、また、同じビバークをチェックする。もし、夜のうちにビバークが移動したことに気がつくと、鳥は前日にアリが行進したトレイル沿いにビバークか前線を探す。アリは前日のトレイル沿いに新しいビバークを作るので、この方法でビバークを見つけ出すことができる。ビバークをアリの行進の位置を知る手がかりにするには、コロニーの現在の繁殖ステージが遊動期、静止期のどちらに当たるのか、ビバークの現在位置はどこか、ビバークがいつ移動するのかといった情報を複数のコロニーについて保持しておく必要がある。

朝方のビバークチェックでは、アリがそのうちに行進に出る可能性があるので、行進につき従うのは容易であるが、午後のチェックではすぐに成果が得られるものではない。鳥は、午後の行進の後、アリに追従してビバークへ戻る。アリが前のビバークに戻らず、新しい場所にビバークを作ると、新ビバークまでアリについていき、翌朝、ビバークへ出かけて位置を再確認する。このように、午後のチェックは、コロニーの繁殖時期の確認と行進へ出る可能性の推測という、将来の計画を立てることに役立っていると考えられる。複数のコロニーの状態を把握して、明日はどのコロニーのどこで採餌するかを予測することは、ちょうど、性質の異なる餌を貯食して回収する貯食性の鳥類と同等の認知能力を持っていると考えられる。

アリドリ類の採餌はアリが追い出した餌がほとんどで、多くはアリが捕らえることができなかったものと考えられていた。ところが、鳥がいる状態といない状態でアリが獲得した餌量を比較すると、鳥がいないときのほうが、アリの餌獲得量が大きかった。アリ追従性の鳥は、アリにとっては無害な居候ではなく、有害な寄生者でもある。

まとめ

種間関係は種内の個体間関係に比べると、具体的な行動として野外で観察される例は少ない。このため、日常、ある鳥類を観察しているときには、異種個体の存在との間のなんらかの関係を意識することはない。しかし、同所的に棲息する種同士の間にはなんらかの関係が存在するはずであるから、もっと異種の存在を意識して鳥類の観察を行うことで、新しい発見がもたらされるだろう。同種他個体の行動の観察結果をもとに自身の行動を変える社会学習は、カラス科やシジュウカラ科鳥類で、野外観察、飼育下実験などで確認されている。異種の行動に関する情報も、同所的に生活している個体には大きな影響を与えるので、この情報に基づいて行動を変化させることは適応的である。

これまで、種間関係に関する研究の多くは種間競争をテーマとしてきた。攻撃をともなう干渉型の競争は行動として目に見えやすいが、資源獲得をめぐっての搾取型競争はよりわかりづらい。しかし、研究対象の個体が同種個体、異種個体相手からどのような利益（または不利益）を、どのようにして得ているのかという観点に立って問題解決を図れば新しい道が開けるのではないかと考える。

あとがき

本書の内容の多くは、私が大学の研究室セミナーで紹介した内容や私自身と協力者による研究を中心にして拡大させたもので構成されている。おもしろい行動は、あまり人がいかない熱帯の奥地でないと見られないということではない。多くの研究は研究者自身が生活している土地に普通に見られる種を対象としている。デンマーク人のアンダース・メラーは日本にいるツバメと同種のヨーロッパのツバメを材料に、性選択に関する多くの研究を生み出し、ツバメに対する見方を変えた。田んぼにいるアオサギやダイサギなどの大型サギは、餌を見つけて捕らえる際に、餌の方向に向かって、頭を前に突き出して前傾しながらゆっくりと体を下げていく。このときに、体と長い首を左右にゆっくりと揺らすが、頭はほとんど動かない。この体を揺らすことがどれだけ採餌効率に寄与するのかが不明で、調べる価値があると思っている。このように、興味を引く鳥の行動にはどこででも出会える。

本書には数多くの鳥の名が登場するが、主役を張っているのは、マダラヒタキやシジュウカラ類のように、欧米の研究者の身近にいる普通の鳥たちである。身近にいる鳥たちを新しい視点で見ていただきたい。そのときに、本書が発想の手がかりを与えることに少しでも役に立てば、著者としてこれほどの喜びはない。なお、本書で使用した鳥類の和名は、『世界鳥類事典』(C・M・ペリンズ著：山岸哲監訳、同朋舎)に掲載されている「世界の鳥　分類リスト」に基づく。

最後に、本書は多くの人の協力を得てできあがった。植田睦之さん、上田恵介さん、森さやかさん、西海　功さん、日野輝明さんの各氏からは種々の情報の提供とご助言をいただいた。山岸　哲さんや上田恵介さんを始め、マダガスカル、オーストラリアでともに調査研究に従事された多くの方々は、一人ひとり、お名前は挙げないが、ご協力に感謝する。オオニワシドリの研究をともに行った勝野陽子さんには立派なイラストを描いていただいた。また、写真を提供いただいた。なお、出典を記載していない写真はすべて著者の手による。私の学生だった中原 亨君と石井絢子さんには文献入手にご協力いただいた。また、石井さんは、とんでもないと思えるような発想で質問にきては、私の探索意欲を高めてくれた。そんなことはあり得ないと説明するための証拠探しをする過程で思わぬ掘り出しものをしたことも稀ではなかった。山階鳥類学雑誌と生物科学からは掲載図表の転載許可をいただいた。東海大学出版部の稲英史さんには本書の編集に際して大変お世話になった。これらの方々に厚く御礼を申し上げる。

最後に、長い間、喜びや苦しみをともにし、特に私が長期の海外調査を楽しんでいる間、幼い子供達と家庭を守ってくれた妻清美に感謝の言葉を述べたい。

二〇一六年十二月　邯鄲の海を眺めつつ

江口和洋

Naturalist 182: 474-483.
Mönkkönen M, Helle P, Niemi GJ & Montgomery K (1997) Heterospecific attraction affects community structure and migrant abundances in northern breeding bird communities. Canadian Journal of Zoology 75: 2077-2083.
O'Donnell S, Kumar A & Logan C (2010) Army ant raid attendance and bivouac-checking behavior by neotropical montane forest birds. Wilson Journal of Ornithology 122: 503-512.
O'Donnell S, Logan CJ & Clayton NS (2012) Specializations of birds that attend army ant raids: an ecological approach to cognitive and behavioral studies. Behavioural Processes. http://dx.doi.org/10.1016/j.bepro.2012.09.007
小笠原暠（1970）東北大学植物園におけるシジュウカラ科鳥類の混合群の解析 II：採餌垂直分布および種間関係．山階鳥類研究所報告 6: 170-177.
Quinn JL & Ueta M (2008) Protective nesting associations in birds. Ibis 150 (Suppl. 1): 146-167.
Robinson SK (1985) Coloniality in the Yellow-rumped Cacique as a defense against nest predators. Auk 102: 506-519.
Seppänen J-T & Forsman JT (2007) Interspecific social learning: novel preference can be acquired from a competing species. Current Biology 17: 1248-1252.
Smith NG (1968) The advantage of being parasitized. Nature 219: 690-694.
Somavilla A, Fernandes IO, de Oliveira ML & Silveira OT (2013) Association among wasps' colonies, and birds in Central Amazonian. Biota Neotropica 13: 308-313.
内田　博（1986）猛禽類の巣近くで繁殖する鳥について．日本鳥学会誌 35: 25-32.
上田恵介（1990）鳥はなぜ集まる？－群れの行動生態学．東京化学同人，東京．
Ueta M (1994) Azure-winged magpies, *Cyanopica cyana*, parasitize nest defense provided by Japanese lesser sparrowhawks, *Accipiter gularis*. Animal Behaviour 48: 871-874.
植田睦之（1994）ツミの巣の防衛行動がなくなった場合のオナガの繁殖成功率．Strix 13: 205-208.
Ueta M (1998) Azure-winged magpies avoid nest predation by nesting near a Japanese lesser sparrowhawk's nest. Condor 100: 400-402.
Ueta M (2007) Effect of Japanese lesser sparrowhawks *Accipiter gularis* on the nest site selection of azure-winged magpies *Cyanopica cyana* through their nest defending behavior. Journal of Avian Biology 38: 427-431.
Velera F, Hoi H & Schleicher (1997) Egg burial in penduline tits, *Remiz pendulinus*: its role in mate desertion and female polyandry. Behavioral Ecology 8: 20-27.
Wrege PH, Wikelski M, Mandel JT, Rassweiler T & Couzin ID (2005) Antbirds parasitize foraging army ants. Ecology 86: 555-559.
山岸　哲（1986）鳥類の協同繁殖システムの起源．山岸　哲（編）「鳥類の繁殖戦略（下）」．pp. 88-126．東海大学出版会，東京．

276: 247-254.
Tebbich S, Taborsky M, Fessl B & Blomqvist D (2001) Do woodpecker finces acquire tool-use by social learning? Proceedings of the Royal Society of London Ser. B 268: 2189-2193.
Troscianko J & Rutz C (2015) Activity profiles and hook-tool use of New Caledonian crows recorded by bird-borne video cameras. Biology Letters 11: 20150777.
Troscianko J, von Bayern AMP, Chappell J, Rutz C & Martin GR (2012) Extreme binocular vision and a straight bill facilitate tool use in New Caledonian crows. Nature Communications 3: 1110. doi: 10.1038/ncomms2111
von Bayern AMP, Heathcote RJP, Rutz C & Kacelnik A (2009) The role of experience in problem solving and innovative tool use in crows. Current Biology 19: 1965-1968.
Weir AAS & Kacelnik A (2006) A New Caledonian crow (*Corvus moneduloides*) creatively re-designs tools by bending or unbending aluminium strips. Animal Cognition 9: 317-334.
Weir AAS, Kenward B, Chappell J & Kacelnik A (2004) Lateralization of tool use in New Caledonian crows (*Corvus modeduloides*). Proceedings of the Royal Society of London Ser. B (Suppl.) 271: S344-S346.
Yi X, Steele MA & Shen Z (2014) Manipulation of walnuts to facilitate opening by the great spotted woodpecker (*Picoides major*): is it tool use? Animal Cognition 17: 157-161.
Zach R (1978) Selection and dropping of whelks by northwestern crows. Behaviour 67: 123-148.
Zach R (1979) Shell dropping: decision-making and optimal foraging in northwestern crows. Behaviour 68: 106-117.

第9章

Doligez B, Danchin E & Clobert J (2002) Public information and breeding habitat selection in a wild bird population. Science 297: 1168-1170.
Eguchi K, Yamagishi T & Randrianasolo V (1993) The composition and foraging behaviour of mixed-species flocks of forest-living birds in Madagascar. Ibis 135: 91-96.
Forsman JT, Hjernquist MB, Taipale J & Gustafsson L (2008) Competitor density cues for habitat quality facilitating habitat selection and investment decisions. Behavioral Ecology 19: 539-545.
Forsman JT, Seppänen J-T & Mönkkönen M (2002) Positive fitness consequences of interspecific interaction with a potential competitor. Proceedings of the Royal Society of London Ser. B 269: 1619-1623.
Forsman JT & Thomson RT (2008) Evidence of information collection from heterospecifics in cavity-nesting birds. Ibis 150: 409-412.
Forsman JT, Thomson RT & Seppänen J-T (2007) Mechanisms and fitness effects of interspecific information use between migrant and resident birds. Behavioral Ecology 18: 888-894.
原田俊司・山岸　哲（1992）オナガの協同繁殖．伊藤嘉昭（編）「動物社会における共同と攻撃」．pp. 161-184．東海大学出版会，東京．
日野輝明（2004）鳥たちの森．東海大学出版会，東京．
Lendvai AZ, Barta Z, Liker A & Bókony V (2004) The effect of energy reserves on social foraging: hungry sparrows scrounge more. Proceedings of the Royal Society of London Ser. B 271: 2467-2472.
Logan CJ, O'Donnell S & Clayton NS (2011) A case of mental time travel in ant-following bords? Behavioral Ecology 22: 1149-1153.
Loukola OJ, Laaksonen T, Seppänen J-T & Forsman JT (2014) Active hiding of social information from infomation-parasites. BMC Evolutionary Biology 14: 32. http://www.biomedcentral.com/147-2148/14/32
Loukola OJ, Seppänen J-T, Krams I, Torvinen SS & Forsman JT (2013) Observed fitness may affect niche overlap in competing species via selective social information use. American

Caledonian crows: inherited action patterns and social influences. Animal Behaviour 72: 1329-1343.
Klump BC, Sugasawa S, St Clair JJH & Rutz C (2015) Hook too manufacture in New Caledonian crows: behavioral variation and the influence of raw materials. BMC Biology 13: 97. doi: 10.1186/s12915-015-0204-7
Klump BC, van der Wal JEM, St Clair JJH & Rutz C (2015) Context-dependent "safekeeping" of foraging tools in New Caledonian crows. Proceedings of the Royal Society of London Ser. B 282. doi: 10.1098/rspb.2015.0278.
Kurvers RHJM, Eijkelenkamp B, van Oers K, van Lith B, van Wieren SE, Ydenberg RC & Prins HHT (2009) Personality differences explain leadership in barnacle geese. Animal Behaviour 78: 447-453.
Lefebvre L, Nicolakakis N & Boire D (2002) Tools and brains in birds. Behaviour 139: 939-973.
Madden JR (2001) Sex, bowers and brains. Proceedings the Royal Society of London Ser. B 268: 833-838.
Mark JS & Hall CS (1992) Tool use by bristle-thighed curlews feeding on albatross eggs. Condor 94: 1032-1034.
Maron JL (1982) Shell-dropping behaviour of western gulls (*Larus occidentalis*). Auk 99: 565-569.
Martinho A III, Burns ZT, von Bayern AP & Kacelnik A (2014) Monocular tool control, eye dominance, and laterality in New Caledonian crows. Current Biology 24: 2930-2934.
Mateos-Gonzalez F, Quesada J & Senar JC (2011) Sexy birds are superior at solving a foraging problem. Biology Letters 7: 668-669.
Morand-Ferron J, Lefebvre L, Reader SM, Sol D & Elvin S (2004) Dunking behaviour in Carib grackles. Animal Behaviour 68: 1267-1274.
Morand-Ferron J & Quinn JL (2011) Larger groups of passerines are more efficient problem solvers in the wild. Proceedings of the National Academy of Science USA 108: 15898-15903.
Morse DH (1968) The use of tools by brown-headed nuthatches. Wilson Bulletin 80: 220-224.
Overington SE, Morand-Ferron J, Boogert NJ & Lefebvre L (2009) Technical innovations drive the relationship between innovativeness and residual brain size in birds. Animal Behaviour 78: 1001-1010.
Rutledge R & Hunt GR (2004) Lateralized tool use in wild New Caledonian crows. Animal Behaviour 67: 327-332.
Rutz C & St Clair J JH (2012) The evolutionary origins and ecological context of tool use in New Caledonian crows. Behavioural Processes 89: 153-165.
Sih A, Bell AM, Johnson JC & Zienba RE (2004) Behavioral syndromes: an integrative overview. Quarterly Review of Biology 79:
Sih A, Bell A & Johnson JC (2004) Behavioral syndromes: an ecological and evolutionary overview. Trends in Ecology and Evolution 19: 372-378.
Smulders TV, Sasson AD & DeVoogd TJ (1995) Seasonal variation in hippocampal volume in a food-storing bird, the black-capped chickadee. Journal of Neurobiology 27: 15-25.
St Clair JJH, Klump BC, van der Wal JEM, Sugasawa S & Rutz C (2016) Strong between-site variations in New Caledonian crows' use of hook-tool-making materials. Biological Journal of the Linnean Society 118: 226-232.
St Clair JJH & Rutz C (2012) New Caledonian crows attend to multiple functional properties of complex tools. Proceedings of the Royal Society of London Ser. B 368: 20120415.
Taylor AH, Hunt GR, Holzbaider C & Gray RD (2007) Spontaneous metatool use by New Caledonian crows. Current Biology 17: 1504-1507.
Taylor AH, Hunt GR, Medina FS & Gray RD (2009) Do New Caledonian crows solve physical problems through causal reasoning? Proceedings of the Royal Society of London Ser. B

recovery by western scrub-jays (*Aphelocoma californica*). Comparative Cognition & Behavior Reviews 1: 1-11.
Cole EF & Quinn JL (2011) Personality and problem-solving performance explain competitive ability in the wild. Proceedings of the Royal Society of London Ser. B doi: 10.1098/rspb.2011.1539
Cristol DA & Switzer PV (1999) Avian prey-dropping behaviour. II. American crows and walnuts. Behavioral Ecology 10: 220-226.
Day LB, Westcott DA & Olster DH (2005) Evolution of bower complexity and cerebellum size in bowerbirds. Brain, Behavior and Evolution 66: 62-72.
Efe MA, de Paiva FN, Holderbaum JM & Ladle RJ (2015) Rapid development of tool use as a strategy to predate invasive land snails. Journal of Ethology 33: 55-57.
Emery NJ (2006) Cognitive ornithology: the evolution of avian intelligence. Philosophical Transactions of the Royal Society of London Ser. B 361: 23-43.
Garamszegi LZ, Eens M & Török J (2009) Behavioural syndromes and trappability in free-living collared flycatchers, *Ficedula albicollis*. Animal Behaviour 77: 803-812.
Garamszegi LZ & Eens M (2004) The evolution of hippocampus volume and brain size in relation to food hoarding in birds. Ecology Letters 7: 1216-1224.
Henty CJ (1986) Development of snail-smashing by song thrushes. British Birds 79: 277-281.
Higuchi H (1988) Individual differences in bait-fishing by the green-backed heron *Ardeola striata* associated with territory quality. Ibis 130: 39-44.
Holzhaider JC, Sibley MD, Taylor AH, Singh PJ, Gray RD & Hunt GR (2010) The social structure of New Caledonian crows. Animal Behaviour. doi: 10.1016/j.anbehav.2010.09.015
Hunt GR (1996) Manufacture and use of hook-tools by New Caledonian crows. Nature 379: 249-251.
Hunt GR (2000) Human-like, population-level specialization in the manufacture of pandanus tools by New Caledonian crows *Corvus moneduloides*. Proceedings of the Royal Society of London Ser. B 267: 403-413.
Hunt GR (2000) Tool use by the New Caledonian crow *Corvus moneduloides* to obtain Cerambycidae from dead wood. Emu 100: 109-114.
Hunt GR, Corballis MC & Gray RD (2001) Laterality in tool manufacture by crows. Nature 414: 707.
Hunt GR, Corballis MC & Gray RD (2006) Design complexity and strength of laterality are correlated in New Caledonian crows' pandanus too manufacture. Proceedings of the Royal Society of London Ser. B 273: 1127-1133.
Hunt GR & Gray RD (2004) Direct observations of pandanus-tool manufacture and use by a New Caledonian crow (*Corvus moneduloides*). Animal Cognition 7: 114-120.
Hunt GR & Gray RD (2007) Parallel tool industries in New Caledonian crows. Biology Letters 3: 173-175.
Hunt GR, Rutledge RB & Gray RD (2006) The right tool for the job: what strategies do wild New Caledonian crows use? Animal Cognition 9: 307-316.
Hunt GR, Sakuma F & Shibata Y (2002) New Caledonian crows drop candle-nuts onto rock from communally used forks on branches. Emu 102: 283-290.
Isden J, Panayi C, Dingle C & Madden J (2013) Performance in cognitive and problem-solving tasks in male spotted bowerbirds does not correlate with mating success. Animal Behaviour 86: 829-838.
Jelbert SA, Taylor AH, Cheke LG, Clayton NS & Gray RD (2014) Using the Aesop's fable paradigm to investigate causal understanding of water displacement by New Caledonian crows. PloS ONE 9(3): e92895. doi: 10.1371/journal.pone.0092895
Keagy J, Savard J-F & Borgia G (2009) Male satin bowerbird problem-solving ability predicts mating success. Animal Behaviour 78: 809-817.
Kenward B, Rutz C, Weir AAS & Kacelnik A (2006) Development of tool use in New

Williams DA & Rabenold KN (2005) Male-based dispersal, female philopatry, and routes to fitness in a social corvid. Journal of Animal Ecology 74: 150–159.
Woolfenden GE & Fitzpatrick JW (1984) *The Florida Scrub Jay: Demography of a Cooperative Breeding Bird*. Princeton University Press, Princeton.
Wright J (1997) Helping-at-the-nest in Arabian babblers: signalling social status or sensible investment in chicks? Animal Behaviour 54: 1439–1448.
Wright J, McDonald PG, te Marvelde L, Kazem AJN & Bishop CM (2010) Helping effort increases with relatedness in bell miners, but "unrelated" helpers of both sexes still provide substantial care. Proceedings of the Royal Society of London Ser. B 277: 437–445.
山岸　哲（1986）鳥類の協同繁殖システムの起源．山岸　哲（編）「鳥類の繁殖戦略（下）」．88–126．東海大学出版会，東京．
山岸　哲（編）(2002) アカオオハシモズの社会．京都大学出版会，京都．
山口典之（2016）条件的性比調節．江口和洋（編）「鳥の行動生態学」．pp. 99–114．京都大学学術出版会，京都．
Young CM, Browning LE, Savage JL, Griffith SC & Russell AF (2012) No evidence for deception over allocation to brood care in a cooperative bird. Behavioral Ecology. doi: 10.1093/beheco/ars137
Zahavi A (1990) Arabian babblers: the quest for social status in a cooperative breeder. In: Stacey PB & Koenig WD (eds.) *Cooperative Breeding in Birds: Long-term Studies of Ecology and Behavior*. 103–130. Cambridge University Press, Cambridge.

第8章

Auersperg AMI, Szabo B, von Bayern AMP & Kacelnik (2014) Spontaneous innovation in tool manufacture and use in a Goffin's cockatoo. Current Biology 22: R903-R904.
Balda RP & Kamil AC (1992) Long-term spatial memory in Clark's nutcrackers, *Nucifraga columbiana*. Animal Behaviour 44: 761–769.
Bentley-Condit VK & Smith EO (2010) Animal tool use: current definitions and an updated comprehensive catalog. Behaviour 147: 185–221.
Bird CD & Emery NJ (2009) Rooks use stones to raise the water level to reach a floating worm. Current Biology 19: 1410–1414.
Bird CD & Emery NJ (2010) Rooks perceive support relations similar to six-month-old babies. Proceedings of the Royal Society of London Ser. B 277: 147–151.
Bird CD & Emery NJ (2009) Insightful problem solving and creative tool modification by captive non tool-using rooks. Proceedings of the National Academy of Science USA 106: 10370–10375.
Bluff LA, Weir AAS, Rutz C, Wimpenny JH & Kacelnik A (2007) Tool-related cognition in New Caledonian crows. Comparative Cognition & Behavior Reviews 2: 1–25.
Bluff LA, Troscianko J, Weir AAS, Kacelnik A & Rutz C (2010) Tool use by wild New Caledonian crows *Corvus modeduloides* at natural foraging sites. Proceedings of the Royal Society of London Ser. B 277: 1377–1385.
Bokony V, Lendvai AZ, Vagasi CI, Patras L, Pap PL, Nemeth J, Vincze E, Papp S, Preiszner B, Seress G & Liker A (2014) Necessity or capacity? physiological state predicts problem-solving performance in house sparrows. Behavioral Ecology 25: 124–135.
Bugnyar T & Kotrschal K (2002) Observational learning and the raiding of food caches in ravens, *Corvus corax*: is it "tactical" deception? Animal Behaviour 64: 185–195.
Cauchard L, Boogert NJ, Lefebvre L, Dubois F & Doligez B (2013) Problem-solving performance is correlated with reproductive success in a wild bird population. Animal Behaviour 85: 19–26.
Chappell J & Kacelnik A (2002) Tool selectivity in a non-primate, the New Caledonian crow (*Corvus moneduloides*). Animal Cognition 5: 71–78.
Clayton NS, Emery NJ & Dickinson A (2006) The prospective cognition of food caching and

Pöldmaa T & Holder K (1997) Behavioural correlates of monogamy in the noisy miner, *Manorina melanocephala*. Animal Behaviour 54: 571–578.
Pöldmaa T, Montgomerie R & Boag P (1995) Mating system of the cooperatively breeding noisy miner *Manorina melanocephala*, as revealed by DNA profiling. Behavioral Ecology and Sociobiology 37: 137–143.
Rabenold PP, Rabenold KN, Piper WH, Haydock J & Zack SN (1990) Shared paternity revealed by genetic analysis in cooperatively breeding tropical wrens. Nature 348: 538–540.
Raihani NJ, Nelson-Flower MJ, Golabek KA & Ridley AR (2010) Routes to breeding in cooperatively breeding pied babblers *Turdoides bicolor*. Journal of Avian Biology 41: 681–686.
Richardson DS, Burke T & Komdeur J (2002) Direct benefits and the evolution of female-biased cooperative breeding in Seychelles warblers. Evolution 56: 2313–2321.
Richardson DS, Jury FL, Blaakmeer K, Komdeur J & Burke T (2001) Parentage assignment and extra-group paternity in a cooperative breeder, the Seychelles warbler (*Acrocephalus sechellensis*). Molecular Ecology 10: 2263–2273.
Richardson DS, Burke T & Komdeur J (2007) Grandparent helpers: the adaptive significance of older, postdominant helpers in the Seychelles warblers. Evolution 61: 2790–2800.
Ridley AR, Raihani NJ & Nelson-Flower J (2008) The cost of being alone: the fate of floaters in a population of cooperatively breeding pied babbler *Turdoides bicolor*. Journal of Avian Biology 39: 389–392.
Rubenstein DR (2007) Temporal but not spatial environmental variation drives adaptive offspring sex allocation in a plural cooperative breeder. American Naturalist 170: 155–165.
Russell AF & Hatchwell BJ (2001) Experimental evidence for kin-biased helping in a cooperatively breeding vertebrate. Proceedings of the Royal Society of London Ser. B 268: 2169–2174.
Russell AF, Langmore NE, Cockburn A, Astheimer LB & Kilner RM (2007) Reduced egg investment can conceal helper effects in cooperatively breeding birds. Science 317: 941–944.
Skutch AE (1935) Helpers at the nest. Auk 52: 257–273.
Stacey PB & Ligon JD (1987) Territory quality and dispersal options in the acorn woodpecker, and a challenge to the habitat saturation model of cooperative breeding. American Naturalist 130: 654–676.
Stacey PB & Ligon JD (1991) The benefit-of-philopatry hypothesis for the evolution of cooperative breeding: variation in territory quality and group size effects. American Naturalist 137: 831–846.
Valencia J, De la Cruz C, Carranza J & Mateos C (2006) Parents increase their parental effort when aided by helpers in a cooperatively breeding bird. Animal Behaviour 71: 1021–1028.
Varian-Ramos CW, Karubian J, Talbott V, Tapia I & Webster MS (2010) Offspring sex ratios reflect lack of repayment by auxiliary males in a cooperatively breeding passerine. Behavioral Ecology and Sociobiology 64: 967–977.
Walters JR, Doerr PD & Carter JH, III (1992) Delayed dispersal and reproduction as a life-history tactic in cooperative breeders: fitness calculations from red-cockaded woodpeckers. American Naturalist 139: 623–643.
Webster MS, Tarvin KA, Tuttle EM & Pruett-Jones S (2004) Reproductive promiscuity in the splendid fairy-wren: effects of group size and auxiliary reproduction. Behavioral Ecology 15: 907–915.
Whittingham LA, Dunn PO & Magrath RD (1997) Relatedness, polyandry and extra-group paternity in the cooperatively- breeding white-browed scrubwren (*Sericornis frontalis*). Behavioral Ecology and Sociobiology 40: 261–270.

the cooperative-breeding Seychelles warbler Acrocephalus sechellensis. Behavioral Ecology and Sociobiology 34: 175–186.
Komdeur J (1996) Influence of helping and breeding experience on reproductive performance in the Seychelles warbler: a translocation experiment. Behavioral Ecology 7: 326–333.
Komdeur J (2004) Sex-ratio manipulation. In: Koenig WD & Dickinson JL (eds.) *Ecology and Evolution of Cooperative Breeding in Birds*: 102–116. Cambridge University Press, Cambridge.
Komdeur J, Daan S, Tinbergen J & Mateman AC (1997) Extreme adaptive modification in sex ratio of Seychelles warbler's eggs. Nature 385: 522–525.
Komdeur J & Edelaar P (2001) Male Seychelles warblers use territory budding to maximize lifetime fitness in a saturated environment. Behavioral Ecology 12: 706–715.
Legge S (2000) The effect of helpers on reproductive success in the laughing kookaburra. Journal of Animal Ecology 69: 714–724.
Li S-H & Brown JL (2000) High frequency of extra-pair fertilization in a plural breeding bird, the Mexican jay, revealed by DNA microsatellites. Animal Behaviour 60: 867–877.
Ligon JD & Ligon SH (1990) Green woodhoopoes: life history traits and sociality. In: Stacey PB & Koenig WD (eds.) *Cooperative Breeding in Birds: Long-term Studies of Ecology and Behavior*: 31–66. Cambridge University Press, Cambridge.
Lundy KJ, Parker PG & Zahavi A (1998) Reproduction by subordinates in cooperatively breeding Arabian babblers is uncommon but predictable. Behavioral Ecology and Sociobiology 43: 173–180.
Macedo RHE (1992) Reproductive patterns and social organization of the communal guira cuckoo (*Guira guira*) in central Brazil. Auk 109: 786–799.
Magrath RD & Whittingham LA (1997) Subordinate males are more likely to help if unrelated to the breeding female in cooperatively breeding white-browed scrubwrens. Behavioral Ecology and Sociobiology 41: 185–192.
Magrath RD & Yezerinac SM (1997) Facultative helping does not influence reproductive success or survival in cooperatively breeding white-browed scrubwrens. Journal of Animal Ecology 66: 658–670.
Marzluff JM & Balda RP (1990) Pinyon jays: making the best of a bad situation by helping. In: Stacey PB & Koenig WD (eds.) *Cooperative Breeding in Birds: Long-term Studies of Ecology and Behavior*: 199–237. Cambridge University Press, Cambridge.
McDonald PG, Kazem AJN, Clarke MF & Wright J (2008) Helping as a signal: does removal of potential audiences alter helper behavior in the bell miner? Behavioral Ecology 19: 1047–1055.
McDonald PG, Kazem AJN & Wright J (2007) A critical analysis of "false-feeding" behavior in a cooperatively breeding bird: disturbance effects, satiated nestlings or deception? Behavioral Ecology and Sociobiology 61: 1623–1635.
Meade J, Nam K-B, Beckerman AP & Hatchwell BJ (2010) Consequences of "load-lightening" for future indirect fitness gains by helpers in a cooperatively breeding bird. Journal of Animal Ecology 79: 529–537.
Mulder RA (1995) Natal and breeding dispersal in a co-operative, extra-group-mating bird. Journal of Avian Biology 26: 234–240.
Mulder RA, Dunn PO, Cockburn A, Lazenby-Cohen KA & Howell MJ (1994) Helpers liberate female fairy-wrens from constraints on extra-pair mate choice. Proceedings of the Royal Society of London Ser. B 255: 223–229.
Mulder RA & Langmore NE (1993) Dominant males punish helpers for temporary defection in superb fairy-wrens. Animal Behaviour 45: 830–833.
Nam K-B, Simeoni M, Sharp SP & Hatchwell BJ (2010) Kinship affects investment by helpers in a cooperatively breeding bird. Proceedings of the Royal Society of London Ser. B 277: 3299–3306.

and helping hehaviour of the Grey-crowned Babbler *Pomatostomus temporalis*. Journal of Ornithology 148 (Suppl 2): S203-S210.
Eikenaar C, Brouwer L, Komdeur J & Richardson DS (2010) Sex biased natal dispersal is not a fixed trait in a stable population of Seychells warblers. Behaviour 147: 1577–1590.
Emlen ST (1990) White-fronted bee-eaters: helping in a colonially nesting species. In: Stacey PB & Koenig WD (eds.) *Cooperative Breeding in Birds: Long-term Studies of Ecology and Behavior*: 489–526. Cambridge University Press, Cambridge.
Emlen ST (1991) Evolution of cooperative breeding in birds and mammals. In: Krebs JR & Davies NB (eds.) *Behavioural Ecology: an Evolutionary Approach 3rd ed.*: 301–337. Blackwell, Oxford.
Emlen ST (1997) Predicting family dynamics in social vertebrates. In: Krebs JR & Davies NB (eds.) *Behavioural Ecology: an Evolutionary Approach 4th ed.*: 228–253. Blackwell, Oxford.
Emlen ST & Wrege PH (1992) Parent-offspring conflict and the recruitment of helpers among bee-eaters. Nature 356: 331–333.
Ewen JG & Armstrong DP (2000) Male provisioning is negatively correlated with attempted extra-pair copulation frequency in the stichbird (or hihi). Animal Behaviour 60: 429–433.
Ewen JG, Crozier RH, Cassey P, Ward-Smith T, Painter JN, Robertson RJ, Jones DA & Clarke MF (2003) Facultative control of offspring sex in the cooperatively breeding bell miner, *Manorina melanophrys*. Behavioral Ecology 14: 157–164.
Faaborg J, Parker PG, DeLay L, DeVries T, Bednarz JC, Paz SM, Naranjo J & Waite TA (1995) Confirmation of cooperative polyandry in the galapagos hawk (*Buteo galapagoensis*). Behavioral Ecology and Sociobiology 36: 83–90.
Green DJ, Cockburn A, Hall ML, Osmond H & Dunn PO (1995) Increased opportunities for cuckoldry may be why dominant male fairy-wrens tolerate helpers. Proceedings of the Royal Society of London Ser. B 262: 297–303.
Hamilton WD (1964) The genetical evolution of social behaviour. Journal of Theoretical Biolology 7: 1–52.
Hatchwell BJ & Komdeur J (2000) Ecological constraints, life history traits and the evolution of cooperative breeding. Animal Behaviour 59: 1079–1086.
Hatchwell BJ & Russell AF (1996) Provisioning rules in cooperatively breeding long-tailed tits *Aegithalos caudatus*: an experimental study. Proceedings of the Royal Society of London Ser. B 263: 83–88.
Heinsohn RG (1991) Kidnapping and reciprocity in cooperatively breeding white-winged choughs. Animal Behaviour 41: 1097–1100.
Heinsohn R & Cockburn A (1994) Helping is costly to young birds in cooperatively breeding white-winged choughs. Proceedings of the Royal Society of London Ser. B 256: 293–298.
Heinsohn R, Dunn P, Legge S & Double M. (2000) Coalitions of relatives and reproductive skew in cooperatively breeding white-winged choughs. Proceedings of the Royal Society of London Ser. B 267: 243–249.
Hughes JM, Mather PB, Toon A, Ma J, Rowley I & Russell E (2003) High levels of extra-group paternity in a population of Australian magpies *Gymnorhina tibicen*: evidence from microsatellite analysis. Molecular Ecology 12: 3441–3450.
Kingma SA, Hall ML, Arriero E & Peters A (2010) Multiple benefits of cooperatively breeding in purple-crowned fairy-wrens: a consequence of fidelity? Journal of Animal Ecology 79: 757–768.
Kingma SA, Hall ML & Peters A (2011) Multiple benefits drive helping behaviour in a cooperatively breeding bird: an integrated analysis. American Naturalist 177: 486–495.
Koford RR, Bowen BS & Vehrencamp SL (1990) Groovebilled anis: joint nesting in a tropical cuckoo. In: Stacey PB & Koenig WD (eds.) *Cooperative Breeding in Birds: Long-term Studies of Ecology and Behavior*: 333–356. Cambridge University Press, Cambridge.
Komdeur J. (1994) Experimental evidence for helping and hindering by previous offspring in

375-385.
Boland CRJ, Heinsohn R & Cockburn A (1997a) Deception by helpers in cooperatively breeding white-winged choughs and its experimental manipulation. Behavioral Ecology and Sociobiology 41: 251-256.
Boland CRJ, Heinsohn R & Cockburn A (1997b) Experimental manipulation of brood reduction and parental care in cooperatively breeding white-winged choughs. Journal of Animal Ecology 66: 683-691.
Brown JL (1987) *Helping and Communal Breeding in Birds: Ecology and Evolution*. Princeton University Press, Princeton.
Canestrari D, Marcos JM & Baglione V (2004) False feeding at the nests of carrion crows *Corvus corone corone*. Behavioral Ecology and Sociobiology 55: 477-483.
Canestrari D, Vera R, Chiarati E, Marcos JM, Vila M & Baglione V (2010) False feeding: the trade-off between chick hunger and caregivers needs in cooperative crows. Behavioral Ecology 21: 233-241.
Canestrari D, Vila M, Marcos JM & Baglione V (2010) Cooperatively breeding carrion crows adjust offspring sex ratio according to group composition. Behavioral Ecology and Sociobiology 66: 1225-1235.
Cockburn A (1998) Evolution of helping behavior in cooperatively breeding birds. Annual Reviews of Ecology and Systematics 29: 141-177.
Cockburn A (2004) Mating systems and sexual conflict. In: Koenig WD & Dickinson JL (eds.) *Ecology and Evolution of Cooperative Breeding in Birds*: 81-101. Cambridge University Press, Cambridge.
Cockburn A (2006) Prevalence of different modes of parental care in birds. Proceedings of the Royal Society of London Ser. B 273: 1375-1383.
Cockburn A, Osmond HL, Mulder RA, Double MC & Green DJ (2008) Demography of male reproductive queues in cooperatively breeding superb fairy-wrens *Malurus cyaneus*. Journal of Animal Ecology 77: 297-304.
Cockburn A, Sims RA, Osmond HL, Green DJ, Double MC & Mulder RA (2008) Can we measure the benefits of help in cooperatively breeding birds: the case of superb fairy-wrens *Malurus cyaneus*? Journal of Animal Ecology 77: 430-438.
Curry RL (1988) Influence of kinship of helping behavior in Galapagos mockingbirds. Behavioral Ecology and Sociobiology 22: 141-152.
Davies NB (1992) *Dunnock Behaviour and Social Evolution*. Oxford University Press, Oxford.
Double MC & Cockburn A (2003) Subordinate superb fairy-wrens (*Malurus cyaneus*) parasitize the reproductive success of attractive dominant males. Proceedings of the Royal Society of London Ser. B 270: 379-384.
Double MC, Peakall R, Beck NR & Cockburn A (2005) Dispersal, phylopatry, and infidelity: dissecting local genetic structure in superb fairy-wrens (*Malurus cyaneus*). Evolution 59: 625-635.
Doutrelant C & Covas R (2007) Helping has signalling characteristics in a cooperatively breeding bird. Animal Behaviour 74: 739-747.
Dunn PO & Cockburn A (1996) Evolution of male parental care in a bird with almost complete cuckoldry. Evolution 50: 2542-2548.
Dunn PO, Cockburn A & Mulder RA (1995) Fairy-wren helpers often care for young to which they are unrelated. Proceedings of the Royal Society of London Ser. B 259: 339-343.
江口和洋（1999）鳥類における性比の適応的調節．日本生態学会誌 49: 105-122.
Eguchi K, Yamagishi S, Asai S, Nagata H & Hino T (2002) Helping does not enhance reproductive success of cooperatively breeding Rufous Vanga in Madagascar. Journal of Animal Ecology 71: 123-130.
Eguchi K, Yamaguchi N, Ueda K, Nagata H, Takagi M & Noske R (2007) Social structure

Madden JR (2003) Male spotted bowerbirds preferentially choose, arrange and proffer objects that are good predictors of mating success. Behavioral Ecology and Sociobiology 53: 263-268.
Madden JR (2003) Bower decorations are good predictors of mating success in the spotted bowerbird. Behavioral Ecology and Sociobiology 53: 269-277.
Madden JR (2006) Interpopulation differences exhibited by Spotted Bowerbirds *Chlamydera maculata* across a suite of male traits and female preferences. Ibis 148: 425-435.
Madden JR & Balmford A (2004) Spotted bowerbirds *Chlamydera maculata* do not prefer rare or costly bower decorations. Behavioral Ecology and Sociobiology 55, 589-595.
Madden JR, Lowe TL, Fuller HV, Dasmahapatra KK & Coe RL (2004) Local traditions of bower decoration by spotted bowerbirds in a single population. Animal Behaviour 68: 759-765.
Madden JR & Tanner K (2003) Preferences for coloured bower decorations can be explained in a nonsexual context. Animal Behaviour 65: 1077-1083.
Marshall AJ (1954) Bower-birds. Biological Review 29: 1-45.
Okida T, Katsuno Y, Eguchi K & Noske RA (2010) How interacting multiple male sexual signals influence female choice in the Great Bowerbird. Journal of the Yamashina Institute for Ornithology 42: 35-46.
Patricelli GL, Coleman SW & Borgia G (2006) Male satin bowerbirds, *Ptilonorhynchus violaceus*, adjust their display intensity in response to female startling: an experiment with robotic females. Animal Behaviour 71: 49-59.
Patricelli GL, Uy JAC & Borgia G (2003) Multiple male traits interact: attractive bower decorations facilitate attractive behavioural displays in satin bowerbirds. Proceedings the Royal Society of London Ser. B 270: 2389-2395.
Patricelli GL, Uy JAC & Borgia G (2004) Female signals enhance the efficiency of mate assessment in satin bowerbirds (*Ptilonorhynchus violaceus*). Behavoral Ecology 15: 297-304.
Patricelli GL, Uy JAC, Walsh G & Borgia G (2002) Sexual selection: male displays adjusted to female's response. Nature 415: 279-280.
Pruett-Jones MA & Pruett-Jones SG (1982) Spacing and distribution in Macgregor's bowerbird (*Amblyornis macgregoriae*). Behavioral Ecology and Sociobiology 11: 25-32.
Pruett-Jones S & Pruett-Jones M (1994) Sexual competition and courtship disruptions: why do male bowerbirds destroy each other's bowers? Animal Behaviour 47: 607-620.
Robson TE, Goldizen & Green DJ (2005) The multiple signals assessed by female satin bowerbirds: could they be used to narrow down females' choices of mates? Biology Letters 1: 264-267.
Uy JAC & Borgia G (2000) Sexual selection drives rapid divergence in bowerbird display traits. Evolution 54: 273-278.
Uy JAC, Patricelli GL & Borgia G (2000) Dynamic mate-searching tactic allows female satin bowerbirds *Ptilonorhynchus violaceus* to reduce searching. Proceedings the Royal Society of London Ser. B 267: 251-256.
Uy JAC, Patricelli GL & Borgia G (2001) Complex mate searching in the Satin Bowerbird *Ptilonorhynchus violaceus*. American Naturalist 158: 530-542.

第7章

Asai S, Yamagishi S & Eguchi K (2003) Mortality of fledgling females causes male bias in the sex ratio of Rufous Vangas (*Schetba rufa*) in Madagascar. Auk 120: 700-705.
Baglione V, Canestrari D, Marcos JM, Grisser M & Ekman J (2002) History, environment and social behaviour: experimentally induced cooperative breeding in the carrion crow. Proceedings of the Royal Society of London Ser. B 269: 1247-1251.
Berg EC (2005) Parentage and reproductive success in the white-throated magpie-jay, *Calocitta formosa*, a cooperative breeder with female helpers. Animal Behaviour 70:

seasons? Emu 109: 237-243.
Doerr NR (2010) Does decoration theft lead to an honest relationship between male quality and signal size in great bowerbirds? Animal Behaviour 79: 747-755.
Doerr NR & Endler JA (2015) Illusions vary because of the types of decorations at bowers, not male skill at arranging them, in great bowerbirds. Animal Behaviour 99: 73-82.
Doucet SM & Montgomerie R (2003) Bower location and orientation in Satin Bowerbirds: optimising the conspicuousness of male display. Emu 103: 105-109.
江口和洋（2010）ニワシドリ類の多要素ディスプレイ．生物科学 61(3): 166-179.
Endler JA & Day LB (2006) Ornament colour selection, visual contrast and the shape of colour preference functions in great bowerbirds, *Chlamydera nuchalis*. Animal Behaviour 72: 1405-1416.
Endler JA, Endler LC & Doerr NR (2010) Great Bowerbirds create theaters with forced perspective when seen by their audience. Current Biology 20: 1679-1684.
Endler JA, Westcott DA, Madden JR & Robson T (2005) Animal visual systems and the evolution of color patterns: sensory processing illuminates signal evolution. Evolution 59: 1795-1818.
Frith CB & Frith DW (2004) *The Bowerbirds*. Oxford University Press, Oxford.
Frith CB & Frith DW (2008) *Bowerbirds: Nature, Art & History*. Authors, Malanda.
Frith CB, Frith DW & Wieneke J (1996) Dispersion, size and orientation of bowers of the Great Bowerbird *Chlamydera nuchalis* (Ptilonorhynchidae) in Townsville City, tropical Queensland. Corella 20: 45-55.
Gilliard ET (1963) The evolution of bowerbirds. Scientific American 209: 38-46.
Haruyama N, Yamaguchi N, Eguchi K & Noske RA (2013) Experimental evidence of local variation in the colour preferences of Great Bowerbirds for bower decorations. Emu. http://dx.doi.org/10.1071/MU13006
Hore-Lacy I (1962) Notes on the behaviour of the Great Bowerbird at St. Ronan's, north Queensland. Emu 62, 188-191.
Humphries S & Ruxton GD (1999) Bower-building: coevolution of display traits in response to the costs of female choice? Ecology Letters 2: 404-413.
Hunter CP & Dwyer PD (1997) The value of objects to Satin Bowerbirds *Ptilonorhynchus violaceus*. Emu 97: 200-206.
Jacklyn PM (1992) "Magnetic" termite mound surfaces are oriented to suit wind and shade conditions. Oecologia 91: 385-395.
Katsuno Y, Eguchi K & Noske RA (2013) Preference for, and spatial arrangement of, decorations of different colours by the great bowerbird *Ptilonorhynchus nuchalis nuchalis*. Australian Field Ornithology 30: 3-13.
Katsuno Y, Okida T, Yamaguchi N, Nishiumi I & Eguchi K (2010) Bower structure is a good predictor of mating success in the Great Bowerbird. Journal of the Yamashina Institute for Ornithology 42: 19-33.
Kelley LA & Endler JA (2012) Illusions promote mating success in Great Bowerbirds. Science 335: 335-338.
Kelley LA & Endler JA (2012) Male great bowerbirds create forced perspective illusions with consistently different individual quality. Proceedings of National Academy of Science USA 109: 20980-20985.
Kusmierski R, Borgia G, Uy A & Crozier RH (1997) Labile evolution of display traits in bowerbirds indicates reduced effects of phylogenetic constraint. Proceedings of the Royal Society of London Ser. B 264: 307-313.
Loffredo CA & Borgia G (1986) male courtship vocalizations as cues for mate choice in the Satin Bowerbird (*Ptilonorhynchus violaceus*). Auk 103: 189-195.
Madden JR (2002) Bower decorations attract females but provoke other male spotted bowerbirds: Males resolve this trade off. Proceedings of the Royal Society of London Ser. B 269: 1347-1351.

Behavioral Ecology and Sociobiology 49: 456-464.
Westmoreland D & Kiltie RA (2007) Egg coloration and selection for crypsis in open-nesting blackbirds. Journal of Avian Biology 38: 682-689.
Westmoreland D, Schmitz M & Burns KE (2007) Egg color as an adaptation for thermoregulation. Journal of Field Ornithology 78: 176-183.
Yahner RH & Mahan CG (1996) Effects of egg type on depredation of artificial ground nests. Wilson Bulletin 108: 129-136.

第6章

Borgia G (1985) Bower quality, number of decorations and mating success of male satin bowerbirds (*Ptilonorhynchus violaceus*): An experimental analysis. Animal Behaviour 33: 266-271.
Borgia G (1985) Bower destruction and sexual competition in the satin bowerbird (*Ptilonorhynchus violaceus*). Behavioral Ecology and Sociobiology 18: 91-100.
Borgia G (1993) The costs of display in the non-resource-based mating system of the satin bowerbird. American Naturalist 141: 729-743.
Borgia G (1995) Why do bowerbirds build bowers? American Scientist 83: 542-547.
Borgia G (1995) Complex male display and female choice in the spotted bowerbird: specialized function for different bower decorations. Animal Behaviour 49: 1291-1301.
Borgia G (1995) Threat reduction as a cause of differences in bower architecture, bower decoration and male display in two closely related bowerbirds *Chlamydera nuchalis* and *C. maculata*. Emu 95: 1-12.
Borgia G & Gore MA (1986) Feather stealing in the Satin Bowerbird (*Ptilonorhynchus violaceus*): male competition and the quality of display. Animal Behaviour 34: 727-738.
Borgia G, Kaatz I & Condit R (1987) Flower choice and decoration of the Satin Bowerbird (*Ptilonorhynchus violaceus*). Animal Behaviour 35: 1129-1139.
Borgia G & Keagy J (2006) An inverse relationship between decoration and food colour preferences in satin bowerbirds does not support the sensory drive hypothesis. Animal Behaviour 72: 1125-1133.
Borgia G & Mueller U (1992) Bower destruction, decoration stealing, and female choice in the spotted bowerbird (*Chlamydera maculata*). Emu 92: 11-18.
Borgia G & Presgraves DC (1998) Coevolution of elaborated male display traits in the spotted bowerbird: an experimental test of the threat reduction hypothesis. Animal Behaviour 56: 1121-1128.
Borgia G, Pruett-Jones S & Pruett-Jones M (1985) The evolution of bower-building and the assessment of male quality. Zeitshrift fur Tierpsychologie 67: 225-236.
Bravery BD & Goldizen AW (2007) Male satin bowerbirds (*Ptilonorhynchus violaceus*) compensate for sexual signal loss by enhancing multiple display features. Naturwissenschaften 94: 473-476.
Bravery BD, Nicholls JA & Goldizen AW (2006) Patterns of painting in satin bowerbirds *Ptilonorhynchus violaceus* and males' responses to changes in their paint. Journal of Avian Biology 37: 77-83.
Coleman SW, Patricelli GL & Borgia G (2004) Variable female preferences drive complex male display. Nature 428: 742-745.
Coleman SW, Patricelli GL, Coyle B, Siani J & Borgia G (2007) Female preferences drive the evolution of mimetic accuracy in male sexual display. Biology Letters 3: 463-466.
Diamond JM (1988) Experimental study of bower decoration by the bowerbird *Amblyornis inornatus*, using colored poker chips. American Naturalist 131: 631-653.
Doerr NR (2009) Stealing rates in the Great Bowerbird (*Ptilonorhynchus nuchalis*): Effects of the spatial arrangement of males and availability of decorations. Emu 109: 230-236.
Doerr NR (2009) Do male Great Bowerbirds (*Ptilonorhynchus nuchalis*) minimise the costs of acquiring bower decorations by reusing decorations acquired in previous breeding

Martinez-de la Puente J, Merino S, Moreno J, Tomas G, Morales J, Lobato E, Garcia-Fraile S & Martinez J (2007) Are eggshell spottiness and colour indicators of health and condition in blue tits *Cyanistes caruleus*? Journal of Avian Biology 38: 377–384.
Martinez-Padilla J, Dixon H, Vergara P, Perez-Rodriguez L & Fargallo JA (2010) Does egg colouration reflect male condition in birds? Natuwissenschaften 97: 469–477.
Mayer PM, Smith LM, Ford RG, Watterson DC, McCutchen MD & Ryan MR (2009) Nest construction by a ground-nesting bird represents a potential trade-off between egg crypticity and thermoregulation. Behavioral Ecology 159: 893–901.
Morales J, Sanz JJ & Moreno J (2006) Egg colour reflects the amount of yolk maternal antibodies and fledging success in a songbird. Biology Letters 2: 334–336.
Morales J, Torres R & Velando A (2010) Parental conflict and blue egg coloration in a seabird. Naturwissenschaften 97: 173–180.
Morales J, Velando A & Mreno J (2008) Pigment allocation to eggs decreases plasma antioxidants in a songbird. Behavioral Ecology and Sociobiology. doi: 10.1007/s00265-008-0653-x
Morales J, Velando A & Torres R (2011) Biliverdin-based egg coloration is enhanced by carotenoid supplementation. Behavioral Ecology and Sociobiology 65: 197–203.
Moreno J, Lobato E, Morales J, Merino S, Tomas G, Martinez-de la Puente, Sanz JJ, mateo R & Soler JJ (2006) Experimental evidence that egg color indicates female condition at laying in a songbird. Behavioral Ecology 17: 651–655.
Moreno J, Morales J, Lobato E, Merino S, Tomas G & Martinez-de la Puente J (2005) Evidence for the signaling function of egg color in the pied flycatcher *Ficedula hypoleuca*. Behavioral Ecology 16: 931–937.
Moreno J & Osoro JL (2003) Avian egg colour and sexual selection: does eggshell pigmentation reflect female condition and genetic quality? Ecology Letters 6: 803–806.
Moreno J, Osoro JL, Morales J, Merino S & Tomas G (2004) Egg colouration and male parental effort in the pied flycatcher *Ficedula hypoleuca*. Journal of Avian Biology 35: 300–304.
Navarro C, Perez-Contreras T, Avilés JM, McGraw KJ & Soler JJ (2011) Blue-green eggshell coloration reflects yolk antioxidant content in spotless starlings *Sturnus unicolor*. Journal of Avian Biology 42: 538–543.
Riehl C (2011) Paternal investment and the "sexually selected hypothesis" for the evolution of eggshell coloration: revisiting the assumptions. Auk 128: 175–179.
Reynolds SJ, Martin GR & Cassey P (2009) Is sexually selection blurring the functional significance of eggshell coloration hypotheses? Animal Behaviour 78: 209–215.
Sanz JJ & Garcia-Navas V (2009) Eggshell pigmentation pattern in relation to breeding performance of blue tits *Cyanistes caeruleus*. Journal of Animal Ecology 78: 31–41.
Siefferman L, Navara KJ & Hill GE (2006) Egg coloration is correlated with female condition in eastern bluebirds (*Sialia sialis*). Behavioral Ecology and Sociobiology 59: 651–656.
Soler JJ, Avilés JM, Møller AP & Moreno J (2012) Attractive blue-green egg coloration and cuckoo-host coevolution. Biological Journal of the Linnean Society 106: 154–168.
Soler JJ, Moreno J, Avilés JM & Møller AP (2005) Blue and green egg-color intensity is associated with parental effort and mating system in passerines: support for the sexual selection hypothesis. Evolution 59: 636–644.
Soler JJ, Navarro C, Perez-Contreras T, Avilés JM & Cuervo JJ (2008) Sexually selected egg coloration in spotless starlings. American Naturalist 171: 183–194.
Stoddard MC, Fayet AL, Kilner RM & Hinde CA (2012) Egg speckling patterns do not advertise offspring quality or influence male provisioning in great tits. PloS ONE 7(7): e40211. doi: 10.1371/journal.pone.0040211
Stoddard MC, Marshall KLA & Kilner RM (2012) Imperfectly camouflaged avian eggs: artefact or adaptation? Avian Biology Research 4: 196–213.
Weidinger K (2001) Does egg colour affect predation rate on open passerine nests?

colour does not predict measures of maternal investment in eggs of *Turdus* thrushes. Naturwissenschaften 95: 713-721.
Cassey P, Maurer G, Lovell PG & Hanley D (2011) Conspicuous eggs and colorful hypotheses: testing the role of multiple influences on avian eggshell appearance. Avian Biology Research 4: 185-195.
Cassey P, Thomas GH, Portugal SJ, Maurer G, Hauber ME, Grim T, Lovell PG & Miksik I (2012) Why are birds' eggs colourful? Eggshell pigments co-vary with life-history and nesting ecology among British breeding non-passerine birds. Biological Journal of the Linnean Society 106: 657-672.
Castilla AM, Dhondt AA, Diaz-Uriarte R & Westmoreland D (2007) Predation in ground-nesting birds: an experimental study using natural egg-color variation. Avian Conservation and Ecology 2. http://www.ace-eco.org/vol2/iss1/art2/
Cherry MI & Gosler AG (2010) Avian eggshell coloration: new perspectives on adaptive explanations. Biological Journal of the Linnean Society 100: 753-762.
江口和洋（2002）オスの奇妙な生活史．山岸　哲（編）「アカオオハシモズの社会」．pp. 99-126．京都大学学術出版会．
English PA & Montgomerie R (2011) Robin's egg blue: does egg color influence male parental care? Behavioral Ecology and Sociobiology 65: 1029-1036.
Garcia-Navas V, Sanz JJ, Merino S, Martinez-de la Puente J, Lobat E, del Cerro S, Rivero J, de Castañeda RR & Moreno J (2011) Experimental evidence for the role of calcium ineggshell pigmentation pattern and breeding performance in Blue Tits *Cyanistes caeruleus*. Journal of Ornithology 152: 71-82.
Hanley D, Cassey P & Doucet SM (2013) Parents, predators, parasites, and the evolution of eggshell colour in open nesting birds. Evolutionary Ecology 27: 593-617.
Hanley D, Doucet SM & Dearborn DC (2010) A blackmail hypothesis for the evolution of conspicuous egg coloration in birds. Auk 127: 453-459.
Hanley D, Heiber G & Dearborn DC (2008) Testing an assumption of the sexual-signaling hypothesis: does blue-green egg color reflect maternal antioxidant capacity? Condor 110: 767-771.
Hanley D, Stoddard MC, Cassey P & Brennan PLR (2013) Eggshell conspicuousness in ground nesting birds: do conspicuous eggshells signal nest location to conspecifics? Avian Biology Research 6: 147-156.
Holveck M-J, Doutrelant C, Guerreiro R, Perret P, Gomez D & Grégoire A (2009) Can eggs in a cavity be a female secondary sexual signal? Male nest visits and modelling of egg visual discrimination in blue tits. Biology Letters. doi: 10.1098/rsbl.2009.1044
Honza M, Pozgayova M, Prochazka P & Cherry MI (2011) Blue-green eggshell coloration is not a sexually selected signal of female quality in an open-nesting polgynous passerine. Naturwissenschaften 98: 493-499.
Ishikawa S, Suzuki K, Fukuda E, Arihara K, Yamamto Y, Mukai T & Itoh M (2010) Photodunamic anti microbial activity of avian eggshell pigments. FEBS Letters 584: 770-774.
Krist M & Grim T (2007) Are blue egg a sexually selected signal of female collared flycatchers? a cross-fostering experiment. Behavioral Ecology and Sociobiology 61: 863-876.
Lahti DC (2008) Population differentiation and rapid evolution of egg color in accordance with solar radiation. Auk 125: 796-802.
Lahti DC & Ardia DR (2016) Shedding light on bird egg color: Pigment as parasol and the dark car effect. American Naturalist 187. doi: 10.1086/685780
Lopez-Rull I, Miksik I & Gil D (2008) Egg pigmentation reflects female and egg quality in the spotless starling *Sturnus unicolor*. Behavioral Ecology and Sociobiology 62: 1877-1884.
Lopez-Rull I & Gil D (2009) Elevated testosterone levels affect female breeding success and yolk androgen deposition in a passerine bird. Behavioural Processes 82: 312-318.

Ecology Letters 5: 585-589.
Polo V & Veiga JP (2006) Nest ornamentation by female spotless starlings in response to a male display: an experimental study. Journal of Animal Ecology 75: 942-947.
Polo V, Veiga JP, Cordero PJ, Viñuela J & Monaghan P (2004) Female starlings adjust primary sex ratio in response to aromatic plants in the nest. Proceedings of the Royal Society of London Ser. B 271: 1929-1933.
Sanz JJ & Garcia-Navas V (2011) Nest ornamentation in blue tits: is feather carrying ability a male status signal? Behavioral Ecology 22: 240-247.
Schuetz J (2004) Common waxbills use carnivore scat to reduce the risk of nest predation. Behavioral Ecology. doi: 10.1093/beheco/arh139
Sergio F, Blas J, Blanco G, Taniferna A, Lopez L, Lemus JA & Hiraldo F (2011) Raptor nest decorations are a reliable threat against conspecifics. Science 331: 327-330.
Smith JA, Harrison TJE, Martin GR & Raynolds SJ (2013) Feathering the nest: food supplementation influences nest construction by blue (*Cyanistes caeruleus*) and great tits (*Parus major*). Avian Biology Research 6: 18-25.
Soler JJ, Cuervo JJ, Møller AP & de Lope F (1998) Nest building is a sexually selected behaviour in the barn swallow. Animal Behaviour 56: 1435-1442.
Soler JJ, de Neve L, Martinez JG & Soler M (2001) Nest size affects clutch size and the start of incubation in magpies: an experimental study. Behavioral Ecology 12: 301-307.
Soler JJ, Martín-Vivaldi M, Haussy C & Møller AP (2007) Intra- and interspecific relationships between nest size and immunity. Behavioral Ecology 18: 781-791.
Soler JJ, Møller AP & Soler M (1998) Nest building, sexual selection and parental investment. Evolutionary Ecology 12: 427-441.
Surgey J, du Feu CR & Deeming DC (2012) Opportunistic use of a wool-like artificial material as lining of tit (Paridae) nests. Condor 114: 385-392.
Szentirmai I, Komdeur J & Székely T (2005) What makes a nest-building male successful? Male behavior and female care in penduline tits. Behavioral Ecology 16: 994-1000.
Tomas G, Merino S, Martinez-de la Puente J, Moreno J, Morales J & Rivero- de Aguilar J (2006) nest size and aromatic plants in the nest as sexually selected female traits in blue tits. Behavioral Ecology. doi: 10.1093/beheco/art015
Tomas G, Merino S, Moreno J, Sanz JJ, Morales J & Garcia-Fraile S (2006) Nest weight and female health in the blue tit (*Cyanistes caeruleus*). Auk 123: 1013-1021.
Trnka A & Prokop P (2011) The use and function of snake skins in the nests of great reed warblers *Acrocephalus arundinaceus*. Ibis 153: 627-630.
Veiga JP, Polo V & Viñuela J (2006) Nest green plants as a male status signal and courtship display in the spotless starling. Ethology 112: 196-204.

第5章

Avilés JM, Perez-Cotrera T, Navarro C & Soler JJ (2008) Dark nests and conspicuousness in color patterns of nestlings of altricial birds. American Naturalist 171: 327-338.
Avilés JM, Soler JJ & Hart NS (2011) Sexual selection based on egg colour: physiological models and egg discrimination experiments in a cavity-nesting bird. Behavioral Ecology and Sociobiology 65: 1721-1730.
Avilés JM, Soler JJ & Perez-Cotreras T (2006) Dark nests and egg colour in birds: a possible functional role of ultraviolet reflectance in egg detectability. Proceedings of the Royal Society of London Ser. B 273: 2821-2829.
Brennan PLR (2010) Clutch predation in great tinamous *Tinamus major* and implications for the evolution of egg color. Journal of Avian Biology 41: 1-8.
Cassey P, Ewen JG, Blackburn TM, Hauber ME, Corobyev M & Marshall NJ (2008) Eggshell colour does not predict measures of maternal investment in eggs of *Turdus* thrushes. Naturwissenschaften 95: 713-721.
Cassey P, Ewen JG, Blackburn TM, Hauber ME, Vorobyev M & Marshall NJ (2008) Eggshell

Grey-crowned Babbler. Emu 113: 77-83.
Fauth PT, Krementz DG & Hines JE (1991) Ectoparasitism and the role of green nesting material in the European starling. Oecologia 88: 22-29.
Garcia-Navas V, Valera F & Griggio M (2015) Nest decorations: an "extended" female badge of status? Animal Behaviour 99: 95-107.
Gill SA & Stutchbury BJM (2005) Nest building is an indicator of parental quality in the monogamous neotropical buff-breasted wren (*Thryothorus leucotis*). Auk 122: 1169-1181.
Gwinner H & Berger S (2005) European starlings: nestling condition, parasites and green nest material during the breeding season. Journal of Ornithology 146: 365-371.
Gwinner H, Oltrogge M, Trost L & Nienaber U (2000) Green plants in starling nests: effects on nestlings. Animal Behaviour 59: 301-309.
Heenan CB & Seymour RS (2011) Structural support, not insulation, is the primary driver for avian cup-shaped nest design. Proceedings of the Royal Society of London Ser. B 278: 2924-2929.
Hoi H, Schleicher B & Valera F (1996) Nest size variation and its importance for mate choice in penduline tits, *Remiz pendulinus*. Animal Behaviour 51: 464-466.
Karsson J & Nilsson SG (1977) The influence of nestbox area on clutch-size in some hole nesting passerines. Ibis 119: 207-211.
Kloskowski J, Grela P & Gaska M (2012) The role of male nest building in post-mating sexual selection in the monogamous red-necked grebe. Behaviour 149: 81-98.
Lafuma L, Lambrechts MM & Raymond M (2001) Aromatic plants in bird nests as a protection against blood-sucking flying insects? Behavioural Processes 56: 113-120.
Lambrechts MM & Dos Santos A (2000) Aromatic herbs in Corsican blue tit nests: The "Potpourri" hypothesis. Acta Oecologica 21: 175-178.
Lopez-Rull I & Gil D (2009) Do female spotless starlings *Sturnus unicolor* adjust maternal investment according to male attractiveness? Journal of Avian Biology 40: 254-262.
Mainwaring MC, Benskin CMH & Hartley IR (2008) The weight of female-built nests correlates with female but not male quality in the blue tit *Cyanistes caeruleus*. Acta Ornithologica 43: 43-48.
Mainwaring MC & Hartley IR (2009) Experimental evidence for state-dependent nest weight in the blue tit, *Cyanistes caeruleus*. Behavioural Processes 81: 144-146.
Mainwaring MC & Hartley IR (2013) The energetic costs of nest building in birds. Avian Biology Research 6: 12-17.
Mainwaring MC, Hartley IR, Lambrechts MM & Deeming DC (2014) The design and function of birds' nests. Ecology and Evolution 20: 3909-3928.
Martinez-de la Puente J, Merino S, Lobato E, Moreno J, Tomas G & Morales J (2009) Male nest-building activity influences clutch mass in pied flycatchers *Ficedula hypoleuca*. Bird Study 56: 264-267.
Møller AP (2006) Rapid change in nest size of a bird related to change in a secondary sexual character. Behavioural Ecology 17: 108-116.
Moreno J, Martinez J, Corral C, Lobato E, Merino S, Morales J, Martinez-de la Puente & Tomas G (2008) Nest construction rate and stress in female pied flycatchers *Ficedula hypoleuca*. Acta Ornithologica 43: 57-64.
Peralta-Sanchez JM, Møller AP, Martin-Platero AM & Soler JJ (2010) Number and colour composition of nest lining feathers predict eggshell bacterial community in barn swallow nests: an experimental study. Functional Ecology 24: 426-433.
Peralta-Sanchez JM, Møller AP & Soler JJ (2011) Colour composition of nest lining feathers affects hatching success of barn swallows, *Hirundo rustica* (Passeriformes: Hirundinedae). Biological Journal of the Linnean Society 102: 67-74.
Petit C, Hossaert-McKey M, Perret P, Blondel J & Lambrechts MM (2002) Blue tits use selected plants and olfaction to maintain an aromatic environment for nestlings.

Møller AP (1988) False alarm calls as a means of resource usurpation in the great tit *Parus major*. Ethology 79: 25-30.
Osoro JL, Torres R & Garcia CM (1992) Kleptoparasitic behavior or the magnificent frigatebird: sex bias and success. Condor 94: 692-698.
Ramirez FC (1995) Sex-biased kleptoparasitism of hooded mergansers by ring-billed gulls. Wilson Bulletin 107: 379-382.
Ridley AR & Child MF (2009) Specific targeting of host individuals by a kleptoparasitic bird. Behavioral Ecology and Sociobiology doi: 10.1007/s00265-009-0766-x
Ridley AR, Child MF & Bell MBV (2007) Interspecific audience effects on the alarm-calling behaviour of a kleptoparasitic bird. Biology Letters 3: 589-591.
Ridley AR & Raihani NJ (2006) Facultativc response to a kleptoparasite y the cooperatively breeding pied babbler. Behavioral Ecology 18: 324-330.
Shealer DA, Spendelow JA, Hatfield JS & Nisbet ICT (2004) The adaptive significance of stealing in a marine bird and its relationship to parental quality. Behavioral Ecology 16: 371-376.
St Clair CC, St. Claire RC & Williams TD (2001) Does kleptoparasitism by glaucous-winged gulls limit the reproductive success of tufted puffins? Auk 118: 934-943.
Steele WK & Hockey PA (1995) Factors influencing rate and success of intraspecific kleptoparasitism among kelp gulls (*Larus dominicanus*). Auk 847-859.
Varpe O (2010) Stealing bivalves from common eiders: kleptoparasitism by glaucous gulls in spring. Polar Biology 33: 359-365.
Vickery JA & Brooke MDeL (1994) The kleptoparasitic interactions between great frigatebird and masked boobies on Henderson Island, South Pacific. Condor 96: 331-340.
Wood KA, Stillman RA & Goss-Custard JD (2015) The effect of kleptoparasite and host numbers on the risk of food-stealing in an avian assemblage. Journal of Avian Biology 46: 589-596.
Yosef B, Kabesa S & Yosef N (2011) Set a thief to catch a thief: brown-necked raven (*Corvus ruficollis*) cooperatively kleptoparasitize Egyptian vulture (*Neophron percnopterus*). Naturwissenschaften 98: 443-446.

第4章

Alvarez E & Barba E (2011) Nest characteristics and reproductive performance in great tits *Parus major*. Ardeola 58: 125-136.
Antonov A (2004) Smaller eastern olivaceous warbler *Hippolais elaeica* nests suffer less predation than larger ones. Acta Ornithologica 39:
Avilés JM, Parejo D, Pérez-Contreras T, Navarro C & Soler JJ (2010) Do spotless starlings place feathers at their nests by ultraviolet color? Naturwissenschaften 97: 181-186.
Broggi J & Senar JC (2009) Brighter great tit parents build bigger nests. Ibis 151: 588-591.
De Hierro LG-L, Moleon M & Ryan PG (2013) Is carrying feathers a sexually selected trait in house sparrows? Ethology 119: 199-211.
De Neve L & Soler JJ (2002) Nest-building activity and laying date influence female reproductive investment in magpie: an experimental study. Animal Behaviour 63: 975-980.
De Neve L, Soler JJ, Soler M & Pérez-Contreras T (2004) Nest size predicts the effect of food supplementation to magpie nestlings on their immunocompetence: an experimental test of nest size indicating parental ability. Behavioral Ecology 15: 1031-1036.
Eguchi K (1980) The feeding ecology of the nestling great tit, *Parus major minor*, in the temperate ever-green broadleaved forest. II. with reference to breeding ecology. Researches on Population Ecology 22: 284-300.
Eguchi K, Yamaguchi N, Ueda K & Noske RA (2013) The effects of nest usurpation and other interference by the Blue-faced Honeyeater on the reproductive success of the

Baigre BD, Thompson AM & Flower TP (2014) Interspecific signalling between mutualists: food-thieving drongos use a cooperative sentinel call to manipulate foraging partners. Proceedings of the Royal Society of London Ser. B 281: 20141232.
Brockmann HJ & Barnard CJ (1079) Kleptoparasitism in birds. Animal Behaviour 27: 487-514.
Bugnyar T & Kotrschal K (2002) Observational learning and the raiding of food caches in ravens, *Corvus corax*: is it "tactical" deception. Animal Behaviour 64: 185-195.
Cummins RE (1995) Sex-biased host selection and success of kleptoparasitic behavior of the great frigatebird in the northwestern Hawaiian islands. Condor 97: 811-814.
Ens BJ, Esselink P & Zwarts L (1990) Kleptoparasitism as a problem of prey choice: a study on mudflat-feeding curlews, *Numenius arquata*. Animal Behaviour 39: 219-230.
Flower T (2011) Fork-tailed drongos use deceptive mimicked alarm calls to steal food. Proceedings of the Royal Society of London Ser. B 278: 1548-1555.
Flower TP, Child MF & Ridley AR (2013) The ecological economics of kleptoparasitism: pay-offs from self-foraging versus kleptoparasitism. Journal of Animal Ecology 82: 245-255.
Flower TP & Gribble M (2012) Kleptoparasitism by attack versus false alarm calls in fork-tailed drongos. Animal Behaviour 83: 403-410.
Flower TP, Gribble M & Ridley AR (2014) Deception by flexible alarm mimicry in an African bird. Science 344: 513-516.
Galvan I (2003) Intraspecific kleptoparasitism in lesser black-backed gulls wintering inland in Spain. Waterbirds 26: 325-330.
Garcia GO, Favero M & Vassallo AI (2010) Factors affecting kleptoparasitism by gulls in a multi-species seabird colony. Condor 112: 521-529.
Garcia GO, Becker PH & Favero M (2011) Kleptoparasitism during courtship in *Sterna hirundo* and its relationship with female reproductive performance. Journal of Ornithology 152: 103-110.
Garcia GO, Becker PH & Favero M (2013) Intraspecific kleptoparasitism improves chick growth and reproductive output in common terns *Sterna hirundo*. Ibis 155: 338-347.
Goodale E, Ratnayake CP & Kotagama SW (2014a) Vocal mimicry of alarm-associated sounds by a drongo elicits flee and mobbing responses from other species that participate in mixed-species bird flocks. Ethology. doi: 10.1111/eth.12202
Goodale E, Ratnayake CP & Kotagama SW (2014b) The frequency of vocal mimicry associated with danger varies due to proximity to nest and nesting stage in a passerine bird. Behaviour 151: 73-88.
Igic B & Magrath RD (2013) Fidelity of vocal mimicry: identification and accuracy of mimicry of heterospecific alarm calls by the brown thornbill. Animal Behaviour. http://dx.doi.org/10.1016/j.anbehav.2012.12.022
Igic B & Magrath RD (2014) A songbird mimics different heterospecific alarm calls in response to different types of threat. Behavioral Ecology. doi:10.1093/beheco/aru018
Le Corre M & Jouventin P (1997) Kleptoparasitism in tropical seabirds: vulnerability and avoidance responses of a host species, the red-footed booby. Condor 99: 162-168.
Lavers JL & Jones IL (2007) Impacts of intraspecific kleptoparasitism and diet shifts on razorbill *Alca torda* productivity at the Gannet Islands, Labrador. Marine Ornithology 35: 1-7.
Martinez MM & Bachmann S (1997) Kleptoparasitism of the American oystercatcher *Haematopus palliatus* by gulls *Larus* spp. in Mar Chiquita lagoon, Buenos Aires, Argentina. Marine Ornithology 25: 68-69.
松岡　茂（1980）カラ類における"偽の警戒声"について．鳥 29: 87-90.
Morand-Ferron J, Giraldeau L-A & Lefebvre L (2007) Wild carib grackles play a producer-scrounger game. Behavioral Ecology 18: 916-921.
Morand-Ferron J, Sol D & Lefebvre L (2007) Food stealing in birds: brain or brawn? Animal Behaviour 74: 1725-1734.

Proceedings of the Royal Society of London Ser. B 271: 1823-1829.
Senar JC & Escobar D (2002) Carotenoid derived plumage coloration in the sikin *Carduelis spinus* is related to foraging ability. Avian Science 2: 19-24.
Senar JC, Figuerola J & Pascual J (2002) Brighter yellow blue tits make better parents. Proceedings of the Royal Society of London Ser. B 269: 257-261.
Shawkey MD, Estes AM, Siefferman LM & Hill GE (2003) Nanostructure predicts intraspecific variation in ultraviolet-blue plumage colour. Proceedings of the Royal Society of London Ser. B 270: 1455-1460.
Shawkey MD & Hill GE (2005) Carotenoids need structural colours to shine. Biology Letters 1: 121-124.
Shawkey MD, Pillai SR, Hill GE, Siefferman LM & Roberts SR (2007) Bacteria as an agent for change in structural plumage color: correlational and experimental evidence. American Naturalist 169: S112-S121.
Siefferman L & Hill GE (2003) Structural and melanin coloration indicate parental effort and reproductive success in male eastern bluebirds. Behavioral Ecology 14: 855-861.
Siefferman L & Hill GE (2005) UV-blue structural coloration and competition for nestboxes in male eastern bluebirds. Animal Behaviour 69: 67-72.
Siitari H, Honkavaara J, Huhta E & Viitala J (2002) Ultraviolet reflection and female mate choice in the pied flycatcher, *Ficedula hypoleuca*. Animal Behaviour 63: 97-102.
Siitari H, Alatalo RV, Halme P, Buchanan KL & Kilpimaa J (2007) Color signals in the black grouse (*Tetrao tetrix*): signal properties and their condition dependency. American Naturalist 169: S
Simons MJP, Cohen AA & Verhulst S (2012) What does carotenoid-dependent coloration tell? Plasma carotenoid level signals immunocompetence and oxidative stress state in birds-a meta-analysis. PloS ONE 7(8): e43088. doi:10.1371/journal.pone.0043088
Soler M, Martín-Vivaldi M, Marín JM & Møller AP (1999) Weight lifting and health status in the black wheatear. Behavioral Ecology 10: 281-286.
Spencer KA, Bychanan KL, Goldsmith AR & catchpole CK (2004) Developmental stress, social rank and song complexity in the European starling (*Sturnus vulgaris*). Proceedings of the Royal Society of London Ser. B (Supplements) 271: S121-S123.
Spencer KA, Wimpenny JH, Buchanan KL, Lovell PG, Goldsmith AR & Catchpole CK (2005) Developmental stress affects the attractiveness of male song and female choice in the zebra finch (*Taeniopygia guttata*). Behavioral Ecology and Sociobiology 58: 423-428.
Templeton CN, Akçay Ç, Campbell SE & Beecher MD (2012) Soft song is a reliable signal of aggressive intent in song sparrows. Behavioral Ecology and Sociobiology. doi10.1007/s00265-012-1405-5
Velando A, Beamonte-Barrientos R & Torres R (2006) Pigment-based skin colour in the blue-footed booby: an honest signal of current condition used by females to adjust reproductive investment. Oecologia 149: 535-542.
Whittaker DJ, Gerlach NM, Soini HA, Novotny MV & Ketterson ED (2013) Bird odour predicts reproductive success. Animal Behaviour 86: 697-703.
Yang C, Wang J, Fang Y & Sun Y-H (2013) Is sexual ornamentation an honest signal of male quality in the Chinese grouse (*Tetrastes sewerzowi*)? PloS ONE 8(12): e82972. doi:10.1371/journal.pone.0082972

第3章

Amat JA & Aguilera E (1990) Tactics of black-headed gulls robbing egrets and waders. Animal Behaviour 39: 70-77.
Arcos JM (2000) Host selection by arctic skuas *Stercorarius parasiticu* in the north-western Mediterranean during spring migration. Ornis Fennica 77: 131-135.
Arcos JM (2007) Frequency-dependent morph differences in kleptoparasitic chase rate in the polymorphic arctic skua *Stercorarius parasiticus*. Journal of Ornithology 148: 167-171.

bird quality to predators. Proceedings of the Royal Society of London Ser. B (Suppl.) 271: S513-S515.
Leader N & Yom-Tov Y (1998) The posible function of stone ramparts at the nest entrance of the blackstart. Animal Behaviour 56: 207–217.
Leclaire S, Ehite J, Arnoux E, Faivre B, Vetter N, hatch SA & Dabchin É (2011) integument coloration signals reproductive success, heterozygosity, and antioxidant levels in chick-rearing black-legged kittiwakes. Naturwissenschaften 98: 773–782.
Limbourg T, Mateman AC, Andersson S & Lessells CM (2004) Female blue tits adjust parental effort to manipulated male UV attractiveness. Proceedings of the Royal Society of London Ser. B 271: 1903–1908.
Liu M, Siefferman L & Hill GE (2007) An experimental test of female choice relative to male structural coloration in eastern bluebirds. Behavioral Ecology and Sociobiology 61: 623–630.
Marshall RC, Buchanan KL & catchpole CK (2003) Sexual selection and individual genetic diversity in a songbird. Proceedings of the Royal Society of London Ser. B (Suppl.) 270: S248-S250.
McGraw KJ, Mackillop EA, Dale J & Hauber ME (2002) Different colors reveal different information: how nutritional stress affects the expression of melanin- and structurally based ornamental plumage. Journal of Experimental Biology 205: 3747–3755.
Møller AP (1987) Social control of deception among status signalling house sparrows *Passer domesticus*. Behavioral Ecology and Sociobiology 20: 307–311.
Moreno J, Soler M & Møller AP (1994) The function of stone carrying in the black wheatear, *Oenanthe leucura*. Animal Behaviour 47: 1297–1309.
Nemeth E, Kempenaers B, Matessi G & Brumm H (2012) Rock sparrow song reflects male age and reproductive success. PloS ONE 7(8): e43259. doi:10.1371/journal.pone.0043259
Nowicki S & Searcy W (2004) Song function and the evolution of female preferences- why bird sing, why brains matter. Annals of N. Y. Academy of Science 1016: 704–723.
Otter KA, Stewart IRK, McGregor PK, Terry AMR, Dabelsteen T & Burke T (2001) Extra-pair paternity among great tits *Parus major* following manipulation of male signals. Journal of Avian Biology 32: 338–344.
Perrier C, de Lope F, Møller AP & Ninni P (2002) Structural coloration and sexual selection in the barn swallow *Hirundo rustica*. Behavioral Ecology 13: 728–736.
Prum RO, Dufresne ER, Quinn T & Waters K (2009) Development of colour-producing β-keratin nanostructures in avian feather barbs. Journal of the Royal Society Interface 6: S253-S265.
Rinden H, Lampe HM, Slagsvold T & Espmark YO (2000) Song quality does not indicate male parental ability in the pied flycatcher *Ficedula hypoleuca*. Behaviour 137: 809–823.
Rosen RF & Tarvin KA (2006) Sexual signals of the male American goldfinch. Ethology 112: 1008–1019.
Ryder TB, Tori WP, Blake JG, Loiselle BA & Parker PG (2009) Mate choice for genetic quality: a test of the heterozygosity and compatibility hypotheses in a lek-breeding bird. Behavioral Ecology 21: 203–210.
Searcy WA, Anderson RC & Nowicki S (2006) bird song as a signal of aggressive intent. Behavioral Ecology and Sociobiology 60: 234–241.
Searcy WA & Beecher MD (2009) Song as an aggressive signal in songbirds. Animal Behaviour 78: 1281–1292.
Searcy WA, Peters S, Kipper S & Nowcki S(2010) Female response to song reflects male developmental history in swamp sparrows. Behavioral Ecology and Sociobiology 64: 12343–1349.
Seddon N, Amos W, Mulder RA & Tobias JA (2004) male heterozygosity predicts territory size, song structure and reproductive success in a cooperatively breeding bird.

Ecology doi: 10.1093/beheco/arq022
Cucco M & Malacarne G (1999) Is the song of black redstart males an honest signal of status? Condor 101: 689-694.
Delhey K, Johnsen A, Peters A, Andersson S & Kempenaers B (2003) Paternity analysis reveals opposing selection pressures on crown coloration in the blue tit (*Parus caeruleus*). Proceedings of the Royal Society of London Ser. B 270: 2057-2063.
Delhey K, Peters A, Johnsen A & Kempenaers B (2006) Seasonal changes in blue tit crown color: do they signal individual quality? Behavioral Ecology 17: 790-798.
Doucet SM (2002) Structural plumage coloration, male body size, and condition in the blue-black grassquit. Condor 104: 30-38.
Doutrelant C, Grégoire A, Granc N, Gomez D, Lambrechts MM & Perret P (2008) Female coloration indicates female reproductive capacity in blue tits. Journal of Evolutionary Biology 21: 226-233.
Duffy DL & Ball GF (2002) Song predicts immunocompetence in male European starlings (*Sturnus vulgaris*). Proceedings of the Royal Society of London Ser. B 269: 847-852.
江口和洋（1999）鳥類における性比の適応的調節．日本生態学会誌 49: 105-122.
Farrell TM, Weaver K, An Y-S & MacDougall-Shackleton SA (2011) Song bout length is indicative of spatial learning in European starlings. Behavioral Ecology 23: 101-111.
Fitzpatrick S (1998) Colour schemes for birds: structural coloration and signals of quality in feathers. Annals of Zoology Fennici 35: 67-77.
Forstmeier W, Kempenaers B, Meyer A & Leisler B (2002) A novel song parameter correlates with extra-pair paternity and reflects male longevity. Proceedings of the Royal Society of London Ser. B 269: 1479-1485.
Griffith SC, Örnborg J, Russell AF, Andersson S & Sheldon BC (2003) Correlations between ultraviolet coloration, overwinter survival and offspring sex ratio in the blue tit. Journal of Evolutionary Biology 16: 1045-1054.
Griggio M, Serra L, Licheri D, Campomori C & Pilastro A (2009) Moult speed affects structural feather ornaments in the blue tit. Journal of Evolutionary Biology 22: 782-792.
Hausmann F, Arnold KE, Marshall NJ & Owens IPF (2002) Ultraviolet signals in birds are special. Proceedings of the Royal Society of London Ser. B 270: 61-67.
Hunt S, Bennett ATD, Cuthill IC & Griffiths R (1998) Blue tits are ultraviolet tits. Proceedings of the Royal Society of London Ser. B 265: 451-455.
Jacot A & Kempenaers B (2006) Effects of nestling condition on UV plumage traits in blue tits: an experimental approach. Behavioral Ecology 18: 34-40.
Johnsen A, Delhey K, Andersson S & Kempenaers B (2003) Plumage colour in nestling blue tits: sexual dichromatism, condition dependence and genetic effects. Proceedings of the Royal Society of London Ser. B 270: 1263-1270.
Keen SC, Meliza CD & Rubenstein DR (2013) Flight calls signal group and individual identity but not kinship in a cooperatively breeding bird. Behavioral Ecology 24: 1279-1285.
Keyser AJ & Hill GE (1999) Condition-dependent variation in the blue-ultraviolet coloration of a structurally based plumage ornament. Proceedings of the Royal Society of London Ser. B 266: 771-777.
Keyser AJ & Hill GE (2000) Structurally based plumage coloration is an honest signal of quality in male blue grosbeaks. Behavioral Ecology 11: 202-209.
Komdeur J, Oorebeek M, van Overveld T & Cuthill IC (2005) Mutual ornamentation, age, and reproductive performance in the European starling. Behavioral Ecology 16: 805-817.
Lahti DC, Moseley DL & Podos J (2011) A tradeoff between performance and accuracy in bird song learning. Ethology 117: 1-10.
Laiolo P, Tella JL, Carrete M, Serrano D & López G (2004) Distress calls may honestly signal

(Suppl.) 271: S134-S137.
Webster MS, Tavin KA, Tuttle EM & Pruett-Jones S (2007) Promiscuity drives sexual selection in a socially monogamous bird. Evolution 61: 2205-2211.
Westneat DF & Stewart IRK (2003) Extra-pair paternity in birds: causes, correlates, and conflict. Annual Review of Ecology, Evolution and Systematics 34: 365-396.
Whitekiller RR, Westneat DF, Schwagmeyer PL & Mock DW (2000) Badge size and extra-pair fertilizations in the house sparrow. Condor 102: 342-348.
Whittingham LA & Dunn PO (2001) Survival of extrapair and within-pair young in tree swallows. Behavioral Ecology 12: 496-500.
Whittingham LA & Dunn PO (2005) Effects of extra-pair and within-pair reproductive success on the opportunity for selection in birds. Behavioral Ecology 16. doi: 10.1093/beheco/arh140
Woolfenden BE, Stutchbury BJM & Morton ES (2005) Male Acadian flycatchers, *Empidonax virescens*, obtain extrapair fertilizations with distant females. Animal Behaviour 69: 921-929.
油田照秋（2016）鳥類の配偶システムとつがい外父性．江口和洋（編）「鳥の行動生態学」. pp. 45-75．京都大学学術出版会，京都.

第2章

Akçay Ç, Campbell SE & Beecher MD (2014) Individual differences affect honest signalling in a songbird. Proceedings of the Royal Society of London Ser. B 281: 20132496.
Akçay Ç, Tom ME, Holmes D, Campbell SE & Beecher MD (2011) Sing softly and carry a big stick: signals of aggressive intent in the song sparrow. Animal Behaviour, doi: 10.1016/j.anbehav.2011.05.016
Alonso-Alvarez C, Doutrelant C & Sorci G (2004) Ultraviolet reflectance affects male-male interactions in the blue tit (*Parus caeruleus ultramarinus*). Behavioral Ecology 15: 805-809.
Andersson S, Örnborg J & Andersson M (1998) Ultraviolet sexual dimorphism and assortative mating in blue tits. Proceedings of the Royal Society of London Ser. B 265: 445-450.
Araya-Ajoy Y, Chaves-Campos J, Kalko EKV & DeWoody JA (2009) High pitched notes during vocal contests signal genetic diversity in Ocellated antbirds. PloS ONE 4(12): e8137. doi:10.1371/jornalpone.0008137
Baldo S, Mennill DJ, Guindre-Parker S, Gilchrist HG & Love OP (2015) The oxidative cost of acoustic signals: examining steroid versus aerobic activity hypotheses in a wild bird. Ethology 121: 1081-1090.
Boogert NJ, Giraldeau L-A & Lefebvre L (2008) Song complexity correlates with learning ability in zebra finch males. Animal Behaviour 76: 1735-1741.
Brumm H (2009) Song amplitude and body size in birds. Behavioral Ecology and Sociobiology 63: 1157-1165.
Brumm H & Todt D (2004) Male-male vocal interactions and the adjustment of song amplitude in a territorial bird. Animal Behaviour 67: 281-286.
Brumm H, Zollinger SA & Slater PJB (2009) Developmental stress affects song learning but not song complexity and vocal amplitude in zebra finches. Behavioral Ecology and Sociobiology 63: 1387-1895.
Buchanan KL, Spencer KA, Goldsmith AR & Catchpole CK (2003) Song as an honest signal of past developmental stress in the European starling (*Sturnus vulgaris*). Proceedings of the Royal Society of London Ser. B 270: 1149-1156.
Cardoso GC (2011) paradoxical calls: the opposite signaling role of sound frequency across bird species. Behavioral Ecology. doi: 10.1093/beheco/arr200
Caro SP, Sewall KB, Salvante KG & Sockman KW (2010) Female Lincoln's sparrows modulate their behavior in response to variation in male song quality. Behavioral

Lifjeld JT, Laskemoen T, Kleven O, Albrecht T & Robertson RJ (2010) Sperm length variation as a predictor of extrapair paternity in passerine birds. PloS ONE 5(10): e13456. doi: 10.1371/journal.pone.0013456

Mennill D, Ramsay SM, Boag PT & Ratcliffe LM (2004) Patterns of extrapair mating in relation to male dominance status and female nest placement in black-capped chickadees. Behavioral Ecology 15: 757–765.

Møller AP (1988) Female choice selects for male sexual tail ornaments in the monogamous swallow. Nature 322: 640–642.

Møller AP, Brohede J, Cuervo JJ, de Lope F & Primmer C (2003) Extrapair paternity in relation to sexual ornamentation, arrival date, and condition in a migratory bird. Behavioral Ecology 14: 707–712.

中村雅彦（2002）鳥類における乱婚の意義．山岸　哲・樋口広芳（編）「これからの鳥類学」．pp. 162–190．裳華房，東京．

Pitcher TE & Stutchbury BJM (2000) Extraterritorial forays and male parental care in hooded warblers. Animal Behaviour 59: 1261–1269.

Poesel A, Kunc HP, Foerster K, Johnsen A & Kempenaers B (2006) Early birds are sexy: male age, dawn song and extrapair patternity in blue tits, *Cyanistes* (formerly *Parus*) *caeruleus*. Animal Behaviour 72: 531–538.

Richardson DS, Komdeur J, Burke T & von Schantz T (2005) MHC-based patterns of social and extra-pair mate choice in the Seychelles warbler. Proceedings of the Royal Society of London Ser. B 272: 759–767.

Rubenstein DR (2007) Female extrapair mate choice in a cooperative breeder: trading sex for help and increasing offspring heterozygosity. Proceedings of the Royal Society of London Ser. B 274: 1895–1903.

Schmoll T, Dietrich V, Winkel W, Epplen JT & Lubjuhn T (2003) Long-term fitness consequences of female extra-pair matings in a socially monogamous passerine. Proceedings of the Royal Society of London Ser. B 270: 259–264.

Schmoll T, Schurr FM, Winkel W, Epplen JT & Lubjuhn T (2009) Lifespan, lifetime reproductive performance and paternity loss of within-pair and extra-pair offspring in the coal tit *Periparus ater*. Proceedings of the Royal Society of London Ser. B 276: 337–345.

Stewart IRK, Hanschu RD, Burke T & Westneat DF (2006) Tests of ecological, phenotypic, and genetic correlates of extra-pair paternity in the house sparrow. Condor 108: 399–413.

Suter SM, Keiser M, Feignoux R & Meyer DR (2007) Reed bunting females increase fitness through extra-pair mating with genetically dissimilar males. Proceedings of the Royal Society of London Ser. B 274: 2865–2871.

Tarvin KA, Webster MS, Tuttle EM & Pruett-Jones S (2005) Genetic similarity of social mates predicts the level of extrapair paternity in splendid fairy-wrens. Animal Behaviour 70: 945–955.

Tryjanowski P & Hromada M (2005) Do males of the great grey shrike, *Lanius excubitor*, trade food for extrapair copulations? Animal Behaviour 69: 529–533.

Tschirren B, Postma E, Rutstein AN & Griffith SC (2012) When mothers make sons sexy: maternal effects contribute to the increased sexual attractiveness of extra-pair offspring. Proceedings of the Royal Society of London Ser. B 279: 1233–1240.

Trivers R (1985) *Social Evolution*. Benjamin-Cummings. Menlo Park.（邦訳：中嶋康裕・福井康雄・原田泰志（訳）「生物の社会進化」．産業図書，東京．）

上田恵介（1987）一夫一妻の神話．蒼樹書房，東京．

Vaclav R, Hoi H & Blomqvist D (2003) Food supplementation affects extrapair paternity in house sparrows (*Passer domesticus*). Behavioral Ecology 14: 730–735.

Wagner RH, Helfenstein F & Danchin E (2004) Female choice of young sperm in a genetically monogamous bird. Proceedings of the Royal Society of London Ser. B

Dunn PO & Whittingham LA (2006) Search costs influence the spatial distribution, but not the level, of extra-pair mating in tree swallows. Behavioral Ecology and Sociobiology doi: 10.1007/s00265-006-0272-3

江口和洋（2014）鳥類の社会形態の進化に関与する生活史要因の重要性．日本鳥学会誌 63: 249-265.

Eimes JA, Parker PG, Brown JL & Brown ER (2005) Extrapair fertilization and genetic similarity of social mates in the Mexican jay. Behavioral Ecology 16: 456-460.

Ewen JG & Armstrong DP (2000) Male provisioning is negatively correlated with attempted extrapair copulation frequency in the stitchbird (or hihi). Animal Behaviour 60: 429-433.

Forstmeier W (2007) Do individual females differ intrinsically in their propensity to engage in extra-pair copulations? PloS ONE 2(9): e952. doi: 10.1371/journal.pone.0000952

Forstmeier W, Nakagawa S, Griffith SC & Kempenaers B (2014) Female extra-pair mating: adaptation or genetic constraint? Trends in Ecology and Evolution. http://dx.doi.org/10.101016/j.tree.2014.05.005

Freeman-Gallant CR, Meguerdichian M, Wheelwright NT & Sollecito SV (2003) Social pairing and female mating fidelity predicted by restriction fragment length polymorphism similarity at the major histocompatibility complex in a songbird. Molecular Ecology 12: 3077-3083.

Freeman-Gallant CR, Wheelwright NT, Meiklejohn KE, States SL & Sollecito SV (2005) Little effect of extrapair paternity on the opportunity for sexual selection in savannah sparrows (*Passerculus sandwichensis*). Evolution 59: 422-430.

Garvin JC, Abroe B, Pedersen MC, Dunn PO & Whittingham LA (2006) Immune response of nestling warblers varies with extra-pair paternity and temperature. Molecular Ecology 15: 3833-3840.

Griffith SC, Owens IPF & Thuman KA (2002) Extra-pair paternity in birds: A review of interspecific variation and adaptive function. Molecular Ecology 11: 2195-2212.

Hsu Y-H, Schroeder J, Winney I, Burke T & Nakagawa S (2014) Costly infidelity: low lifetime fitness of extra-pair offspring in a passerine bird. Evolution 68: 2873-2884.

Hill CE, Akçay Ç, Campbell SE & Beecher MD (2011) Extrapair paternity, song, and genetic quality in song sparrows. Behavioral Ecology 22: 73-81.

Johnson LS, Thompson CF, Sakaluk SK, Neuhäuser M, Johnson BGP, Soukup SS, Forsythe SJ & Masters BS (2009) Extra-pair young is house wren broods are more likely to be male than female. Proceedings of the Royal Society of London Ser. B doi: 10.1098/rspb.2009.0283

Kempenaers B, Everding S, Bishop C, Boag P & Robertson RJ (2001) Extra-pair paternity and the reproductive role of male floaters in the tree swallow (*Tachycineta bicolor*). Behavioral Ecology and Sociobiology 49: 251-259.

Kempenaers B & Schlicht E (2010) Extra-pair behaviour. In: Kappeler P (ed.) *Animal Behaviour: Evolution and Mechanisms*: 359-411, Springer, Göttingen, Germany.

Kempenaers B, Verheyen GR, Van den Broeck M, Burke T, Van Broeckhoven C & Dhondt AA (1992) Extra-pair paternity results from female preference for high-quality males in the blue tit. Nature 357: 494-496.

Kleven O, Jacobsen F, Robertson RJ & Lifjeld JT (2005) Extrapair mating between relatives in the barn swallow: a role for kin selection? Biology Letters 1: 389-392.

Kleven O & Lifjeld JT (2005) No evidence for increased offspring heterozygosity from extrapair mating in the reed bunting (*Emberiza schoeniclus*). Behavioral Ecology 16: 561-565.

Lack D (1968) *Ecological adaptations for breeding in birds*. Methuen, London.

Leech DL, Hartley IR, Stewart IRK, Griffith SC & Burke T (2001) No effect of parental quality or extrapair paternity on brood sex ratio in the blue tit (*Parus caeruleus*). Behavioral Ecology 12: 674-680.

本書に関係したテーマについてさらに詳しく知りたい読者へ

（入手可能な日本語の単行本に限る）

バークヘッド，TR　乱交の生物学（小田　亮・松本晶子訳）．新思想社．
江口和洋（編）　鳥の行動生態学．京都大学学術出版会．
ギル，FB　鳥類学（山岸哲監訳）．新樹社．
樋口広芳・黒沢令子（編著）　カラスの自然史．北海道大学出版会．
日野輝明　鳥たちの森．東海大学出版会．
沓掛展之・古賀庸憲　行動生態学．共立出版．
上田恵介（編）　野外鳥類学を楽しむ．海游舎．
山岸　哲（編著）　アカオオハシモズの社会．京都大学学術出版会．
山岸　哲・樋口広芳（編）　これからの鳥類学．裳華房．

参考文献

（さらに詳しい情報がほしい読者へ．ほとんどが，Google Scholar で検索して，フリーでダウンロードできます）

第1章

Albrecht T, Schnitzer J, Kresinger J, Exnerova A, Bryja J & Munclinger P (2007) Extrapair paternity and the opportunity for sexual selection in long-distant migratory passerines. Behavioral Ecology 18: 477–486.

Birkhead TR (2000) Promiscuity: An Evolutionary History of Sperm Competition and Sexual Conflict. Harvard University Press, Cambridge.（邦訳：小田　亮・松本晶子（訳）「乱交の生物学．精子競争と性的葛藤の進化史」．新思想社，東京．）

Birkhead TR & Møller AP (1992) *Sperm competition in birds: evolutionary causes and consequences*. Academic Press, London.

Blouwer L, Barr I, van de Pol M, Burke T, Komdeur J & Richardson DS (2010) MHC-dependent survival in a wild population: evidence for hidden genetic benefits gained through extra-pair fertilizations. Molecular Ecology 19: 3444–3455.

Bouwman KM, Burke T & Komdeur J (2006) How female reed buntings benefit from extra-pair mating behaviour: testing hypotheses through patterns of paternity in sequential broods. Molecular Ecology 15: 2589–2600.

Brennan PLR, Clark CJ & Prum RO (2010) Explosive eversion and functional morphology of the duck penis supports sexual conflict in waterfowl genitalia. Proceedings of the Royal Society of London Ser. B 277: 1309–1314.

Charmantier A, Blondel J, Perret P & Lambrecht MM (2004) Do extra-pair paternities provide genetic benefits for female blue tits *Parus caeruleus*? Journal of Avian Biology 35: 524–532.

Chuang-Dobbs HC, Webster MS & Holmes RT (2001) Paternity and parental care in the black-throated blue warbler, *Dendroica caerulescens*. Animal Behaviour 62: 83–92.

Coker CR, McKinney F, Hays H, Briggs SV & Cheng KM (2002) Intromittent organ morphology and testis size in relation to mating system in waterfowl. Auk 119: 403–413.

Dalziell AH & Cockburn A (2007) Dawn song in superb fairy-wrens: a bird that seeks extrapair copulations during the dawn chorus. Animal Behaviour 75: 489–500.

Davies NB (1992) *Dunnock Behaviour and Social Evolution*. Oxford University Press. Oxford.

Dolan AC, Murphy MT, Redmond LJ, Sexton K & Duffield D (2007) Extrapair pattenity and the opportunity for sexual selection in a socially monogamous passerine. Behavioral Ecology 18: 985–993.

Double M & Cockburn A (2000) Pre-dawn infidelity: females control extra-pair mating in superb fairy-wrens. Proceedings of the Royal Society of London Ser. B 267: 465–470.

事項

ぬ

ね

の

は

ひ

ふ

へ

ほ

ま

み

む

め

も

や

ゆ

よ

索　引

生物名

著者紹介

江口和洋（えぐち　かずひろ）

1949年福岡県生まれ．

九州大学大学院理学研究科博士課程修了．理学博士．長年，九州大学大学院理学研究院において教育，研究に携わる．現在は公立大学法人福岡女子大学非常勤講師．専門は動物生態学．国内，マダガスカル，オーストラリアにおいて鳥類の群集構造および種間相互作用（主に混群，外来種の影響など），生活史，行動生態（主に協同繁殖，求愛行動など）等の研究に従事．主な著書に，「動物の相互作用研究法Ⅰ．種内関係（共著）」（共立出版），「マダガスカルの動物（分担執筆）」，「これからの鳥類学（分担執筆）」（以上，裳華房），「アカオオハシモズの社会（分担執筆）」，「Social Organization of the Rufous Vanga（分担執筆）」，「鳥の行動生態学（編著）」（以上，京都大学学術出版会）．

目《め》立《だ》ちたがり屋《や》の鳥《とり》たち ―面白《おもしろ》い鳥《とり》の行動生態《こうどうせいたい》―

2017年4月20日　第1版第1刷発行

著　者　江口和洋

発行者　橋本敏明

発行所　東海大学出版部
〒259-1292 神奈川県平塚市北金目4-1-1
TEL 0463-58-7811　FAX 0463-58-7833
URL http://www.press.tokai.ac.jp/
振替　00100-5-46614

印刷所　港北出版印刷株式会社

製本所　誠製本株式会社

© Kazuhiro EGUCHI, 2017

ISBN978-4-486-02140-7

・JCOPY ＜出版者著作権管理機構 委託出版物＞
本書（誌）の無断複製は著作権法上での例外を除き禁じられています．複製される場合は，そのつど事前に，出版者著作権管理機構（電話03-3513-6969，FAX 03-3513-6979，e-mail: info@jcopy.or.jp）の許諾を得てください．